JN268759

電磁波材料技術とその応用

Applications of Materials for Electromagnetic Wave

シーエムシー

普及版の刊行にあたって

　第二次大戦後，日本は外国の技術を導入し，その技術を駆使することにより経済発展を図ってきたが，昭和48年秋のオイルショックを契機とし，エネルギー有限という観点およびその後の地球環境という観点から技術開発についても根本的に見直さなければならなくなってきた。
　昭和30年ころから第一次オイルショックの昭和48年までの年間経済成長率は約10%という高率で発展してきたが，その後の経済成長率は5～6%の安定期を経て，一時期2%前後の低成長率で推移し，その後3～4%に戻したものの，現在は0～1%にまで落ち込み，一方，技術開発については，より社会のニーズに応じた技術開発が必要となってきている。
　「今後，民間企業がどのような分野に関心を持っているか」の調査結果などを参照すると，今後の技術革新としては，"バイオテクノロジー"，"センサー"，"コンピューター"，"光通信"，"材料"，"ロボット"などが挙げられる。今後21世紀において，最も重要な科学技術は"材料科学・技術"，"生命科学"，"情報科学・技術"，"電子技術"，"バイオ技術"（生命科学と一部重複），"エネルギー技術"であると筆者は考えている。
　これらの科学技術は"材料科学・技術"を中心に発展していくものと考えられるので，"材料科学・技術を制するものは科学・技術を制する"といっても過言ではないと思う。
　したがって，これらの科学・技術の英語，または独語のイニシャルをとったM－LIEBE（独語のMenschen Liebe，いわゆる人類愛を意味するもので筆者の造語）に代表される科学・技術が今後の社会構造まで変革していく科学・技術であると考えられる。
　これまで，科学技術庁，通商産業省などは種々の新しい技術開発のプロジェクトを推進しているが，これらのプロジェクトには必ずといってよいほど，材料が課題として挙がっている。したがって"材料技術の善し悪しがシステムを制する"といっても過言ではないであろう。
　これからの材料としては，高強度の構造材料と高性能の機能材料が必要であり，とくに後者の機能材料が今後，ますます発展していくものと考えられる。
　筆者が機能材料の概念を提唱したのは，第一次オイルショックの翌年の昭和49年である。
　ある研究会の会合で材料について議論が行われたとき，筆者は今後の材料の開発の方向は，材料の機能化にあるので，機能材料という概念が必要になってくるのではないかと提案したことがある。その時に居合わせたある国立の研究所の部長の方や，ある国立大学の教授の方がおっしゃるのには「機能素子（Functional Device）という概念は理解できるし，アメリカなどでもそうい

う言葉が使用されているので抵抗はないが，機能材料という言葉には若干の抵抗もある。……」という主旨の発言があった。

　機能材料という言葉に若干の抵抗がある理由をいろいろとお聞きしたところ，材料にはもともと機能があるので，いまさら機能材料という言葉はあまりかんばしくないのではないかということであった。

　筆者が，あえて機能材料という言葉を使用したかった理由は，これまでの材料が，主として構造材料を中心に発展し，また，その構造材料が，わが国のGNPを大きく伸ばしてきたのに対し，これからの材料は，知識集約型の，付加価値の高い，単一の機能化，ないしは多機能化を目指した材料が，各産業分野で望まれるのではないかと考えていたからである。

　たまたま，昭和51年に産業リモートセンシングの調査研究会が，日本機械工業連合会内に設置され，筆者も，産業リモートセンシング原子力分科会，ならびに，同製鉄分科会の委員として，種々の作業を進めていく過程で，原子力分科会のセンサ技術ワーキンググループのまとめ役を依頼され，わが国のセンサ技術のシーズの調査を行うことになった。そのセンサ技術のシーズ調査を行うには，国・公立研究機関で行われているセンサ技術に役立ちそうな材料の調査も当然必要であり，種々の材料の調査を行った。

　もちろん，センサ技術に役立つ材料，すなわちセンサ材料は機能材料の一つであり，今後の発展が期待できる材料である。

　このようなことから，日本機械工業連合会内に昭和52年度には，機能材料のなかのセンサ材料をも視野に入れたセンサ技術研究交流会（座長・筆者）が設置され，昭和53年度より官・民・学の委員で構成された機能材料全般を取り扱う機能材料研究交流会（座長・筆者）が設置され，機能材料全般の技術動向，ならびにその中で注目される機能材料，さらに，機能材料研究開発に伴う諸問題など，特に，シーズ面の問題点をとりあげ調査が行われた。

　しかしながら，当時の国内外の大学には，機能材料工学科という学科はなく，平成に入って埼玉大学や千葉大学に機能材料工学科が設置された。

　機能材料が重要であることは，超伝導セラミックスや常温核融合における重水素イオン吸着材料を考えると明白である。日本はこれまで"超伝導セラミックス"や"常温核融合"という最近の科学・技術についても欧米の「後追い研究」あるいは"ただ乗り研究"にまい進している。

　私事になるが，昭和53年秋に通商産業省から機械振興協会および産業材料調査研究所に，機械産業の施策に関する調査研究の一つとして，機能材料の調査研究が委託された際，その委員会の委員長を拝命し，昭和54年3月に調査研究報告書を通商産業省に提出した。

　その報告書の中に，現在世界中で強力に研究開発が行われている超伝導セラミックスの研究開発を今後，推進していくべきであることを当時，13Kの$BaPb_{(1-x)}Bi_xO_3$の例を挙げ，液体水素

温度（22K）から，さらに液体窒素温度（77K）での超伝導セラミックスを研究開発していく必要性を指摘している。

　この時点では，超伝導セラミックスなどは世界的にも注目されていなかったため，その当時の国内の超伝導の研究者はほとんどの人がNb_3SnやNb_3Geなどの金属系材料以外の材料はBCS理論から考えて，超伝導材料としては不適格であると判断しており，昭和55年7月にある委員会において，超伝導材料は金属材料よりセラミックス材料の方が成分組成を自由に替えられるし，粒界利用も可能であるので，ビスマス・バリウム・鉛の酸化物を例に挙げ今後超伝導セラミックスの研究開発を行ってはどうかと提案したこともある。

　なぜ，超伝導セラミックスを考えていたかというと，昭和50年ころから遠赤外線放射セラミックスの研究開発の調査をしたことがあり，昭和53年度に通商産業省の「遠赤外線放射セラミックスの開発に関する調査研究」にもかかわり，今後の遠赤外線放射セラミックスはニクロム線を使用しない半導体セラミックスが主流になるであろうと考え，その延長線上に超伝導セラミックスを考えていたためである。

　しかし，残念ながら国内の超伝導材料の研究者は，その後も相変わらず，金属系超伝導材料の研究のみを行い，昭和61年にはスイスのIBMのチューリッヒ研究所のミュラー，ベドノルツ両氏によるセラミックス系超伝導材料の発表があった。

　その後の日本の超伝導材料の研究者は一斉に超伝導セラミックスの「後追い研究」と「応用研究」へとまい進しているのが現状である。

　超伝導材料も広義の電磁波機能材料であるが，超伝導材料についてはすでに多くの成書があるので割愛した。

　電磁波機能材料は電磁波機能を具現させる材料で，機能材料のなかでも電磁波機能材料は今後あらゆる産業において実用化されていく有望な機能材料である。

　一方，電磁波は，石油，ウランなどのハード資源に対し，ソフト資源として位置づけられ，電磁波利用技術は21世紀のキー・テクノロジーであり，その技術を支えるのが電磁波機能材料である。

　本書は，電磁波機能材料という観点から総合的にまとめたわが国初の成書として，平成4年5月に発刊したが，今回，広く利用されることを望み，普及版として刊行した次第である。

　なお，執筆者の所属は注記以外は平成4年5月現在のものであること，また，内容は当時のものに何ら手を加えていないことをご了承願いたい。

平成12年11月

　　　　　　　　　　　　　　監修者　OHT技術士事務所　所長
　　　　　　　　　　　　　　　　　　工学博士・技術士（電気・電子）　大森豊明

―― 執筆者一覧(執筆順) ――

大森 豊明	OHT技術士事務所
白崎 信一	科学技術庁　無機材質研究所
山田　朗	三菱電機㈱　材料デバイス研究所
月岡 正至	科学技術庁　無機材質研究所
奥山 雅則	大阪大学　基礎工学部
永田 邦裕	防衛大学校　電気工学教室
吉村　昇	秋田大学　鉱山学部
宮本 末広	藤倉電線㈱(現・㈱フジクラ)光エレクトロニクス研究所
帰山 享二	通商産業省工業技術院　繊維高分子材料研究所
	(現) 京都工芸繊維大学　工芸学部
田代 啓一	(現) ㈲波動システム研究所
工藤 敏夫	三菱電線工業㈱　機器部品事業部
髙橋 正至	日本蚕毛染色㈱　サンダーロン事業部
山本 勝次	日本蚕毛染色㈱　サンダーロン事業部
加藤　昇	日本蚕毛染色㈱　サンダーロン事業部
坂本　光	㈱クラレ　玉島工場
島田 勝彦	三菱レイヨン㈱　中央研究所
永田 宏二	セメダイン㈱　接着相談センター
刀祢 正士	日清紡績㈱　研究開発本部
田村 久明	㈱東芝　医用機器技術研究所
	(現) 国際医療福祉大学　放射線情報科学科
岩元 睦夫	農林水産省　食品総合研究所
	(現) 農林水産省　農林水産技術会議　事務局
中野 米蔵	㈱コンステック　中日本事業本部
野田 良平	㈱コンステック　技術研究所
込山 貴仁	㈱コンステック　技術研究所
作道 訓之	㈱日立製作所　日立研究所
	(現) 金沢工業大学　工学部
内藤 文男	三井東圧化学㈱　樹脂加工事業部
福元 康文	高知大学　農学部
宍戸　弘	㈱中国メンテナンス

(執筆者の所属は、注記以外は1992年当時のものです。)

目　次

監修にあたって……………………大森豊明

第1章　総　論　　大森豊明

1　はじめに………………………………… 1
2　機能材料（Functional Materials）
　　とは…………………………………… 2
3　電磁波とは……………………………… 4
4　電磁波における光の位置づけ………… 6
5　電磁波における電波の位置づけ……… 6
6　電磁波の特徴…………………………… 9
7　電磁波機能材料（電磁波材料）……… 9
8　電磁波技術の適用……………………… 11
9　電磁波機能材料の今後の展望………… 18
10　おわりに……………………………… 19

第2章　無機系電磁波材料

1　概説……………………白崎信一…… 21
　1.1　セラミックス電磁波材料の舞台… 21
　1.2　セラミックス電磁波材料研究・
　　　　開発の切り口………………………… 22
　1.3　セラミックス電磁波材料のスー
　　　　パーファイン化のための基本的
　　　　問題点…………………………… 24
　　1.3.1　高次構造制御における問題
　　　　　　点………………………………… 24
　　1.3.2　燃結性制御の問題点………… 27
　　1.3.3　粉末特性制御の問題点……… 28
2　マイクロ波誘電体セラミックス
　　　　　　　　　　………山田　朗… 30
　2.1　はじめに……………………………… 30
　2.2　マイクロ波誘電体の特性………… 30
　2.3　誘電体材料………………………… 32
　　2.3.1　比誘電率30級誘電体………… 32
　　2.3.2　比誘電率90級誘電体………… 33
　　2.3.3　比誘電率100以上の誘電体… 34
　2.4　新合成手法による誘電特性改善… 35
　2.5　おわりに…………………………… 39
3　電気光学結晶……………月岡正至… 41
　3.1　はじめに…………………………… 41
　3.2　屈折率楕円体……………………… 41
　3.3　電気光学効果……………………… 42
　　3.3.1　一次の電気光学効果………… 42
　　3.3.2　強誘電体における一次の電
　　　　　　気光学効果…………………… 45

I

3.4 光変調の原理………………	45
3.5 電気光学結晶………………	47
3.6 電気光学結晶のSHG効果…	47
3.6.1 SHG効果の原理………	47
3.6.2 非線形光学材料（SHG材料）の探索……	50
3.7 二次の電気光学効果………	51
3.8 酸素八面体強誘電体結晶の電気光学効果……	52
3.9 ニオブ酸バリウム・ナトリウム（BNN）の結晶の性質………	55
3.9.1 BNN-BNRN（Ba$_4$Na$_2$Nb$_{10}$O$_{30}$-BaNaRNb$_{10}$O$_{30}$）固溶体の熱体積変化の研究（R：希土類元素）………	55
3.9.2 BNN-BNRN固溶体の単結晶育成………	56
3.9.3 BNN-BNRN系固溶体単結晶の物性………	58
3.10 おわりに……………………	63
4 赤外線検出セラミックス…奥山雅則…	65
4.1 はじめに……………………	65
4.2 焦電センサ…………………	65
4.2.1 焦電効果の原理………	65
4.2.2 焦電材料………………	66
4.3 誘電ボロメータ……………	67
4.4 超電導センサ………………	67
4.5 赤外線センサへの応用例…	67
4.5.1 焦電セラミックバルクセンサ………	67
4.5.2 焦電セラミックス薄膜センサ………	72
5 電気光学セラミックスとその応用………………永田邦裕…	77
5.1 はじめに……………………	77
5.2 電気光学セラミックス材料…	77
5.2.1 ペロブスカイト型電気光学セラミックス………	77
5.2.2 粒子配向電気光学セラミックス………	82
5.3 電気光学セラミックスの応用…	85
5.4 電気光学セラミック薄膜材料…	89
5.4.1 セラミック薄膜の作製と特性………	89
5.4.2 電気光学セラミック薄膜の応用………	90
5.5 おわりに……………………	91
6 遠赤外放射セラミックス…吉村 昇…	93
6.1 はじめに……………………	93
6.2 遠赤外放射とは……………	93
6.3 遠赤外放射の基本事項……	94
6.4 遠赤外放射特性の測定系…	95
6.5 セラミックスの遠赤外放射特性…	97
6.6 遠赤外放射の利用…………	102
6.7 おわりに……………………	104
7 光ファイバ…………宮本末広…	105
7.1 通信伝送用光ファイバ……	105
7.1.1 マルチモード光ファイバ…	105
7.1.2 シングルモード光ファイバ…	105
7.1.3 分散シフト光ファイバ…	108
7.1.4 ハーメチックコート光ファイバ………	109
7.2 機能性光ファイバ…………	111
7.2.1 光ファイバカプラ……	111

7.2.2　偏波保持光ファイバ……………112
7.2.3　光ファイバ増幅器……………112

第3章　有機系電磁波材料

1　概説………………………帰山享二…115
　1.1　はじめに……………………115
　1.2　光反応材料…………………116
　　1.2.1　光反応の特徴……………116
　　1.2.2　レジスト材料……………116
　　1.2.3　エキシマレーザーによるアブレーション………117
　1.3　光情報記憶材料……………118
　　1.3.1　ヒートモードからフォトンモードへ………118
　　1.3.2　光化学ホールバーニング（PHB）………118
　　1.3.3　フォトクロミック材料………119
　1.4　いろいろな材料……………120
　　1.4.1　発光材料…………………121
　　1.4.2　ポリシラン………………122
　1.5　おわりに……………………122
2　ゴム………………………田代啓一…123
　2.1　はじめに……………………123
　2.2　ゴムの基本特性……………123
　2.3　ゴムの種類…………………124
　　2.3.1　スチレンブタジエンゴム（SBR）………124
　　2.3.2　アクリロニトリルブタジエンゴム（NBR）………125
　　2.3.3　ブチルゴム（IIR）………125
　　2.3.4　クロロプレンゴム（CR）…126
　　2.3.5　ブタジエンゴム（BR）……126
　　2.3.6　イソプレンゴム（IR）……126
　　2.3.7　フッ素ゴム………………126
　　2.3.8　エチレンプロピレンゴム（EPM, EPDM）………126
　　2.3.9　クロロスルホン化ポリエチレン………126
　　2.3.10　シリコーンゴム…………126
　　2.3.11　ウレタンゴム（UR）……127
　　2.3.12　アクリルゴム（ACM, ANM）………127
　2.4　導電性ゴム…………………127
　　2.4.1　導電性ゴムの分類………127
　　2.4.2　導電性物質(導電性付与剤)…129
　2.5　シールド材としてのゴム…132
　2.6　電波吸収体としてのゴム…132
　　2.6.1　1/4λ型電波吸収体………133
　　2.6.2　ゴムシート誘電型電波吸収体………134
　　2.6.3　カーボンファイバ混合ゴムシート………139
　　2.6.4　2層ゴムシート型電波吸収体………140
　　2.6.5　磁性ゴムフェライト電波吸収体………140
3　塩化ビニリデン…………工藤敏夫…143
　3.1　屋外用電波吸収体と塩化ビニリデン………143
　3.2　塩化ビニリデン系合成繊維の特

　　　　性……………………………… 143
　3.3 塩化ビニリデン系電波吸収体の
　　　構造と特性…………………… 144
　　3.3.1 構造と製造方法…………… 144
　　3.3.2 塩化ビニリデン系電波吸収
　　　　　体の特性…………………… 147
　3.4 塩化ビニリデン系電波吸収体の
　　　用途例………………………… 150
　　3.4.1 屋外用電波吸収体として…… 150
　　3.4.2 一般用電波吸収体として…… 150
4 アクリル・ナイロン繊維
　　　…高橋正至, 山本勝次, 加藤　昇… 152
　4.1 はじめに……………………… 152
　4.2 サンダーロン®繊維の製造およ
　　　び物性………………………… 152
　4.3 サンダーロン®繊維と静電気障
　　　害……………………………… 153
　　4.3.1 実験方法…………………… 154
　　4.3.2 実験結果…………………… 155
　4.4 1/4λ型電波吸収体…………… 155
　4.5 赤外線吸収効果……………… 157
　4.6 遠赤外線放射………………… 158
　4.7 サンダーロン®スーパー……… 160
　　4.7.1 サンダーロン®スーパーの
　　　　　特長………………………… 160
　　4.7.2 サンダーロン®スーパーの
　　　　　物性………………………… 161
　　4.7.3 サンダーロン®スーパーの
　　　　　主な用途・商品展開……… 161
　4.8 その他………………………… 161
5 紫外線カット繊維………坂本　光… 163
　5.1 電磁波と繊維………………… 163

　5.2 紫外線と人間………………… 164
　5.3 太陽紫外線…………………… 166
　　5.3.1 太陽光と紫外線…………… 166
　　5.3.2 紫外線の生物への影響…… 168
　　5.3.3 オゾン層破壊と太陽紫外線
　　　　　の現況……………………… 169
　5.4 紫外線遮蔽繊維製品………… 169
　　5.4.1 要求特性…………………… 169
　　5.4.2 繊維製品製造法…………… 170
　　5.4.3 繊維ポリマー……………… 171
　　5.4.4 紫外線カット性成分……… 172
　　5.4.5 布帛仕様…………………… 172
　5.5 紫外線・熱線遮蔽ポリエステル
　　　繊維…………………………… 172
　　5.5.1 紫外線・熱線遮蔽ポリエス
　　　　　テル繊維とは……………… 172
　　5.5.2 分光特性…………………… 173
　　5.5.3 紫外線カット性能………… 174
　　5.5.4 UVAおよびUVBカッ
　　　　　ト性………………………… 174
　　5.5.5 耐久性……………………… 175
　　5.5.6 紫外線カット性に影響する
　　　　　素材要因…………………… 175
　　5.5.7 着用テスト………………… 175
　　5.5.8 性能基準…………………… 175
　　5.5.9 太陽光遮熱特性…………… 176
　5.6 紫外線・熱線遮蔽ポリエステル
　　　繊維…………………………… 177
　　5.6.1 ブランド…………………… 177
　　5.6.2 他のUVカット布帛との比
　　　　　較…………………………… 177
　　5.6.3 衣料以外の用途…………… 177

5.7 おわりに……………………… 178	6.6 耐熱性ＰＯＦ………………… 184
6 光ファイバー……………島田勝彦… 179	6.7 高伝送帯域ＰＯＦ…………… 186
6.1 はじめに……………………… 179	6.8 プラスチック・イメージ・ファイバー（ＰＩＦ）……………… 186
6.2 ＰＯＦの構造………………… 179	
6.3 ＰＯＦ材料…………………… 180	6.9 ＰＯＦの用途展開…………… 188
6.4 ＰＯＦの特性………………… 181	6.9.1 光信号伝送用途………… 188
6.5 ＰＯＦの高性能化技術……… 182	6.9.2 画像伝送用途…………… 189
6.5.1 固有吸収損失………… 183	6.9.3 装飾・ディスプレイ用途… 189
6.5.2 固有散乱損失………… 183	6.10 今後の展開…………………… 190
6.5.3 外的要因に基づく損失……… 184	

第4章 電磁波用接着・シーリング材　　永田宏二

1 はじめに……………………………… 191	4.1 導電性接着剤………………………… 195
2 電磁波を硬化応用に利用する………… 191	4.2 電磁波シールド用シーラント……… 196
2.1 紫外線硬化形接着剤…………… 191	4.3 導電性粘着テープ………………… 196
2.2 可視光線硬化形接着剤………… 193	5 電磁波を接着性改善に利用する……… 197
2.3 赤外線硬化形接着剤…………… 194	5.1 短波長紫外線によるプラスチックの表面改質……………………… 197
3 電磁波を透過・伝送する…………… 194	
4 電磁波をシールドする……………… 195	6 おわりに……………………………… 198

第5章 電磁波防護服　　刀祢正士

1 はじめに……………………………… 199	4.2.1 金属繊維…………………… 205
2 電磁波防護に関する各国の安全基準… 199	4.2.2 金属化繊維………………… 205
3 電磁波の人体への影響……………… 202	4.2.3 硫化銅含有繊維　他……… 210
3.1 刺激作用について……………… 202	4.3 防護服の機能向上………………… 211
3.2 熱作用について………………… 202	4.3.1 耐洗濯性…………………… 211
3.3 非熱的効果について…………… 204	4.3.2 防炎性……………………… 212
4 電磁波防護服………………………… 204	4.4 防護服製品………………………… 212
4.1 シールド特性について………… 204	5 今後の課題…………………………… 214
4.2 シールド特性付与材料………… 205	

v

第6章　電磁波材料の医療分野への応用　　田村久明

1　X線とマイクロウェーブ機器材料……215
2　MRIと磁気およびRF材料……217
3　CISPRと医用電子機器……220
4　光ファイバーと医用機器……220
5　おわりに……221

第7章　食品分野における電磁波の利用　　岩元睦夫

1　はじめに……222
2　放射線の利用……222
3　紫外線の利用……223
4　可視光線の利用……224
5　近赤外線の利用……225
6　中・遠赤外線の利用……227
7　マイクロ波の利用……229
8　その他……230

第8章　電磁波技術のコンクリート構造物診断分野への応用

中野米蔵，野田良平，込山貴仁

1　はじめに……231
2　赤外線映像システムによるコンクリート構造物の診断……231
　2.1　計測原理……231
　　2.1.1　赤外線映像システムによる外壁仕上げ剥離検知技術……232
　　2.1.2　赤外線映像システムによる吹付コンクリート法面背面空洞検査……239
　　2.1.2　赤外線映像システムによるトンネル覆工変状検査……241
3　電磁波レーダーによるコンクリート内部探査……243
　3.1　計測原理……243
　3.2　実施例……244
　3.3　検査結果……245
4　おわりに……245

第9章　電磁波材料の半導体製造分野への応用　　作道訓之

1　はじめに……246
2　半導体プロセスにおける電磁波の応用……246
2.1　概要……246
2.2　物体の加熱……248
　2.2.1　誘導・誘電加熱……248

2.2.2	輻射による加熱………………	248	2.3.2　2.45GHz………………	251
2.2.3	レーザー加熱…………………	249	2.3.3　その他…………………	255
2.3	プラズマおよびイオンの発生……	249	2.4　化学反応への応用…………	255
2.3.1	13.56MHz……………………	250	3　今後の課題………………………	256

第10章　電磁波材料の施設園芸分野への応用

1 被覆栽培……………………内藤文男… 258	1.5.1	近紫外線の透過特性と作物
1.1　はじめに………………………… 258		・微生物との関係………… 270
1.2　光の作用………………………… 258	1.5.2	遠赤外線透過特性の効用… 273
1.2.1 放射の熱収支………… 260	1.5.3	可視光透過特性と作物との
1.2.2 光生化学反応………… 260		関係……………………… 275
1.3　被覆栽培………………………… 261	1.6　おわりに………………………… 277
1.3.1 被覆栽培の意義……… 261	2　野菜の地中加温に関する研究
1.3.2 被覆方式と利用資材… 262	………福元康文，宍戸　弘… 280
1.4　被覆資材の波長別透過特性…… 264	2.1　はじめに………………………… 280
1.4.1 代表的な被覆資材の波長別	2.2　材料および方法………………… 280
光透過特性………………… 264	2.3　結果……………………………… 282
1.4.2 赤外線の透過特性…… 265	2.3.1 ハウス内環境………… 282
1.4.3 近紫外線透過特性…… 268	2.3.2 メロン………………… 285
1.4.4 可視光の波長別透過特性… 269	2.3.3 スイカ………………… 286
1.5　光の透過特性を異にする被覆資	2.4　考察……………………………… 288
材の効用………………………… 270	2.5　摘要……………………………… 289

第1章 総　論

大森豊明*

1　はじめに

　筆者は，かねがね電磁波を石油，石炭，ウランなどの"ハード資源"に対しての"ソフト資源"としての位置づけを考えていた。

　そのような観点から，筆者は科学技術庁資源調査会の専門委員在任中に，資源調査会として"電磁波資源"の調査を行ってはどうかと提案したことがある。しかしながら，資源調査会としては適当な部会もなくテーマとして採用されなかった。

　その後，電磁波の中の"遠赤外線"や"ＴＨｚ領域のデバイス"さらには"極遠紫外線からソフトＸ線"，"準マイクロ波"などの電磁波が大きくクローズアップされてきた。

　このような情勢から，日本機械工業連合会においては産・官・学からなる電磁波応用研究交流会（主査：筆者）を昭和63年10月に設立し，21世紀の新しい電磁波応用の研究課題を平成3年3月にまとめている。

　一方，電磁波を食品，医療などのバイオ分野への適用が今後大きくクローズアップされてくるものと考えられる。

　電磁波はバイオ分野では非常に大きな作用効果を有しており，この電磁波に電場や磁場をも含めてバイオテクノロジーとの融合技術を筆者はバイオ電磁技術と呼称しており，この分野の学問としてのバイオ電磁工学は今後大いに発展していくものと考えている。

　以上記述した電磁波技術を具現化するために必要な材料が電磁波機能材料である。

　筆者が機能材料の概念を提唱したのは第一次オイルショックの翌年の昭和49年の時である。

　ある研究会の会合で今後の材料について議論が行われたとき，筆者は，今後の材料の開発の方向は，材料の機能化にあるので，機能材料という概念が必要になってくるのではないかと提案したことがある。その時に居合わせたある国立の研究所の部長の方や，ある国立大学の教授の方がおっしゃるのには，"機能素子(Functional Device)という概念は理解できるし，アメリカなどでもそういう言葉が使用されているので抵抗はないが，機能材料という言葉には若干の抵抗もある。………"という主旨の発言があった。

＊　Toyoaki　Ohmori　OHT技術士事務所

機能材料という言葉に若干の抵抗がある理由をいろいろお聞きしたところ，材料にはもともと機能があるので，いまさら機能材料という言葉はあまりかんばしくないのではないかということであった。

筆者が，あえて機能材料という言葉を使用したかった理由は，これまでの材料が，主として構造材料を中心に発展し，また，その構造材料が，わが国のＧＮＰを大きく伸ばしてきたのに対し，これからの材料は，知識集約形の，付加価値の高い単一の機能化，ないしは多機能化を目指した材料が，各産業分野で望まれるのではないかと考えていたからである。

たまたま，昭和51年に，産業リモートセンシングの調査研究会が，日本機械工業連合会内に設置され，筆者も産業リモートセンシング原子力分科会，ならびに，同製鉄分科会の委員として，種々の作業を進めていく過程で，原子力分科会のセンサ技術ワーキング・グループのまとめ役を依頼され，わが国のセンサ技術のシーズ調査を行うには，国・公立研究機関で行われているセンサ技術に役立ちそうな材料の調査も当然必要であり，種々の材料の調査を行った。

もちろん，センサ技術に役立つ材料，すなわち，センサ材料は機能材料の一つであり，今後の発展が期待できる材料であるといえよう。

このようなことから，日本機械工業連合会内に，昭和52年度には，機能材料のなかのセンサ材料を取り扱うセンサ技術研究交流会が設置され，昭和53年度には，官・民・学の委員で構成された機能材料全般を取り扱う機能材料研究交流会（座長・筆者）が設置され，機能材料全般の技術動向，ならびにその中で注目される機能材料，さらに，機能材料研究開発に伴う諸問題など，特に，シーズ面の問題点をとりあげ調査が行われた。

昭和54年度は，各産業分野における機能材料のニーズ面での調査研究が進められ，その後もわが国の機能材料全般の今後の研究開発の課題などの調査研究が行われた。

一方，通産省の新産業研究会でも機能材料がとりあげられ，機能材料の新シーズの発掘，ケーススタディとしてのエネルギー分野における機能材料，新シーズ開発に伴う諸問題などに重点がおかれた調査研究が行われた。

本章では，電磁波技術全般の現状と展望を総論として記述する。

2　機能材料(Functional Materials)とは

近年，材料に対する認識は，各産業分野において急速に高まりつつあり，特に，これまでの構造材料に対し，材料に新機能を賦与した機能材料が各種学協会で着目され始めた。

また，大学の工学部にも機能材料工学科が設置されるなど産・官・学いずれの分野においても材料科学技術に対する認識が非常に高まってきている。

2 機能材料(Functional Materials)とは

このような情勢からもわかるように，材料の機能化は，最近，特に，重要視され始めたといえる。しかし，それぞれの材料の学協会が機能材料と構造材料とを対比させ，機能材料の概念，ならびにその定義を明確化している段階にはなっていない状態であり，ある種の学協会では，高性能の構造材料をも機能材料に含めているところさえみられるという状態である。

筆者は，かねてより，機能材料という概念は，構造材料に対比して用いられる材料の総称で，具体的な定義としては，"材料に有用な機能(はたらき)を賦与するために，材料自身の組成・構造，添加剤，製造プロセスなどの改変によって製造された付加価値の高い，知識集約形の材料"を考えていたのである。

しかし，上記の機能材料の定義は，必ずしも学術的に妥当性を有したものではないかも知れないが，日本機械工業連合会・機能材料研究交流会でも上記の定義でほぼ同意がえられた。

図1に，構造材料と機能材料の関係の一例を示す。

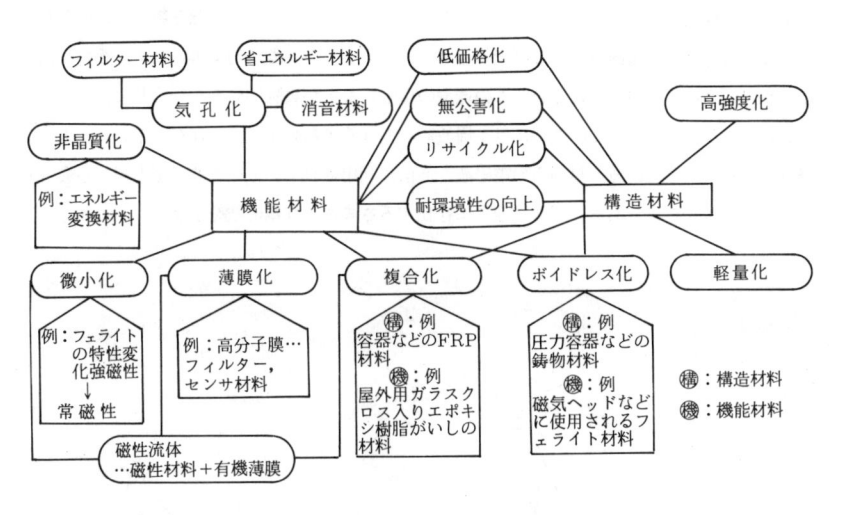

図1 構造材料と機能材料の関係の一例

もちろん，上記のような考えとは別に，材料をパシィブなものと，アクティブなものに分け，前者を構造材料，後者を機能材料と考えることもできる。この場合，構造材料と機能材料の中間に位置づけられる材料も存在する。例えば，現在，使用されている磁器製の送電線用がいしを，一般のエポキシ樹脂より耐候性，耐トラッキング性に優れた環状脂肪族のエポキシ樹脂で製作した場合，その材料を構造材料と呼ぶにはいささか抵抗を感ずるので，このような材料を準機能材

料と考えることもできる。

　次に，材料自身，必ず一つ以上の機能を有しており，材料そのものも多機能化の方向に進められていくので，現時点では，構造材料と考えられていたものが，4，5年後には機能材料になりうることも考えられる。また，その逆に，現時点では機能材料であると考えられていた材料が，4，5年後には，そのような機能を材料が有するのは当たり前であると考えられ，単なる構造材料と考えられることもありうるのではなかろうか。

　このように，同一の材料の定義が時代とともに若干，変わりうる可能性もあると考えられる。

　なお，Functional Materialsという英語は，筆者が名付けた和製英語であり，国際的に適用するものではない。

3　電磁波とは

　電磁波の理論については，1864年にマックスウェルがファラデーの概念を数学的に展開し，電磁波理論を確立して電磁波の速度が光の速度と一致することを理論的に導いたが，その後1888年にヘルツによる電波の発見に伴い，この理論の正しいことが実験的に確かめられた。

　われわれが住んでいるこの地球には，周波数の異なる多数の電磁波が存在している。太陽から降り注がれている電磁波，星からの電磁波，通信に利用されている電磁波，電力線から発生する電磁波などさまざまである。図2に地上に存在するさまざまな電磁波を示す。

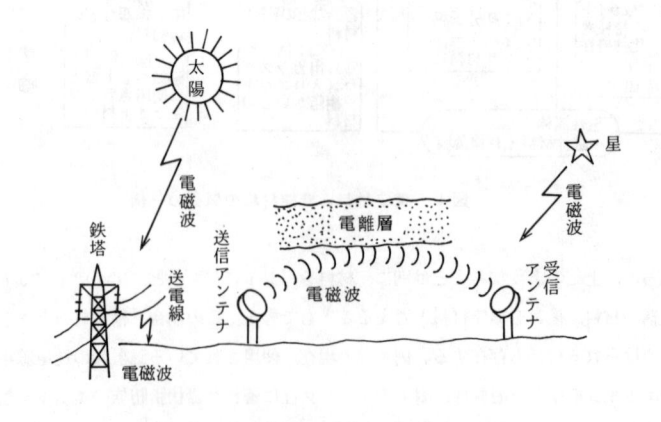

図2　地上に存在するさまざまな電磁波

3 電磁波とは

　したがって，われわれは日常，電磁波にさらされた生活を営んでいる。もちろん，電磁波の恩恵を受け文明生活を営んでいる。しかしまた一方，電磁波による公害もあることは否定できない。電磁波公害には，生態に与える負のインパクト，電子機器に与える電磁波のノイズなどがある。表1にIEC（国際電気標準会議）のPUB657規格に示されているマイクロ波の人体安全制限値の例を示す。同表からも判るように，電力密度が大きいと人体に多大の影響があるため，あるレベル以下に抑えているのである。

　このように，電磁波には良い面と悪い面が存在している。例えば，電子レンジなどは電磁波を利用し食品などを短時間に料理できる利点と裏腹に，電波漏れによる人体への影響が一時大騒ぎ

表1　マイクロ波の人体安全制限値

電力密度 (mW/cm²)	国，または機関	周波数範囲 (MHz)	規　　格
0.01	ソ連，1965 ポーランド，1972	>300 300-300,000	連続曝露の最大レベル 定常電場の安全範囲の限度
0.1	ソ連，1965 ポーランド，1972	>300 300-300,000	2時間／日 非定常電場の安全範囲の限度
0.2	ポーランド，1972	300-300,000	定常電場の8時間限度値
1.0	ソ連，1965 ポーランド，1972 ドイツ，1976 スウェーデン，1977	>300 300-300,000 30-30,000 300-300,000	20分／日 定常電場の20分限度値 非定常電場の8時間限度値 連続曝露の最大レベル 0.1時間ごとの平均化（または，パルス放射の場合は1秒ごとの平均化）された連続曝露の最大レベル，短期間電力密度が25mW/cm²を超えてはならない
5.0	スウェーデン，1977	10-300	0.1時間ごとの平均化（または，パルス放射の場合は1秒ごとの平均化）された連続曝露の最大レベル，短期間電力密度が25mW/cm²を超えてはならない
10.0	ポーランド，1972 ドイツ，1976 ヨーロッパ共同体 英国，1971 米国（ANSI），1973 米国（ACGIH）	300-300,000 30-30,000 300-300,000 30-30,000 10-100,000 100-100,000	定常電場の11.5秒度値 非定常電場の4.8分限度値 連続曝露の0.1時間限度値 0.1時間ごとに平均化された連続曝露の最大レベル 連続曝露の最大レベル 0.1時間ごとに平均化された連続曝露の最大レベル 連続曝露の8時間限度値
25.0	米国（ACGIH）	100-100,000	8時間作業期間中の19分／時間
30.0	ヨーロッパ共同体 米国（ANSI），1973 英国，1971	300-200,000 10-100,000 30-20,000	0.1時間期間の2分，電力密度の限度は限定されない。しかし，放射エネルギーが，0.1時間期間において1mW・h/cm²を超えてはならない

（IEC Publication 657, 1979より転載）

5

になり，電子レンジメーカーは一斉に電子レンジの電波漏れの対策を施した。それでは，電磁波とはどういうものを指すのだろうか？

電磁波には，電力事業者（電力会社など）が利用している電力周波，通信に利用されている電波，通常光と呼ばれる極遠紫外から極遠赤外までの光波，X線およびγ線の放射線などを総称したものである。これから判るように，電磁波というものは非常に広いものである。

表2に，電磁波の種類とその主な用途を示す。

表2 電磁波の種類とその主な用途

電磁波の種類	主　な　用　途
電力周波（商用周波）	工業用電力，家庭用電力など
ELF（極長波）	潜水艦の通信など
LF（長波）	
MF（中波）	
HF（短波）	各種の通信，計測など
VHF（超短波）	（マイクロ波は電子レンジに使用）
UHF ｝（マイクロ波）	
SHF	
EHF（ミリ波）	
光（赤外線，可視光線，紫外線）	光通信，計測，レーザ加工乾燥など
放射線（X線，γ線）	X線撮影，非破壊計測など

4 電磁波における光の位置づけ

通常われわれが光という場合，紫外放射と赤外放射との間の波長範囲の放射の電磁波，すなわちおよそ$0.38\mu m$ からおよそ$0.78\mu m$ の間の電磁波を指すことが多い。しかし，厳密に定義すると，この範囲の光は可視光であり，人間の視覚に基づいたものである。

したがって，筆者は"光とは極遠紫外から極遠赤外までの電磁波をいう"にした方がよいと考えている。図3に，郵政省・旧電波研究所の電磁波区分を，図4に筆者が作成した電磁波における光波の位置づけを示す。

5 電磁波における電波の位置づけ

通常われわれが電波という場合，図3に示したサブミリ波よりVLF波までの電波，あるいはサブミリ波よりELF波（3kHz以下の電波）までの電波を総称したものである。

5 電磁波における電波の位置づけ

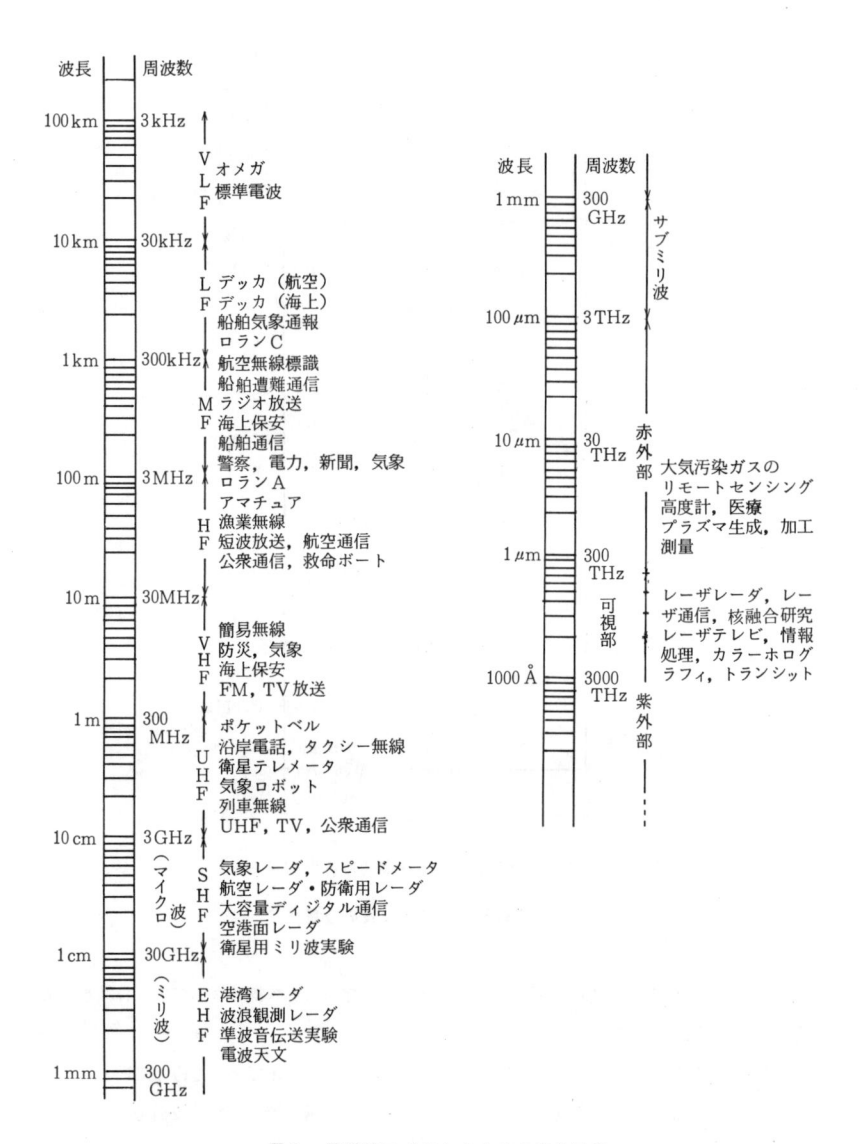

波長	周波数		用途
100 km	3 kHz	VLF	オメガ、標準電波
10 km	30 kHz	LF	デッカ（航空）、デッカ（海上）、船舶気象通報、ロランC
1 km	300 kHz	MF	航空無線標識、船舶遭難通信、ラジオ放送、海上保安、船舶通信
100 m	3 MHz	HF	警察、電力、新聞、気象、ロランA、アマチュア、漁業無線、短波放送、航空通信、公衆通信、救命ボート
10 m	30 MHz	VHF	簡易無線、防災、気象、海上保安、FM、TV放送
1 m	300 MHz	UHF	ポケットベル、沿岸電話、タクシー無線、衛星テレメータ、気象ロボット、列車無線、UHF、TV、公衆通信
10 cm	3 GHz	SHF（マイクロ波）	気象レーダ、スピードメータ、航空レーダ・防衛用レーダ、大容量ディジタル通信、空港面レーダ、衛星用ミリ波実験
1 cm	30 GHz	EHF（ミリ波）	港湾レーダ、波浪観測レーダ、準波音伝送実験、電波天文
1 mm	300 GHz		サブミリ波
100 μm	3 THz		
10 μm	30 THz	赤外部	大気汚染ガスのリモートセンシング、高度計、医療、プラズマ生成、加工、測量
1 μm	300 THz	可視部	レーザレーダ、レーザ通信、核融合研究、レーザテレビ、情報処理、カラーホログラフィ、トランシット
1000 Å	3000 THz	紫外部	

図3 電磁波スペクトルとその主な用途

（郵政省・旧電波研究所の電波区分）

第1章 総 論

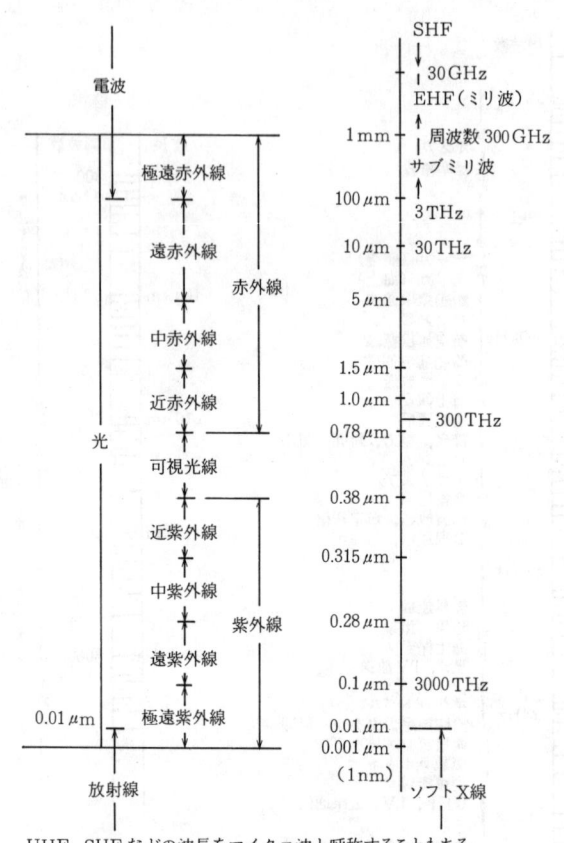

UHF，SHFなどの波長をマイクロ波と呼称することもある。

図4　電磁波における光波の位置づけ

　図4から明らかなように波長の短いサブミリ波は光のなかの赤外線のうちで最も長波長の極遠赤外線と同じ波長帯である。
　この波長帯を電波専門家は図3に示すように光とみなさず電波帯であると称している。
　一方，光専門家はこの波長帯を電波帯とみなさず光の波長帯，特に，赤外波長帯とみなしている。
　これらの電波は，図3に示したように，これまでは主として通信，計測分野に利用されてきた。
　したがって，筆者は，図4に示したように，この波長帯を電波と光の重複部分としたのである。

6 電磁波の特徴

電場と磁場の波動が互いに誘導し,互いに直角に振動しながら伝わっていく電磁波は,ハードγ線から超波長波の電波までを含む広い波長帯を有している。
電磁波の特徴は,
1) 直進性
2) 反射性
3) 吸収性
4) 透過性
5) 干渉性
6) 回折性

などである。

7 電磁波機能材料(電磁波材料)

電磁波機能材料を大きく分けると,有機系電磁波機能材料,無機系電磁波機能材料,および金属系電磁波機能材料になるが,それぞれの電磁波機能材料のシーズ開発には,原子・分子の配列の制御,さらには材料を薄膜化,微小化,繊維化,気孔化,無孔化,複合化などの形態にすることによって,電磁波機能に顕著な特性が生ずる場合がある。

このようなことから,電磁波機能材料のシーズの開発には,材料の形態を種々変えることによって電磁波機能を著しく向上させることも可能となってくる。

例えば,強磁性体のマグネタイトを微小化していくと常磁性体に変えることができ,その微小化されたマグネタイトの粒子に界面活性剤の有機薄膜を付加し,シリコーン油中にコロイド状に分散させると磁性流体が製作可能となる。

この磁性流体は,その特殊な機能を利用することによりセンサ,表示装置などへの新しい応用が考えられる。

また,有機高分子を薄膜化していくことにより,物質の分離に使用されるフィルタ材料やセンサ材料への応用が考えられ,既に,その一部は,実用化されつつあるのが現状である。

次に,材料に,ある物理エネルギー,例えば,熱エネルギーを加え,その材料から他の物理エネルギー,例えば,赤外線エネルギーを放射させ,その特性が利用できる場合には材料にとっては新しい電磁波機能が生じることになる。

このように材料に種々の物理エネルギーを加えることによって,材料の電磁波機能化をはかる

第1章 総　論

ことが可能となってくる。
　図5に電磁波機能材料の概念図を示す。
　表3に電磁波機能材料の形態による機能の向上の例を，表4に電磁波機能材料のエネルギー変換による機能の向上の例を示す。

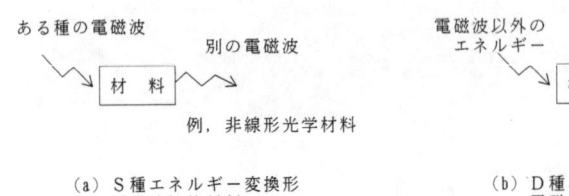

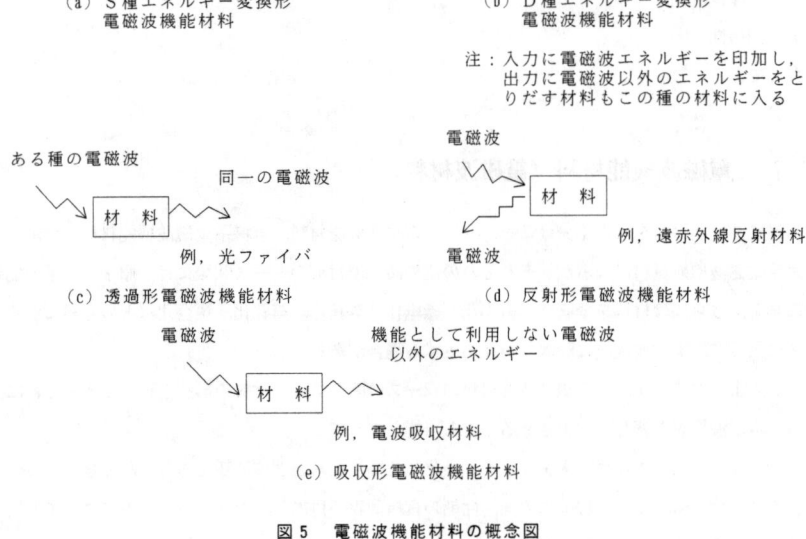

(a) S種エネルギー変換形
　　電磁波機能材料
　ある種の電磁波 → 材料 → 別の電磁波
　例，非線形光学材料

(b) D種エネルギー変換形
　　電磁波機能材料
　電磁波以外のエネルギー → 材料 → 電磁波
　例，遠赤外線，放射材料
　注：入力に電磁波エネルギーを印加し，出力に電磁波以外のエネルギーをとりだす材料もこの種の材料に入る

(c) 透過形電磁波機能材料
　ある種の電磁波 → 材料 → 同一の電磁波
　例，光ファイバ

(d) 反射形電磁波機能材料
　電磁波 → 材料 → 電磁波
　例，遠赤外線反射材料

(e) 吸収形電磁波機能材料
　電磁波 → 材料 → 機能として利用しない電磁波以外のエネルギー
　例，電波吸収材料

図5　電磁波機能材料の概念図

表3　電磁波機能材料の形態による機能の向上の例

形態＼機能	薄膜化	繊維化	複合化	非晶質化
電　波	・電波しゃへい材料		・電波吸収材料	
光　波	・太陽電池	・光ファイバ		・太陽電池
放射線（X線，γ線）			・放射線しゃへい材料	

表4 電磁波機能材料のエネルギー変換による機能の向上の例

入力エネルギー＼出力エネルギー	熱	光 波	放射線	電 気	電 波
電 波				・マイクロ波発生体	・電波しゃへい材料
光 波	・赤外線放射材料	・非線形光学材料 ・ホトクロミックガラス	・シンチレータ	・赤外線放射材料 ・発光ダイオード	
放射線 (X線, γ線)			・放射線吸収材料		
熱			・放射線吸収材料		・電波吸収材料

8 電磁波技術の適用

電磁波の主な用途は，表2で記述したようにエネルギー伝送，通信，計測，加工と多岐にわたっており，その応用技術は今後ますます進展していくものと考えられる。最近"超伝導"に次ぐブームになっている"遠赤外"も電磁波利用の一つであり，表5に遠赤外線の応用例を示す。また，表6に遠赤外線とその他の乾燥方式の特徴を示す。

遠赤外線の作用効果としては，これまで熱効果のみとみなす考え方が主流であったが，筆者は昭和50年ごろより赤外線を単なる熱線としてとらえるだけではなく，非熱的作用効果（筆者は別名波動効果と名づけた）をも考え，今後のわが国の遠赤外線放射セラミックスの研究開発を行っ

表5 遠赤外線の応用例

遠赤外線の作用効果	応 用 例
加 熱	○熱可塑性樹脂の軟化・成形　○塩ビ樹脂などのゲル化　○ガラス，陶磁器の予熱・焼成　○合繊セッティング　○冷凍食品解凍　○金属塗装焼き付け　○融雪
乾 燥	○金属，木材などの塗装乾燥　○印刷乾燥　○薬品乾燥　○食品乾燥　○接着剤乾燥硬化　○石こうボード，パルプセメント板などの乾燥　○家畜ふん尿乾燥
保温・暖房	○養豚　○ふ卵器　○育雛箱　○ストーブ　○こたつ　○工場暖房　○床暖房
調 理	○パン・ケーキ製作　○発酵の促進　○天ぷらの効率化　○そば・うどんのゆで作業　○レンジ応用　○酒の熟成　○かまぼこ，ちくわの製造加工
医療その他	○血液の循環，汗の分泌促進（サウナぶろ，温きゅう，家庭温浴など）○外傷治療　○水虫治療　○植物生育促進

第1章 総論

表6 各種乾燥方式の特徴

乾燥方式	時間	装置コスト	取り扱い	ランニングコスト	汎用性
遠赤外線	○	◎	◎	◎	◎
熱　　風	△	○	◎	○	◎
誘導加熱	○	○	○	◎	○
誘電加熱	◎	○	△	○	△
紫外線	○	△	○	○	△
電子線	◎	△	△	○	△

注）◎極めて優れている　○優れている　△よくない

ていく必要があると考え，当時の日本陶磁器工業連合会の三井専務理事，山本常務理事，工技院名古屋工業技術試験所の内藤所長の三氏に提言したことがある。

　その後，内藤，三井，山本三氏のご協力のもとに日本陶磁器工業連合会内に技術委員会が設立され内藤氏が委員長となり，筆者と東京工業大学の浜野教授，名古屋工業技術試験所の加藤部長の三人が幹事となり，遠赤外線技術の調査研究が行われた。

　その委員会で調査研究を行ってまずびっくりしたことは，外国では，遠赤外線の研究が相当進んでいること，とりわけアメリカでは自動車の塗装には古くから使用されていたし，ソ連では食品や植物などへの応用が多いことであった。そこで日本としてもその委員会の調査研究結果をもとに，工業技術院の基盤的先導的技術テーマとして"遠赤外線セラミックス"を採り上げてはどうかということになり，その結果，正式に工業技術院のテーマとして採用され，名古屋工業技術試験所において研究が開始された。

　上述の遠赤外線放射セラミックスの研究調査報告書に筆者はコメントとして赤外線の生物への応用は，熱的作用効果だけではなく，非熱的作用効果も存在するのではないかと指摘している。

　もともと赤外線は，1800年にハーシェル氏によって可視スペクトルの端より長波長側に熱効果の大きい波長のものが存在するものとして発見され，1835年にアンペール氏は，これが可視光線と同種類の光波であることを示し，今日の赤外線に関する基礎を築いた。

　その後，赤外線というものは熱線であると考えられてきたが，筆者は赤外線を生物へ応用する時は，生物の細胞の共鳴現象なども考慮した波動効果をも考えるべきであると，これまで言明してきた。この波動効果の検証にはセンサ技術あるいは計測技術が必要である。

　一方，日本機械工業連合会でも，電磁波を利用した産業用リモート・センシング委員会が昭和50年頃設立され，筆者もその原子力分科会と製鉄分科会に委員として参加することになった。筆者はその原子力分科会では，冷却水の漏水を検出するのに赤外線CCDの基礎実験を推進した。

　赤外線の応用で今後注目されるのが計測，通信への応用である。計測分野では，超伝導セラミックスの開発に伴い遠赤外線センサが開発されている。図6に赤外線センサをも含めた光センサ

8 電磁波技術の適用

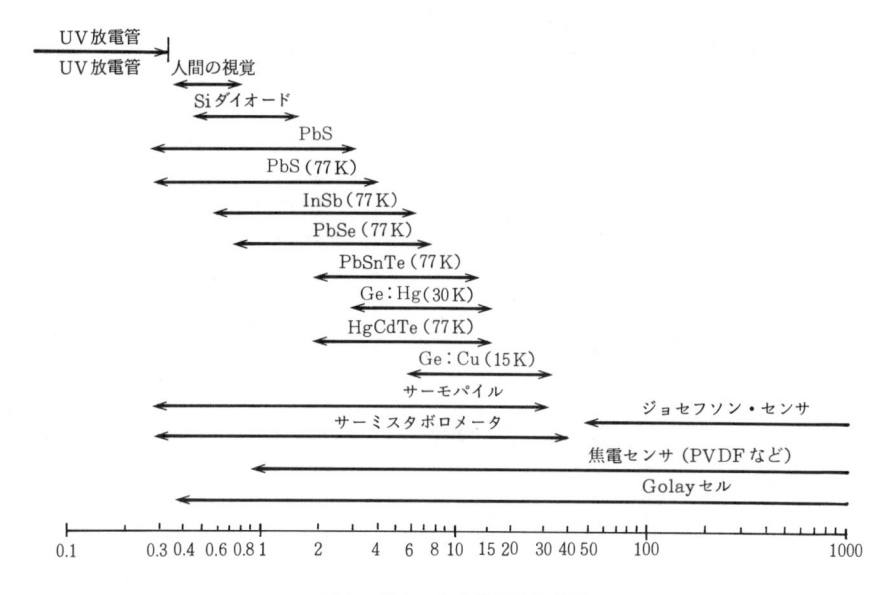

図6 光センサの使用波長範囲

の使用波長範囲を示す。今後，赤外線CCDセンサの開発が一層加速されてこよう。

次に通信への応用であるが，現在の光ファイバ通信は表7に示すように0.8μm，1.3μmの波長を使用しているが，図7に示すように現在の光ファイバの伝導損失は1.55μmの波長で最小になることから，今後1.55μmの光通信が出現してこよう。また，3〜5μmの半導体レーザの開発や赤外吸収の少ない光ファイバが開発されれば，さらに長波長を使用した光通信が可能となる。この赤外透過光ファイバはコヒーレント通信にも大きな利点となる。

以上に記述したこれら赤外線技術については，筆者の著書（赤外線のはなし，日刊工業新聞社発行）を参照されたい。

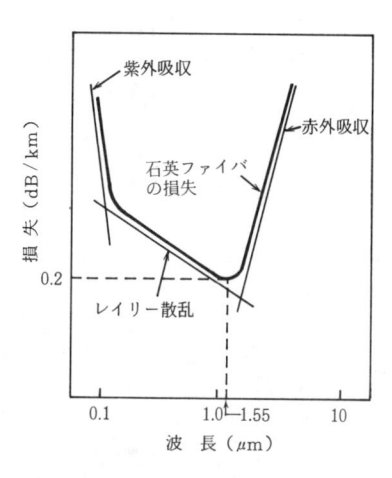

図7 石英系光ファイバの伝送損失（理論値）

第1章 総論

表7 各国における光伝送方式の開発状況（真柄氏らの文献より）

国名	分野	方式	ビットレート	使用波長	発光・受光素子	光ファイバ	最大中継間隔	開発時期
アメリカ	中継系	FT-2	6.3Mbit/s	0.8μm帯	GaAlAs-LD	GI	≃10km	1973
		FT-3	45Mibit/s		Si-APD			1979
		FT-3C	90Mbit/s	1.3μm	InGaAsP-LD Ge-APD	SM	25km	
							40km	1984
		FT-4C	432Mbit/s				31km	1985
		DTLS	90Mbit/s				40km	1984
	地底中継系	SL	290Mbit/s				50km	1988
	加入者系	SLC-96	6.3Mbit/s		LED	GI	不明	1982
		SLC	45Mbit/s		Ge-PIN		20km	1983
イギリス	中継系	−	8Mbit/s	1.3μm	InGaAsP-LD InGaAs/InP-PIN	GI	25km	1981
		−	34Mbit/s				20km	
		−	140Mbit/s				10km	
						SM	30km	1983
	海底中継系	NL-1	280Mbit/s				35km	1988
	加入者系	ミルトンケインズ	アナログ	0.85μm	LED, APD	GI	3km	1982(FR)
フランス	中継系	−	34Mbit/s	不明	LD, APD	GI	不明	1980
		−	140Mbit/s					1983
	海底中継系	−	280Mbit/s	1.3μm	LD, APD	SM	25～50km	1988
	加入者系	ビアリッツ	アナログ	0.85μm	LED, PIN	GI	1.6km	1983(CT)
西独	中継系	−	35Mbit/s	0.85μm	LD, APD		不明	1981
		BIGFERN	140Mbit/s	1.3μm		GI	18km	1983
	加入者系	BIGFON	デジタルアナログ	0.8, 1.3μm帯	LED, LD, APD		3～8km	1983(FR)
カナダ	中継系	T1	1.5Mbit/s	0.8μm (1.3μm)	LD, APD	GI	不明	1980 (1983)
		T3	45Mbit/s					
		T3C	90Mbit/s					
		T4	274Mbit/s					
	加入者系	Eile	アナログ	0.8μm帯	LED, APD		4.2km	1981(FR)
日本	中継系	F-400M	400Mbit/s	1.3μm	InGaAsP-LD Ge-APD	SM	25km	1983
		F-100M	100Mbit/s			GI		1981
		F-32M	32Mbit/s					
		F-6M	6.3Mbit/s	1.2, 1.3μm WDM			15km	1984
	海底中継系	FS-400M	400Mbit/s	1.3μm	InGaAsP-LD Ge-APD	SM	40km	1985
	海底無中継系	FS-6M	6.3Mbit/s					1984
		FS-1, SM	1.5Mbit/s				45km	
		FV-4M-P	100Mbit/s			GI	10km	
	加入者系	FV-4M-A	アナログ	0.85μm	GaAlAs-LED Si-APD		3km	1983
		モデルシステム	アナログ 6.3Mbit/s	0.81, 0.89, 1.2, 1.3μm WDM	LD, APD		7km	1964

(注) 光ファイバで，GI：グレーテッドインデックス形，SM：シングルモード形を指す．

14

8　電磁波技術の適用

　一方，半導体の集積密度を上げるための微細加工技術，すなわちサブミクロン加工技術にも極遠紫外線が利用されている．紫外線の従来の応用例を図8に示す．

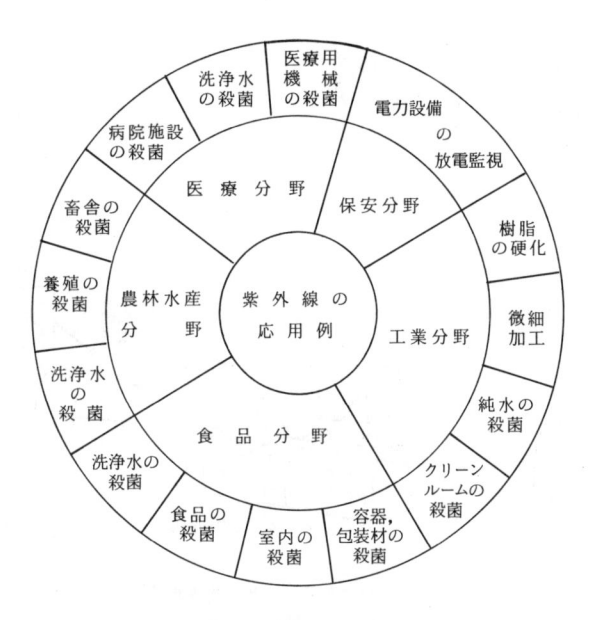

図8　紫外線の応用例

中心：紫外線の応用例

分野（内側）：医療分野，保安分野，工業分野，食品分野，農林水産分野

応用例（外側）：
- 医療分野：洗浄水の殺菌，医療用機械の殺菌，病院施設の殺菌
- 保安分野：電力設備の放電監視
- 工業分野：樹脂の硬化，微細加工，純水の殺菌，クリーンルームの殺菌
- 食品分野：容器，包装材の殺菌，室内の殺菌，食品の殺菌，洗浄水の殺菌
- 農林水産分野：洗浄水の殺菌，養殖の殺菌，畜舎の殺菌

　その他，文部省の高エネルギー研究所のシンクロトロン放射光も電磁波利用の例であり，物質の分析，微細加工などに利用されている．シンクロトロン放射光施設は，赤外からX線までの幅広い電磁波を連続的に発生させることができる．表8にシンクロトロン放射光施設の例を示す．
　また，マイクロ波利用は，工業分野から医療分野，すなわち，ガンのハンパーサーミアとして利用されている．表9にマイクロ波の加熱応用例を示す．マイクロ波の作用効果についても今後，非熱効果の研究が大きな課題である．
　次に，準マイクロ波を移動通信に使用するための実用化研究も行われている．
　さらに，新しいレーザとしては自由電子レーザX線レーザなどがある．自由電子レーザは，1977年にアメリカのスタンフォード大学で発振波長3.4μmのものが開発され，その後赤色帯の発振波長レーザも開発されている．自由電子レーザは従来のレーザと異なり，原子や分子のエネルギー状態が一切関与しないレーザで，図9に示すようにウイグラと呼ばれる周期磁場中に加速器

15

表8 シンクロトロン放射光施設の例

名　　称	場　　所	加速電圧（億電子ボルト）	完成年次
東大物性研	田　無　市	4	1975
電子技術総合研	つ　く　ば　市	6.6	1981
高エネ研（PFI）	〃	25	1982
分子科学研	岡　崎　市	6	1984
高エネ研（PFⅡ）	つ　く　ば　市	60～80	1988
NTT	厚　木　市	8	1988
科学技術庁（日本）	兵　庫　県	80	1995（予定）
APS（米国）	シカゴ郊外	70	1993（予定）
ESRF（欧州）	グルノーブル（フランス）	60	1992（予定）

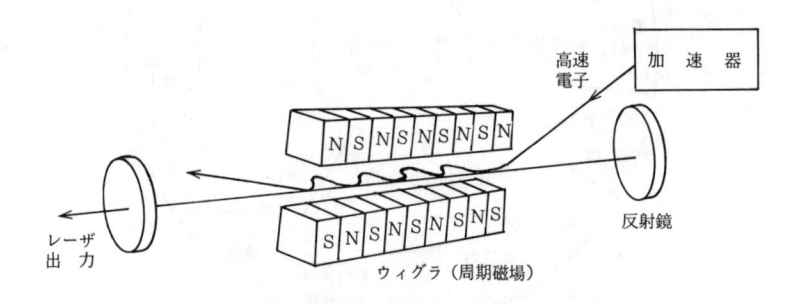

図9　自由電子レーザの基本原理

で加速された電子を通すと，電子は磁場の周期で振動しながら進行する。その振動の山に当たるところで接線方向に光が放射され，その反射光が光共振器の反射鏡で往復すると，光増幅が行われレーザ発振を起こす。

自由電子レーザの特徴は，
1) 発振波長が紫外域から赤外域まで連続的に可変可能
2) 高効率
3) 大出力可能
4) 設備費用安価

などである。

また，X線レーザなどもアメリカなどで軍事用を目的として開発されているが，軍事用以外に超微細加工，化学反応制御，材料分析，生命科学などの幅広い分野での適用が考えられる。

8 電磁波技術の適用

表9 マイクロ波加熱の応用例（松島，是成両者の文献より）

分野	用途例	おもな特長	特長の要点					
			設置面積の減少ラインの高速化	新製品開発	製品の品質向上	安全性の向上作業環境の改善	省動力化	自動化作業の能率向上
食品	冷凍食品の解凍	○解凍時間の短縮と品質の向上 ○冷凍でストック，瞬時解凍で販売ができるので，年間を通じて平均的な生産ができる	○		○			○
	和・洋菓子の防黴（ぼうび）	○日持ちが延びる ○包装した後で処理できる			○			
	インスタント食品のパフィング	発泡性がよく，親水性が増す		○	○			
	複合カップ食品の殺菌	短時間で処理できるため，鮮度，風味がよい	○	○				
	魚肉ねり製品の加工 海産物の加工	"すわり"が短時間でできる "珍味"製品の開発が期待できる	○ ○					
	米菓（あられ）の加工	均一に膨化し，新製品を開発できる		○				
	食品再加熱（大量給食用）	セントラルキッチン方式との組合せができる	○			○	○	
	乾燥食品の製造	減圧との組合せにより，効率のよい製造ができる	○		○			
繊維	合繊網・ひも等のセッティング加工	取扱い容易で能率よく処理できる			○		○	
	各種繊維製品（染色製品を含む）の乾燥，加熱処理				○		○	
紙などシート状材料	写真フィルム等の乾燥	乾燥工程の短縮，品質の向上	○		○			
	多層紙ののりの乾燥	乾燥工程の短縮，品質の向上	○		○			
化学工業	化学薬品の乾燥	乾燥の一様性，品質低下が防げる			○			
窯業	陶磁器，高級レンガの予備乾燥	乾燥工程の短縮，品質の向上	○		○			○
	特殊ガラスの溶融	溶融工程の短縮，品質の向上	○		○			
土木建設	硬質高強度の岩盤の破砕	衝撃，振動および騒音公害の低減				○		
鋳造	中子の乾燥，硬化	環境改善と高速化	○			○		
木材	木彫品（木彫熊等）の乾燥	乾燥工程の短縮，品質の向上	○		○			
	成型合板の接着	接着工程の短縮，品質の向上	○		○			
	曲げ加工			○				○
ゴム	ゴム製品の乾燥	乾燥工程の短縮				○	○	
	ゴムの発泡	短時間で均一な発泡ができる			○			
	タイヤの予熱	加硫工程の短縮	○					○
マイクロ波応用	プラズマ（表面処理）	塗装，接着性が著しく改善される			○			
	プラズマ（エッチング）	ドライエッチングができる			○			
その他	使用済核燃料の再生（脱硝）				○			
	原子力関係廃棄物等の処理	廃棄物体積の減少			○			
	下水汚泥焼却灰溶融，固化	有害物質が流出しない				○	○	
	各種原材料の水分測定						○	○

17

9　電磁波機能材料の今後の展望

わが国の材料開発の歴史は，金属系材料，有機系材料，無機系材料それぞれに発展してきたが，大きな発展の流れは，金属系材料から有機高分子系材料，さらにセラミックス系材料へと発展してきたものと考えられる。すなわち，第二次大戦後わが国の復興期には構造材料としての鉄鋼材料が，高度成長期には構造材料としての有機高分子材料が，それぞれ大きな役割を果たしてきた。

また，無機系材料としてのセラミックスは，古代の石器時代より今日にいたるまで，種々の方面において利用されている。

今後，これら三種の材料の需要課題は高性能化を目指した構造材料の開発と，多機能化を目指した機能材料の開発であると言えよう。

一般に，材料の新シーズを開発するには，種々の手法が存在するが，最も重要なことは，その材料自身が，材料科学と基礎技術の上に基づいており，かつ，その新シーズが，社会的ニーズに，より良く結合していくものでなければならない。

図10に，電磁波機能材料開発にあたっての概念の例を示す。

一方，わが国のこれまでの電磁波機能材料開発は，主としてシーズ中心にそれぞれの研究機関が，それぞれ独自に進めてきた感がある。

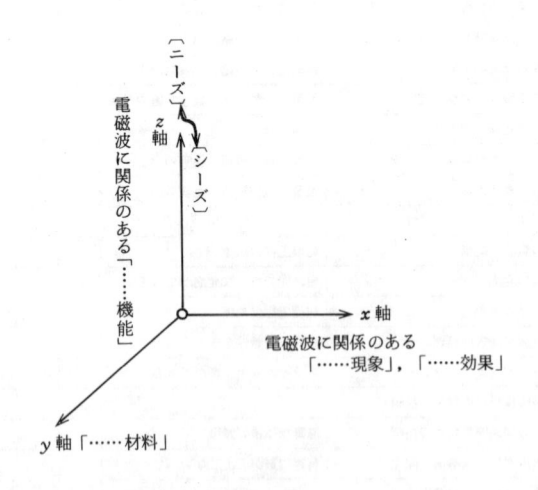

図10　電磁波機能材料開発の概念図の例

このような研究開発体制では国家的にみても一大損失であり，今後の電磁波機能材料の研究開発体制は，官・民・学一体となって推進されるべきであろう。

そのためには，現行の縦割り行政の壁を乗りこえ，各省庁の協力が必要となってくる。

次に，電磁波機能材料開発に伴う諸問題を列挙すると，

(イ) 電磁波機能材料開発にたずさわっている材料研究者，材料技術者は，その分野のことしか知らない人達が概して多い。

したがって，その人達をニーズ指向に向ける施策が必要である。

(ロ) 電磁波機能材料を使う側の人は，シーズに関する認識不足のため電磁波機能材料相互間のアセスメントができない。

(ハ) 上記の(イ)および(ロ)より，シーズ，ニーズの両分野にある程度精通できる人を国が積極的に養成し，その人達に電磁波機能材料相互間のアセスメントを行ってもらう。

(ニ) シーズ開発の重点指向は，材料の薄膜化，微小化，複合化，気孔化，無気孔化，リサイクル化，無公害化，軽量化，低価格化などであるが，一方，電磁波機能材料の多機能化を推進していくためには，例えば，物理学における「……効果」「……現象」の見直しが必要である。

(ホ) ニーズの分野別の問題点の抽出を行い，新しいシーズ，ないしは既存のシーズとの結合を検討する必要がある。

などとなる。

10 おわりに

90年代に大きく発展すると考えられる電磁波技術，電磁波機能材料について，それらの概念とそれらの展望などについて記述したが，電磁波機能材料が果たす役割は省資源，省エネルギーのみならず，医療，福祉というような分野にまでまたがっており，明日の材料産業を担っていくものと考えられる。

文　献

1) 大森：赤外線のはなし，日刊工業新聞社（昭和61年）
2) 遠赤外線放射セラミックス開発調査研究委員会報告書（昭和54年）
3) 大森編：電磁気と生体，日刊工業新聞社（昭和62年）

4) 大森編：90年代の光機能材料，工業調査会(1986)
5) 日本機械工業連合会：21世紀の電磁波応用技術（その１）(平成２年)
6) 同上：21世紀の電磁波応用技術（その２）(平成３年)
7) 大森：電気評論，74巻，9号，p.913～924(平成元年)
8) 松島：是成：OHM，71巻，8号，p.20(1984)
9) 大森：電磁波による食品評価技術，㈶食品産業センター(1986)
10) 真柄ら：施設，36巻，7号（昭和59年）
11) 大森：電気評論，73巻，7号，p.746～752(昭和63年)
12) 大森：資源テクノロジー，41巻，233号，p.2～9(平成元年)
13) 大森：Engineer，100号，p.2～7(1979)
14) 大森編：新技術への機能材料，工業調査会(1983)
15) 日本機械工業連合会：機能材料研究交流会報告書（昭和54年）
16) 同上：1990年代における機能材料（昭和57年）

第2章　無機系電磁波材料

1　概　　説

白崎信一*

1.1　セラミックス電磁波材料の舞台

　γ線から超低周波に至る電磁波の中で、最近のセラミックス（多結晶体、ガラス、広義では単結晶を含める）の活躍する舞台は光（レーザ、赤外線）とマイクロ波域へと広がっている。

　最近オプトエレクトロニクスといった言葉が身近に聞かれるようになった。これは、光と電子が関与する現象を利用した機能を実現すること、およびその機能を用いて組立てられた技術体系である。オプトエレクトロニクスは、今世紀最大の発明といわれるレーザ光を抜きにしては考えられない。既往のレーザ材料には半導体レーザ、ガラスレーザ、単結晶固体レーザ、気体レーザがある。最近ではYAGなどのセラミックス固体レーザの可能性が検討されており、もしこれが成功すればその利得は計り知れない。

　レーザ光の出現によって、従来のエレクトロニクス技術体系はオプトエレクトロニクス技術体系へと大きく転換しつつあり、その代表的システムとして、光ファイバとレーザ光を用いた光通信を挙げることができる。合衆国のコーニング社が、損失20dB／cmの石英系光ファイバをCVD法で初めて作製して以来、損失低減の努力がなされ、現在では 0.2dB／km以下の光ファイバが得られており、さらにフッ化物、カルコゲン化物系ガラスファイバが検討されている。

　光通信を完成させるには、この他光変調素子、偏光素子、周波数変換素子、光シャッターなどが必要である。この目的のためにLiNbO$_3$、バナナなどの電気光学単結晶が精力的に検討されているが、PLZTセラミックスの可能性についての検討も相変わらず盛んである。

　一方、現代の情報社会で膨大な情報を処理し保存するために、メモリ容量の大きい情報を高速で処理する装置が不可欠である。これに対して、光ディスクメモリ（多結晶セラミックス、多結晶合金）の開発が急速に進展しており、書換え可能なメモリも間もなく上市されるものと期待されている。

　もう少し波長の長い電磁波域において、重要なセラミックスとして赤外線検出器とマイクロ波用誘電体を挙げることができよう。通信情報量の増大と広域通信システム構築の進展に伴い、マ

＊　Shin-ichi Shirasaki　科学技術庁　無機材質研究所

イクロ波帯の通信や人工衛星を使ったＳＨＦ放送受信機の開発が極めて盛んで，この目的のため優れたマイクロ波用誘電体共振器は必須のものとなっている。

本章では，電子セラミックス，セラミックス電磁波材料の中でも特に将来の展開が期待されるマイクロ波誘電体セラミックス電気光学結晶，赤外線検出セラミックス，電子光学セラミックス，遠赤外放射セラミックス，光ファイバを取りあげる。

1.2 セラミックス電磁波材料研究・開発の切り口

最近のセラミックス電磁波材料を主体とした電子セラミックスの研究・開発は日進月歩の勢いである。開発分野においては，わが国の主要企業が世界を一歩リードしているとは言え，電子セラミックスの学理体系は十分なものではない。しっかりした学理を確立して開発に資することが来世紀にかけてセラミストに課せられた最重要課題である。

電子セラミックスは合成法⇄構造・組織⇄構造の3者関係によって基本的に記述される[1]。構造には基本構造のほかに点欠陥，粒界構造，組成変動，非平衡構造，トンネル構造，層間構造，転位などの高次構造を，また組織についてもヘテロ接合，ヘテロ分散，ヘテロ結合，多孔質といった高次組織を包含している。われわれの必要とする機能は，これらの構造・組織の上に立って発現し，構造・組織が特定されれば機能は一義的に定まる。電子セラミックスはこのような構造・組織をファインに制御したセラミックスである。ファイン化の次元は昨今ますます高度になり，すでにスーパーファインセラミックスと名づけうるものが数々登場している。電子セラミックスには，1つには高次構造，高次組織を積極的に導入して高機能，新機能を達成する場合と，これらをできるだけ排除して目的を達成する，いわば完全結晶指向のものとが考えられるが，いずれの場合においてもスーパーファイン化が着々進展している。

電子セラミックスのファインからスーパーファインへの道程は必然的なものであるが，これを達成するには色々な切り口が考えられる。構造・組織のスーパーファイン化のほかにハイブリッド化，インテリジェント化，および材料設計的開発などがある。後三者の場合でも構造・組織のスーパーファイン化が変わらない目標となる。

ハイブリッドの名称は化学結合におけるハイブリッド軌道に由来している。原子－原子の結合によって各原子状態の加成性を越えた新しい状態（Hybrid orbital）が実現する。このような背景に基づいて複数の構造・組織あるいは組成の複合によって，対応する各端機能の加成性からは考えられないユニークな機能を示す場合，これをハイブリッド材料と呼んでいる[2]。既往の電子セラミックスでは，バリスタ，ポジスタなどの粒界利用機能材，半導体ガスセンサなどがこれに近い材料である。一方，相図的にみた場合固溶体等のA端構造とB端構造の界面において高次構造が発生しユニークな機能を発現する場合がある。この場合は前の場合と違って材料自体が複合

1 概　　説

しているのではなくて，相図上のハイブリッド構造（機能）を単相として取り出したものである。この例としてＰＺＴをはじめとする圧電セラミックスなどが典型的なものである。考えようによってはドーパントによってユニークな機能を達成した電子セラミックスはすべてこのカテゴリーに入るかもしれない。もう１つの型のハイブリッド材料は，マトリックス構造に空間（点欠陥，トンネル，層間）を導入複合させてハイブリッド構造（機能）を実現したもので，これら空間のマトリックスへの導入技術が問題となる。

　最近材料のインテリジェント化についての議論，施策が始まっている。インテリジェント材料は[3]，人間，生体のもつセンシング，プロセッシング，アクチュエーチングの連鎖機能が材料の中にビルトインした材料として定義される（基本定義）。このような３つの機能を情報伝達によって結合されている。より具体的には，材料が人間，生体が有する自己防衛，自己学習，自己診断，ホメオスタシス，予知・予告性などの機能をもつ場合，これをインテリジェント材料と呼ぶことができる。人間，生体にあっては，これらの機能は前述した３つの連鎖した基本機能と情報伝達とによって実現されているが，材料においても同じような状況が想定できる。既往の電子セラミックスの中でインテリジェント材料と呼ぶにふさわしいものは当面必ずしも多くはないが，ポジスタなどはその典型例とみることができよう。これは温度の上昇に伴って抵抗が増加し，ホメオスタシス機能を有している。最近ＢＹＣＯ超伝導セラミックスにおいてT_c以上の温度（ヒーリング温度）で処理することを繰り返すことによってT_cが次第に増大する事実が発表されている[4]。これなどは自己学習が実現されたものとみることができよう。

　いずれにしても，セラミックス電磁波材料についてインテリジェント性の観点から研究・開発を進めることは21世紀に向けて重要性を増すものと思われる。この場合，生体，人間のもつ基本的構造としてのホロニクス構造，ファジィ，シャープな機能を制御する組成変動，生から死への非平衡過程にかかわる非平衡構造あたりが，インテリジェントセラミックスにおける制御対象となろう。さらにセンシング，プロセッシング，アクチュエーチング機能に対応する構造・組織の接点を制御する技術が重要となる。

　電子セラミックスは多くの高次構造，高次組織の存在によって特長づけられ，このことが電子セラミックスの解明を難しくしている。このような高次構造，高次組織を中央において合成法，機能との関係を確立することが電子セラミックス材料科学の主要課題である。この３者関係を踏まえて，要求される機能に対して構造・組織を指定し，これを満足する合成法を確立することが材料設計的開発である。このように，やや消極的な開発のほかに３者関係に根ざしてどのような高機能，新機能セラミックスが達成されるかを問いかけるような積極的開発があり，この手法が画期的材料開発においてとくに大切である。この種の開発は研究者のもつ資質，直観力に大きく依存している。また大型計算機の果たす役割も年々重要となろう。ただ，電子セラミックスにお

いては1つのマクロ的，平均的組織を指定しても，対応する構造・組織は無限にあり，これを，計算機作業においてどのように処理するかが問題となろう。

いずれにしても現在から来世紀にかけてこのような構造・組織のスーパーファイン化，インテリジェント化，ハイブリッド化，材料設計的開発など多面的観点から電子セラミックスの構造・組織が制御されて，多機能，新機能が達成されることになろう。

1.3 セラミックス電磁波材料のスーパーファイン化のための基本的問題点
1.3.1 高次構造制御における問題点

狭義のセラミックスは粉体を焼結して作成される。焼結（緻密化，粒成長）は主として自己拡散によって制御され，これは点欠陥の動的挙動の問題である。一方，多くの電磁気的性質や光学的性質は，存在する点欠陥およびそれとの関連によって消長する電子的欠陥（電子，ホール）に依存する場合が多い。電子セラミックス材料科学の主要な学理体系は，このような欠陥構造に関係する場合がきわめて多い。

一方，電子セラミックスにおいては機能や焼結性を制御するためにわずかの第2成分を添加する場合が多く，このことについての学理が不十分なゆえに電子セラミックスの開発のための指導原理を獲得できないといった事情がある。ファイン化からスーパーファイン化への時代の主要課題の1つは該指導原理の確立にある。

第2成分添加に伴うこのような点欠陥構造の消長について従来Kröger流のいわゆる原子価制御機構によって説明されている[5]。ホストに対して高い原子価をもった第2成分が固溶することによって発生する過剰のプラス電荷を中和するために直接電子が生成し，逆に低い原子価の場合には過剰のマイナス電荷の補償の結果ホールが生成するというものである。最近世界的フィーバ状態にあるセラミックス超電導体の場合においても，その機構を説明するためにエレクトロンドーピング，ホールドーピングの概念を中心においている。原子価制御機構はSi半導体テクノロジーの場合には確実に成立し，今日のエレクトロニクス時代の材料開発の基盤となっている。しかし酸化物では上述の過剰電荷を補償するために酸素の挙動にも注目しなければならない。

現在このような機構が酸化物系においては成立しないことが示されている。たとえば電子セラミックスの基板物質であるBaTiO$_3$にLa$_2$O$_3$を添加することによってn型に半導体化することが知られているが，この場合La^{3+}の固溶によって生成した過剰プラス電荷La$^{\cdot}_{Ba}$は直接電子の発生によって中和されるのではなくバリウムイオン空孔，V$^{\prime\prime}_{Ba}$（マイナス電荷）によって補償されることが実証されている。V$^{\prime\prime}_{Ba}$と隣接する酸素副格子は陽イオンとの結合がないために高温で加熱した場合に容易に熱解離して，酸素空孔，$V_O^{\cdot}$，$V_O^{\cdot\cdot}$と電子，eを発生し，このeがn型半導性の原因となる[6]のである。図1は$V_O^{\cdot}$，$V_O^{\cdot\cdot}$の濃度と直接関係する酸素の拡散

1 概 説

係数，Dの温度依存性を示したものである。La添加体においては高温において$V_O^{\cdot}$，$V_O^{\cdot\cdot}$の発生が顕著に起こることがわかる。

いずれにしても第2成分の添加によって，ホストに発生した陽イオン欠陥や固溶第2成分そのものによって変成されて化学結合強度が変化し，その結果このものを高温で処理した場合酸素の出入り（熱解離，熱酸化）の状況が変わることが第2成分添加による欠陥構造，電子欠陥構造変化の実体である。このような基本的考え方に従って，赤外線検出器用$PbTiO_3$等多くの電子セラミックスの欠陥構造を理解することが可能となり，開発に資することができる。

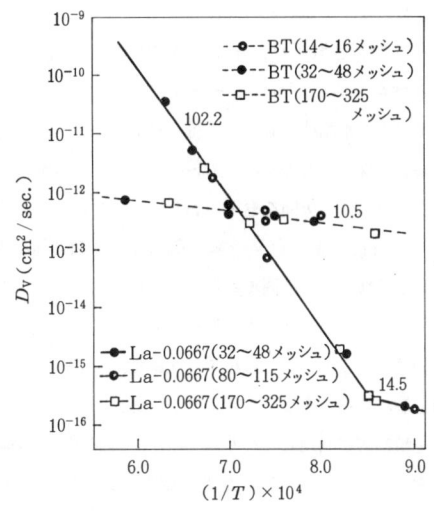

図1　$(Ba_{0.9}La_{0.0667}\square_{0.0333})TiO_3$(La-0.0667)および$BaTiO_3$(BT)多結晶の$D_V$

図中の数字は活性化エネルギー

おそらく電子セラミックスの機能を理解するために最も重要な高次構造として非平衡構造をあげることができる。電子セラミックスは高温で焼結して作成されるが，得られる機能は常温近傍で有効な場合が圧倒的に多い。したがって機能を支配する構造・組織が高温から常温に冷却される過程でどのように変化するかについての情報が大切である。この過程で構造・組織は多かれ少なかれ非平衡構造をとらざるをえない。一方，電子セラミックスの機能を高めることは材料開発において一義的に重要であるが，それと同時に重要なことはそのような機能が再現性よく獲得できるかどうかということで，このことが達成されないと材料は市場にでることは難しい。このような再現性，信頼性も非平衡構造の存在にかかわっていることが多いのである。

2，3の例をあげよう。PZTは代表的圧電体で，菱面体（Zrリッチ側），正方晶（Tiリッチ側）の相界面で示す高い電気機械結合係数を利用している。結晶学的等価位置にZrとTiが共存し，これらの分布の状況によって特性が大幅に変化する。PZTをPbO，ZrO_2，TiO_2の乾式混合によって作成すると両者の不均一分布が顕著に発生する。このような不均一分布は高温で加熱しても，簡単には解消されず非平衡的に安定化する[7]（図2）。典型的電磁波材料であるPLZTや固溶型マイクロ波用誘電体においても事情は同じである。

$PbTiO_3$は代表的強誘電体として，最近では赤外線検出器として賞用されている。一般に

はPbOとTiO₂との固体間反応によって作製されるが，湿式合成法による場合も多い。カ性ソーダ中に，TiCl₄水溶液を滴下して得られる沈殿を仮焼したものには，大量の陽イオン，陰イオン欠陥を含んでおり[8]，その結果正方歪，自発分極が低下する。この種欠陥は，高温処理とともに減少し，この意味で非平衡性を示す。

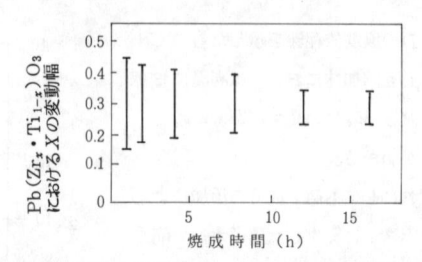

図2 平均組成Pb($Zr_{0.3}$・$Ti_{0.7}$)O₃圧電体を1,100℃で加熱した場合の組成変動幅の時間変化

狭義のセラミックスは粒界高次構造の存在によって一義的に特長づけられる。おそらく粒界問題を解決することは，セラミストに課せられた今世紀最大のテーマの1つと考えられている。粒界を積極的に利用したバリスタ，ポジスタ機能にかかわる粒界構造についていろいろな考え方が提案されているが，その実体は依然として明らかでない。バリスタなどの粒界障壁構造が明らかになれば，粒界問題の多くの部分が解決されるものと期待されている。

セラミックバリスタにおいてはバルクに比較してフェルミレベルの低い粒界準位を想定し，ここにグレン表面近傍の電子が落ち込んで障壁（電子空乏層）が生成されるものと考えられてきた。このモデルに基づいて計算したBi，Mnを同時に添加したZnOバリスタの障壁高さとバリスタの立ち上り係数，αとの関係を図3に与えた。明らかなように両者の間に相関性は認められないのである[9]。

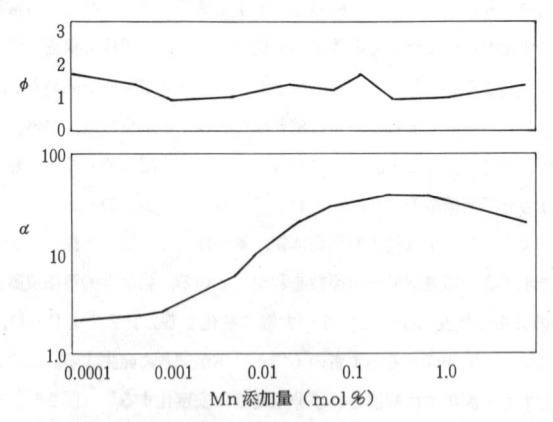

図3 Bi₂O₃，MnO添加ZnOバリスタの立ち上がり係数（α値）と障壁高さ（φ）との関係

1　概　　説

該バリスタは高温で焼結後，酸素気流中で室温まで徐冷して初めてその特性を発現する。したがって障壁の生成は酸素とのなんらかの関係で説明することが基本的要請となる。最近では冷却過程で粒界に沿っての酸素の吸着[10]や酸化[11]によってＺｎＯ半導体グレン界面域に存在する$V_o\cdot$，$V_o\cdot\cdot$やeが酸化されて消滅し電子空乏層が生成するとする考え方が優勢である。しかしなぜ粒界だけが酸化をうけるのか，Bi_2O_3の役割はどのようなものかについての納得できる考え方は示されていない。この問題の早急な解決が望まれる。

他の多くのセラミックス電磁波材料の場合でも，このような粒界酸化による粒界障壁の生成が多かれ少なかれ起こって，電磁波特性を左右するのである。

以上のような重要な高次構造のほかにセラミックスには，転位，層間，トンネル，陽イオン分布構造などの高次構造があり，これらについての系統的体系化が要請されよう。

1.3.2　焼結性制御の問題点

電子セラミックスの焼結性は多くの場合自己拡散特性によって制御される。この両者の関係から焼結性制御の指導原理を獲得することが電子セラミックスのスーパーファイン化の出発点となろう。

例をＭｇＯセラミックスの焼結性にとってみよう。同位体を用いて直接測定されたＭｇおよび酸素の体積拡散と焼結速度やクリープ速度から間接の求めた値とはかなり異なる。したがって焼結性制御についての指導原理を得ることはできない。電子セラミックスについても事情は同じである。

最近，多結晶を用いて体積拡散係数，D_Vを測定することが可能となっている[13]。図4はＭｇＯ多結晶を用いてD_Vを測定した結果である。明らかなように単結晶を用いて測定したD_Vとは異なった特性を示す。いわゆる外因性域でのD_Vは焼結温度に依存し，焼結温度が上昇するとD_Vは増大する。しかし酸素欠陥の熱的生成域（高温域）においてはD_Vは焼結温度に無関係である。外因性

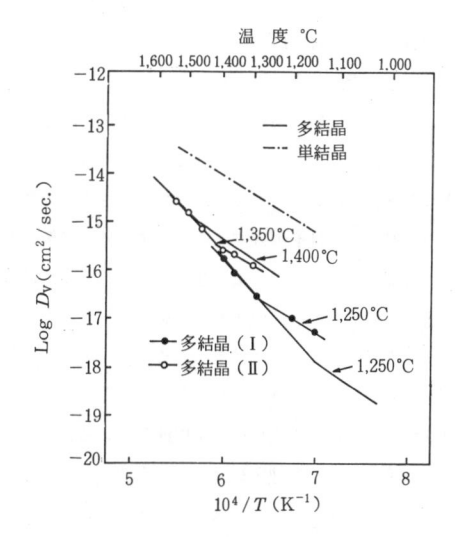

図4　多結晶，単結晶MgOの酸素のD_Vと多結晶（Ｉ），（Ⅱ）の緻密化速度から間接的に測定した拡散係数
　　　図中の数字は多結晶の焼結温度

域でのD_Vの焼結温度依存性は，高温で発生した酸素空孔が，焼結温度から冷却した場合ただちに非平衡的に安定化することによるものと考えられている。

このようなD_Vを測定した多結晶と同じ試料についての緻密化速度から間接的に計算される拡散係数はほぼ一致する（図4）。つまり焼結現象を理解するためには，焼結体についてのD_Vを考えればよいことになる。これはけだし当然の結論ではあるが，従来は測定しやすさもあって単結晶を用いてD_Vが測定され，このことが焼結現象の理解を困難にしてきたものと結論されよう。将来多くの電子セラミックスについてD_Vが測定され，その焼結現象があまねく理解されることが望まれる。

1.3.3 粉末特性制御の問題点

電子セラミックスの合成においては原料粉末特性の制御が出発点になる。緻密な焼結体を作成するにはサブミクロン級の単分散した粉末が要求される。構造・組織のスーパーファイン化の要請されるオプトエレクトロニクセラミックス（電気光学セラミックス，多結晶レーザなど）やマイクロ波用誘電セラミックスにおいては，さらに高特性を有する粉末が必要となる。セラミックス複酸化物原料粉末を乾式法によって作成すると，その粒子径はせいぜい数ミクロンであるとされている。このような状況においてアルコキシド法によって特性の優れた粉末を得るために各所で検討が進められている。残念ながらこの手法の最大の欠点は原料アルコキシドが高価であることで，この手法由来の粉末を企業において採用することは当面きわめて難しいといえる。

より安価な原料粉末を湿式法で合成するとなると，単純な共沈法が想定される。この方法はその均一性ゆえに乾燥時，仮焼時に凝集して単分散したものを得ることは難しい場合がある。このような状況において，多段湿式法が開発されている[14]。この方法では沈殿を多段階に形成してミクロ的不均一性を導入することによって乾燥後，仮焼時での凝集を抑制しようとするものである。好都合なことにこのようなミクロ的不均一性は，焼結時にはほぼ解消されて共沈体由来のものと同等の均一性を達成することができる。写真1は多段湿式法由来のサブミクロン級PLZT粉をドクターブレード法によって成形後，常圧焼結して得られた透光性PLZTセラミックス板で，その透光度は理論値に達している。同じようにして，各種圧電セラミックス，マイクロ波用誘電セラミックスを始めとするセラミックス電磁波材料のサブミクロン級原料粉末を作成することが可能となっている。

もし乾式法によって湿式法と同等のサブミクロン級単分散粉末が作成可能となればその

写真1　多段湿式法由来のPLZT粉末をドクターブレード法で成形し常圧焼結した透明体薄板

1　概　　説

利得は計りしれない。このような状況において新乾式法が提案されている。これはたとえば，PZT粉末を作成する場合，ZrO_2粉末を構成成分によって湿式的に変成し，高粉末特性の変成ZrO_2となし，これに市販のPbO，TiO_2を乾式混合，仮焼する方法でサブミクロン級の粉末が容易に得られる。重要なことは，粉末のコストとその特性は必ずしも相関性をもたないことで，この観点から安価な乾式法を基本として高特性粉末を目標とすることが将来の粉末合成の方向であろうと思われる。

文　　献

1) 白崎信一：日本結晶学会誌, **28**：180, 1986.
2) 白崎信一：ニューセラミックス, **1**：33, 1988.
3) Shirasaki, S,：Proc. of International Workshop on Intelligent Materials, The Society of Non-Traditional Technology, Tokyo：225, 1989.
4) Bhargava, R. N., Herko, S. P., Osburn, W. N.：*Phys. Rev. Letters*, **59**：1468, 1987.
5) Kingery, W. D., Bowen, H. K., Uhlmann, D. R.：Introduction to Ceramics（日本語訳：セラミックス材料科学入門，内田老鶴圃新社：121, 1980.）
6) Shirasaki, S., Yamamura. H., Haneda, H., Kakegawa, K., Moori. J.：*J. Chem. Phys.*, **73**：4640, 1980.
7) Kakegawa, K., Moori, J., Takahashi, K., Yamamura, H., Shirasaki, S.：*Solid State Commun.*, **24**：769, 1977.
8) Shirasaki, S., Takahashi, K., and Kakegawa, K.：*J. Am. Ceram. Soc.*, **56**：430, 1973.
9) 佐藤恵二　他：未発表.
10) Fujitsu, S., Toyoda, H., Yanagida, H.：*J. Am. Ceram. Soc.*, **70**：C-71, 1987.
11) 白崎信一：セラミックス表面・界面の基礎と応用，日本化学会：50, 1982.
12) Gupta, T. K.：*J. Mat. Sci.*, **6**：25, 1971.
13) Shirasaki, S., Matsuda, S., Yamamura, H., Haneda, H.：*Adv. in Ceramics*, **10**：474, 1983.
14) 白崎信一：エレクトロニクス・セラミックス, **9**, 1985.

2 マイクロ波誘電体セラミックス

山田　朗*

2.1 はじめに

マイクロ波通信に用いられる周波数帯域は，300〜400MHzから数十GHz まで極めて広い範囲をカバーしており，自動車電話あるいは携帯電話といった移動体通信では，800〜900MHz帯が，衛星放送ではＳＨＦ帯が用いられている。最近，話題となり，加入台数において１年毎に倍になるとも言われる携帯電話に代表されるように，マイクロ波を用いた通信は，公共用途から一般個人的用途へと急速な展開を示している。このような展開の背景には，いかなる時にも高度な情報交換が必要とされる社会となったことはもちろんであるが，通信機器自体がそのような要望に応えるべく，小型・軽量化しつつ，高い通信品質を実現していることも見逃すことはできない。通信機器，特に携帯機に必須な小型高性能化は，数多くの高度な技術，例えば高密度実装技術，高集積ＬＳＩ化技術，マイクロ波部品小型化技術等，の結集によって初めてなし遂げられていることは言うまでもない。また，比較的スペースに余裕のある基地局においても装置小型化の必要性に例外はない。マイクロ波用誘電体セラミックスは，これらの通信機器中では，送受信フィルター・共振器として，あるいはＭＭＩＣ用基板としてマイクロ波部品を構成しており，後述するようなその特質を活かし，小型高性能化，高安定化に大きく寄与しているキーマテリアルである。

マイクロ波デバイスに対して，誘電体セラミックスを用いる試みは比較的古くから行われている。共振器応用におけるその有用性は1939年，Richtmyer により提案され[1]，1960年にはOkayaによって単結晶TiO_2を用いた共振器が最初に試作された[2]と言われている。その後，1970年以降となってからは，マイクロ波通信の拡大と共に誘電体応用と新材料開発の試みが精力的になされており，現在までに多くの優れた材料が開発されてきた。ここでは，誘電体セラミックスの利用が特に効果的である共振器用材料の現状を高誘電率系材料を中心として特徴的材料について示し，さらに新合成手法の適用による誘電特性改善効果を紹介する。

2.2 マイクロ波誘電体の特性

マイクロ波用誘電体セラミックスは，次の３特性を兼ね備えることが必要とされる。

(1) 高い誘電率を持つこと
(2) 高いQ値（１／誘電体損）を持つこと
(3) 共振周波数の温度安定性（τ_f）が優れていること（≒0 ppm/℃）

また，上記特性以外にもセラミックスであるが故の化学的に安定で経時変化の少ないことも優

---

*　Akira Yamada　三菱電機㈱　材料デバイス研究所

れた特質である。

　誘電体応用デバイスの小型化には高誘電率を持つことが最も大きな効果を示す。電磁波が誘電体中を進行する場合，その速度は誘電体の比誘電率の平方根に反比例して遅くなる。すなわち，同一周波数であれば，波長は短くなり，波長を基準として設計される誘電体デバイスは，高誘電率材料を使用することにより，著しく小型化することができる。例えば，共振器の場合，金属匡体を持った空洞共振器に比べ，比誘電率40の誘電体を用いた同軸型共振器は，長さにして80%以上の小型化を実現できるのである。

　Q値の高低は，送受信フィルタとして用いた場合には信号選択度，ＳＮ比，送受信電力効率に直接影響する。現在，マイクロ波誘電体として使用可能な主な材料の比誘電率とQ値の関係を図1に示した。マイクロ波域でのQ値は測定周波数と反比例関係にあり，同一材料では，一般に，

$$Q \times f = \text{const.} \qquad f：測定周波数$$

の関係が成り立つ。図1では縦軸を$Q \times f$として，測定周波数の異なる材料間のQ値の比較を容易とした。材料の比誘電率は10程度から 100以上にまで分布し，Q値は誘電率の増大に伴い，急激に減少する傾向にある。実際の使用においては使用目的に応じて，デバイスの小型化が最優先される場合には高誘電率材料が，低損失の送受信が望まれる場合には高Q値材料が選定される。

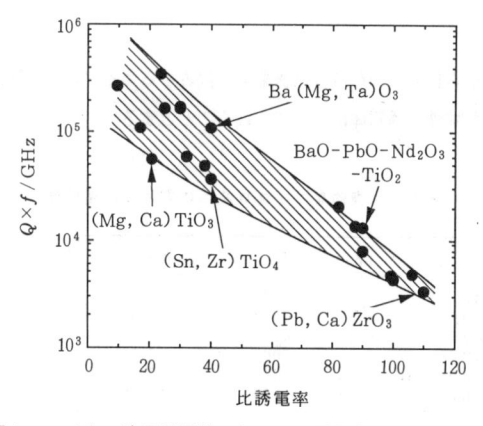

図1　マイクロ波用誘電体における比誘電率と$Q \times f$の関係

　共振周波数の温度依存性は，温度変化による誘電体の誘電率変化と熱膨張による体積変化に起因するものに他ならない。これは以下の式によって表すことができる。

第2章 無機系電磁波材料

$$\tau_f = -\tau_k / 2 + \alpha_l$$

τ_f：共振周波数の温度係数，τ_k：誘電率の温度係数，α_l：線膨張係数

比誘電率20以下の単純化合物においては，τ_f が極めて小さいものが存在するが，多くの材料は，主に正の符号を持った決して小さくない τ_f を持つ。τ_f は高誘電率材料となるほど，正の大きな値となり，特に最近開発が盛んな高誘電率系マイクロ波誘電体において 0 ppm/℃ 近傍の温度係数を達成することは極めて難しい。そこで温度係数を改善するためには，本質的に τ_f の小さな材料を得る他に，(1)温度係数の符号の異なる異種材料を張り合わせる，(2)温度係数の符号の異なる異種材料の混晶を作成する等により，温度係数を相殺する複合材料的方法も行われる。

上述の3特性の内，誘電率と温度係数は誘電体が熱力学的に平衡にある（平衡に近い）単一相，あるいは複数相により構成されている場合には，組成に一義的に依存すると考えても間違いではない。しかし，Q 値に関してはこの限りではない。同一組成，同一結晶構造であっても製造のプロセスによって Q 値には大きな変化が認められ，微細組織，微細構造（格子欠陥等の2次的構造まで関与するかもしれない）を積極的に制御することにより，Q 値を大きく向上させうる可能性がある。

このように，マイクロ波用誘電体に要求される特性項目は，低周波数域で用いられる誘電体と基本的に変わりはないものの，数百MHz ～数十GHz と極めて高い周波数において誘電率と Q 値，および温度安定性への厳しい要求値をクリヤできる材料は限定される。

2.3 誘電体材料

表1に比誘電率20から110 にわたる各比誘電率を代表するマイクロ波誘電体の誘電特性を示した。以下に，特性上興味深い誘電体についてふれることとする。

表1　代表的なマイクロ波用誘電体の誘電特性

材料系	ε_r	Q	τ_f(ppm/℃)	f(GHz)	文献
(Mg,Ca)TiO$_3$	21	8000	0	7	3)
Ba(Mg,Ta)O$_3$	25	16800	+4.4	9.9	4)
Ba(Zn,Ta)O$_3$	30	14500	±0.5	12	4)
(Zr,Sn)TiO$_4$	38	7000	0	7	5)
BaO-PbO-Nd$_2$O$_3$-TiO$_2$	90	5000	0	3	5)
(Pb,Ca)ZrO$_3$	110	1100	+13	3	6)

f：測定周波数

2.3.1 比誘電率30級誘電体

比誘電率30から40を示す誘電体は，複合ペロブスカイト型酸化物に代表され，優れた Q 値を示

2 マイクロ波誘電体セラミックス

すことを特徴とする。これらの誘電体は，通常のペロブスカイト構造ABO_3（A，Bは金属原子）のBサイトを複数の金属原子が共有する形をとり，この構造は，マイクロ波用途に限らず，機能性セラミックスを代表する構造である。マイクロ波誘電体としては，Aサイト原子としてBa，Srといったアルカリ土類元素，Bサイト原子としてはTaあるいはNbといった5価原子とMg，Zn等の2価原子との組み合わせにおいて優れた誘電特性が報告されている。代表的な複合ペロブスカイト構造誘電体の誘電特性を表2に示した。

表2 比誘電率30級誘電体の誘電特性

材料系	ε_r	Q	τ_f (ppm/℃)	f (GHz)	文献
$Ba(Mg_{1/3}Ta_{2/3})O_3$	25	16800	$+4.4$	9.9	4)
$Ba(Mg_{1/3}Nb_{2/3})O_3$	24	35000	―	10	7)
$Ba(Zn_{1/3}Ta_{2/3})O_3$	32	5600	$+33$	10.5	4)
$Sr(Zn_{1/3}Nb_{2/3})O_3$	30	14500	$+0.6$	11.4	4)
$Ba(Zn_{1/3}Ta_{2/3})O_3$	40	4000	-39	9.2	4)
$-Ba(Zn_{1/3}Ta_{2/3})O_3$	40	10000	$+28$	11	8)

Bサイトを占める複数原子の価数とイオン半径が大きく異なるこのようなペロブスカイト化合物では超格子構造が生成しやすいとされているが，Kawashimaら[9]によって，$Ba(Zn,Ta)O_3$において長時間焼成によって生成するBサイト原子のZnとTaが規制配列する超格子構造とQ値との相関が報告された。超格子構造生成による格子歪とQ値との相関が示されたことで，誘電体材料開発の上で大きな指針が示されたといえる。このような規則構造の生成によるQ値の向上は，Ba-Mg-Ta-O系[7]，Sr-Ba-Ni-Nb-Zr-O系[10] においても報告されている。

また，$Ba(Mg,Ta)O_3$セラミックスは高いQ値を示す優れた誘電体として知られているが，添加物無しでは焼結性が悪く，緻密なセラミックスを得ることが難しかったが，日向ら[7]は急速昇温法により緻密化を達成し，10GHz において17000 程度であったQ値を35000 以上へと大きく向上させることに成功している。

2.3.2 比誘電率90級誘電体

BaO-希土類-TiO_2 系誘電体が，比誘電率80から90における誘電体の代表である。特に，BaO-Nd_2O_3-TiO_2系，BaO-Sm_2O_3-TiO_2系において，多くの高誘電率誘電体が見出されている。代表的誘電体の特性を表3に示す。

BaO-Nd_2O_3-TiO_2系セラミックスは，1978年にKolar らによって積層コンデンサー用材料として誘電特性が報告された[13]。このセラミックスは，特に，Ti-rich 領域において優れた誘電特性を示し，さらにBi の含有によって，焼結性の向上と高い誘電率を示す[14]。

表 3　比誘電率90級誘電体の誘電特性

材　料　系	ε_r	Q	τ_f (ppm/℃)	f (GHz)	文献
BaO-Sm$_2$O$_3$-TiO$_2$	40～90	4000	±4	2	27)
BaO-PbO-Nd$_2$O$_3$-TiO$_2$	90	5000	0	3	5)
BaO-La$_2$O$_3$-TiO$_2$-PbO-SnO$_2$	82	2950	+100	5.7	12)

Ti-rich 領域においては，BaNd$_2$Ti$_3$O$_{10}$，BaNd$_2$Ti$_4$O$_{12}$，そしてBaNd$_2$Ti$_5$O$_{14}$ の3種類の化合物が存在し[15),16)]，BaNd$_2$Ti$_5$O$_{14}$ 周辺組成では最も優れた誘電特性が得られている。また，同系はマイクロ波領域でも優れた誘電特性を示し，PbO を添加したBaO-PbO-Nd$_2$O$_3$-TiO$_2$系において，比誘電率90を示すマイクロ波用誘電体が得られている[5)]。上記領域のセラミックスを，ボールミル混合等の通常の方法で作成すると，一般に単相化せず，多相化することが知られており，この時の生成相は，EPMA，微小領域X線回折法によれば，主構造相であるBaNd$_2$Ti$_5$O$_{14}$ 相の他に，Ba$_2$Ti$_9$O$_{20}$ 相と単結晶状のTiO$_2$より構成される[17)]。

Nishigaki ら[18)] は，類似系である(Ba, Sr)O-Sm$_2$O$_3$-TiO$_2$系について報告しており，EPMAと粉末X線回折法とから，マトリックスをBaSm$_2$Ti$_5$O$_{14}$，その他に生成した2相をBa$_2$Ti$_9$O$_{20}$，TiO$_2$と同定している。このような系では，優れた誘電特性は各相の特性の重ね合わせによって実現されていると考えられる。

希土類元素位置をSm，Nd以外の希土類とした誘電体も種々試みられ，BaO-Pr$_6$O$_{11}$-TiO$_2$[19)]，BaO-La$_2$O$_3$-TiO$_2$-SnO$_2$-PbO 系[12)] においては，比誘電率80以上，$Q \times f > 9000$ 〔GHz〕が得られたが，温度係数は+100ppm/℃以上と大きく，Sm，Nd系を越える特性は得られていない。

2.3.3　比誘電率100以上の誘電体

反強誘電体であるPbZrO$_3$をベースとしたPb系ペロブスカイト型誘電体は現在最も大きな誘電率を示す材料である。PbZrO$_3$-CeO$_2$ 系セラミックスが，3 GHz において比誘電率：140，Q : 850 を示し，さらに通常の高誘電率材料とは，逆方向の負の τ_f を持ち，正の τ_f を持つ材料との組み合わせにより，0 ppm/℃を実現するベース材料となり得ることが，Tatsuki ら[20)] によって示された。Katoら[6)] は，PbZrO$_3$ ペロブスカイト構造Aサイト原子であるPbの一部をアルカリ土類元素で置き換えた系についてマイクロ波特性を検討し，Caで置換した系において，3 GHz において比誘電率：110，Q : 1100，τ_f : +13ppm/℃となる組成を見出した。加賀田ら[21)] は，この関連系においてさらに研究を進め，Bサイト原子をHf，(Fe, Nb)とした系においても比誘電率100クラスの誘電体が実現されている。また，同組成において，超格子構造の生成が認められ，Q値との対応が示されている。

また，髙橋ら[22)] は，(Li, Sm)TiO$_3$ 系の誘電特性が，誘電率が比較的大きく，τ_f が負側に大

きいことを見出し，$CaTiO_3$と複合することにより，3 GHz において比誘電率：106, Q：1600, τ_f：+ 8ppm/℃の誘電特性を示す材料を開発している。また，高Q値を示す同組成において，超格子構造の生成が報告されている。

以上の誘電体の特性をまとめて表4に示す。

表4 比誘電率100級誘電体の誘電特性

材料系	ε_r	Q	τ_f(ppm/℃)	f(GHz)	文献
(Pb, Ca)ZrO_3	110	1100	+13	2.9	6)
(Pb, Ca)HfO_3	100	1540	+11	2.8	21)
(Pb, Ca)(Fe, Nb)O_3	99	1640	+11	2.8	21)
(Li, Sm)TiO_3-$CaTiO_3$	106	1600	+ 8	3	22)

2.4 新合成手法による誘電特性改善

最近，マイクロ波誘電体に限らず，機能性セラミックスの合成に沈殿法，ゾル-ゲル法，水熱法などの化学的手法を適用することによる特性向上が試みられている。セラミックスの電気的，磁気的，機械的等種々の特性が微細構造と大きく関わっており，一層の高性能化を図るためには，これらの組織，構造をより積極的に精密に制御することが必要であると考えられる。従来の一般的なセラミックスの作成法としては，原料粉末を機械的に混合し，熱処理による固相反応によって化合物粉末とし，その粉末を成形した後，焼結してセラミックスを得る工程をとる（以後，従来法と記す）。しかし，従来法で得られた化合物粉末は，安価ではあるが活性度，あるいは組成均一性の面で十分とはいえず，この化合物粉末を作るまでの工程に化学的手法を適用し，高活性，高組成均質性を持つ高品質な粉末を得ることができれば，焼結体の微細構造制御も容易となると予想される。

筆者らは組成的均質性の改良により，マイクロ波用誘電体の特性向上，特にQ値の向上を目的として，誘電体構成元素を溶液から沈殿として補収する粉末生成法（以後，湿式法と記す）を試みてきた。誘電体セラミックス中に組成的不均一性が存在する場合，セラミックスは異なる誘電率を持つ微小誘電体の集合となり，異誘電率誘電体の接触界面が多数存在することになる。この時，誘電率と導電率が，$\varepsilon_{r1}\sigma_2 = \varepsilon_{r2}\sigma_1$（$\varepsilon_{r1}$：誘電体1の比誘電率，$\varepsilon_{r2}$：誘電体2の比誘電率，$\sigma_1$：誘電体1の導電率，$\sigma_2$：誘電体1の導電率）の関係を満たさない場合には，誘電体界面には緩和時間を持つ分極現象（界面分極）が生ずる[23]。この際の時間遅れの大きさは，ε_r，σ，および界面形状に依存し，組成均質性の向上によって，$\varepsilon_{r1}\sigma_2 = \varepsilon_{r2}\sigma_1$に近付けることができれば界面分極に起因する損失を低減可能であると考えられる。

湿式法では，合成出発時には成分元素がイオンとして溶液中に存在しており，原子レベルで均

一混合状態であるため，極めて高いレベルの均質性を生成沈殿に持ちこすことが可能である。得られた沈殿を熱分解して得られたセラミックス粉末は，通常サブミクロン以下の微粒子となり，比表面積が大きいため，活性度が高く，理論密度に近い緻密な焼結体を容易に得ることができる。このような方法によれば，従来の製造手法では制御し難い組成均質性などの因子の変動を最小とできるため，材料本来の特性を引き出しやすくなると同時に，各特性と諸因子との関係がより明確になると思われる。

以下に湿式法を適用した一例として，$SrZrO_3$セラミックスの誘電特性[24]について示す。合成フローチャートを図2に示した。このようにして作成された$SrZrO_3$粉末は1μm以上の凝集粒子の極めて少ない平均粒子径 0.4μm を持つシャープな粒度分布を示した。図3には，従来法と湿式法による粉末を用いた場合の焼結性を比較して示したが，湿式法試料の焼結密度は，従来法試料よりも低い焼結温度から上昇し，その絶対値も高く，ほぼ理論密度に到達する。

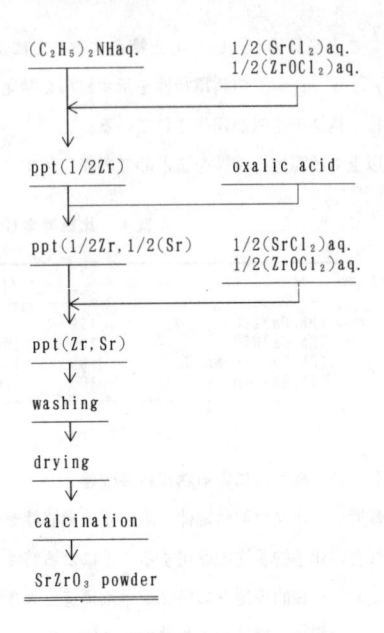

```
(C₂H₅)₂NHaq.          1/2(SrCl₂)aq.
                      1/2(ZrOCl₂)aq.
     ↓←────────────────────
     ↓
ppt(1/2Zr)           oxalic acid
     ↓←────────────────────
     ↓
ppt(1/2Zr, 1/2(Sr))   1/2(SrCl₂)aq.
                      1/2(ZrOCl₂)aq.
     ↓←────────────────────
     ↓
ppt(Zr, Sr)
     ↓
washing
     ↓
drying
     ↓
calcination
     ↓
SrZrO₃ powder
```

図2　湿式法による$SrZrO_3$セラミックスの合成フローチャート

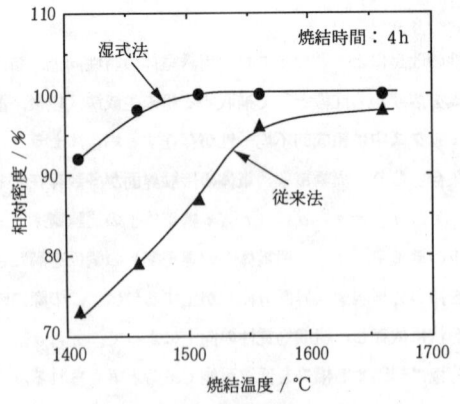

図3　焼結温度による焼結体相対密度の変化

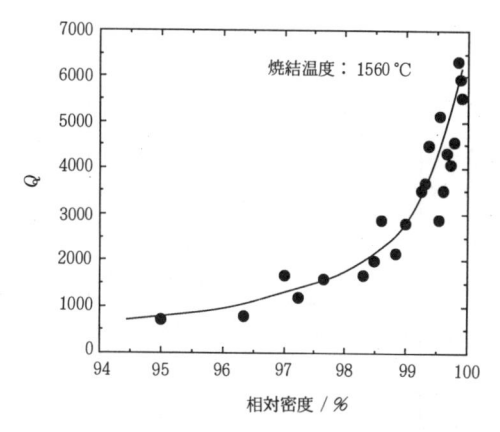

図4　湿式法SrZrO₃セラミックスの相対密度とQ値の関係

　図4には，焼結密度とQ値の関係を示した。データ点には分散が見られるが，明らかに密度の上昇に伴うQ値の向上が認められ，特に理論密度近傍では顕著である。理論密度近傍でのQ値の上昇はBa(Mg, Ta)O₃においても報告されており[7]，より優れたQ値を得るためには，理論密度に近い緻密なセラミックスを得ることが必要であろう。

　湿式法および従来法により作成した試料の組成均質性を評価するため，同一焼結体内の任意の100箇所の組成をWDXにより定量分析した時の分析値の分散を図5に示した。図中には測定誤差を見積るため同一測定点を20回測定した場合の分析値の分散（図中，破線）も合わせて示した。従来法試料の組成分散は焼結時間の長化に伴い改善されるが，湿式法試料に比べて大きい。これに対し，湿式法試料の組成分散は極めて小さく，相互拡散の少ない短時間焼結時より，測定誤差に近い値を示し，優れた組成均一性を持っていることが分かる。Pb系誘電体においては，湿式法を用いた試料の優れた組成均一性が，透過型電子顕微鏡（EDX）[25]やX線的手法[25],[26]によって評価，確認され，従来法試料の組成均質性は8時間焼結により湿式法試料に近づく[26]とされている。

　図6は，SrZrO₃セラミックスのＳｒ／Ｚｒ組成比を変えた場合のQ値の変化を示したものである。湿式法試料のQ値は，化学量論比(Sr/Zr＝1)付近で著しく向上し，鋭いピークを示すが，従来法試料では同傾向は顕著ではない。これは，従来法では湿式法に比べて組成均質性が低く，Ｓｒ／Ｚｒ比の分布が大きいため，ピークがブロードとなったと予想される。

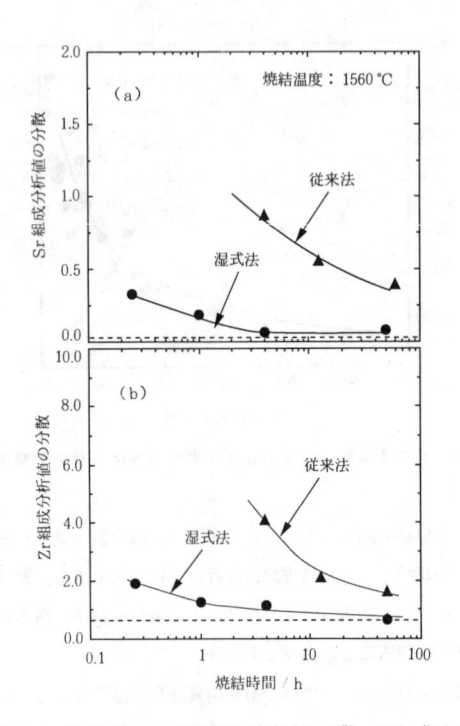

図5 EPMA（WDX）による組成分析値の分散；(a)Sr成分, (b)Zr成分

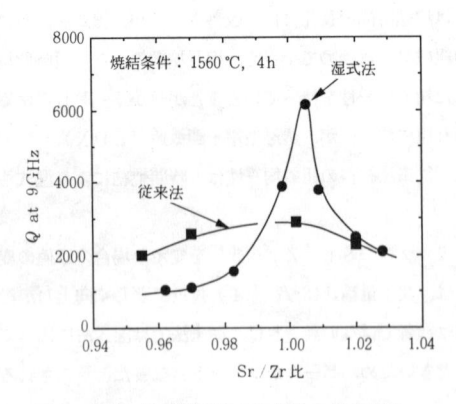

図6 Sr/Zr組成比の変化に伴うQ値の変化

表5 湿式法および従来法によるSrZrO₃, Sr(Zr,Ti)O₃セラミックスの誘電特性

材料系	ε_r	Q	τ_c(ppm/℃)	f(GHz)
SrZrO₃				
従来法	30	3100	+110	9
湿式法	31	6100	+150	9
Sr(Zr,Ti)O₃				
従来法	36	1700	+ 12	6
湿式法	35.5	3500	+ 30	6

τ_c：容量の温度係数

　表5には，湿式法および従来法で作製したSrZrO₃およびSr(Zr,Ti)O₃セラミックスの誘電特性を示した。湿式法で作製した試料はいずれも，比誘電率，温度係数においては同等であるが，Q値は従来法試料の値に比べ，2倍以上となっており，大きくQ値の改善を行うことができた。ここでは，組成均質性の観点から述べたが，このような新合成法の適用による微細組織構造の改良は，誘電体特性の高性能化に極めて有望であると考えられる。

2.5 おわりに

　現在，あるいは将来的に移動体通信に用いられる誘電体共振器としては，TEMモード同軸型，あるいはストリップライン型共振器が考えられる。今まで誘電体自体の損失について述べてきたが，これらの共振器は誘電体と導体とから構成されており，共振器としての無負荷Qは以下のように表すことができる。

　　同軸共振器：$1/Q = (1/Q_d) + (1/Q_c)$, 　Q_d：1/（誘電体の損失），
　　　　　　　　　　　　　　　　　　　　　　　Q_c：1/（導体の損失）
　　ストリップライン共振器：$1/Q = (1/Q_d) + (1/Q_c) + (1/Q_r)$,
　　　　　　　　　　　　　　　　　　　　　　　Q_r：1/（放射損失）

いずれの型の共振器においてもマイクロ波周波数域での損失には，導体損失が大きな比率を占めており，より低損失な共振器の実現には，誘電体損失の低減だけではなく，導体損失の低減，さらに導体と誘電体の接合など両者が複合した形でのトータルな損失改良を考える必要がある。

文献

1) R.D.Richtmyer ; *J. Apple. Phys.*, 15 (1939), 391.

2) A. Okaya ; *Proc. IRE*, **48** (1960), 1921.
3) 脇野喜久男, 他；チタン酸バリウム実用化研究会XXIX-159-1014 (1980).
4) S. Nomura ; *Ferroelectrics*, **49** (1983), 61.
5) K. Wakino, et al. ; *J. Am. Ceram. Soc.*, **67** (1985), 278.
6) J. Kato, et al. ; *Jpn. J. Appl. Phys.*, **30** (1991), 2343.
7) 日向健裕, 他；信学技報, ＣＰＭ-86 -31 (1986).
8) 河島俊一郎, 他；*National Technical Report*, **28** (1982), 1108.
9) K. Kawashima, et al. ; *J. Am. Ceram. Soc.*, **66** (1983), 421.
10) 永野文夫, 他；信学技報, ＣＰＭ-86 -30 (1986).
11) 大内宏, 他；チタン酸バリウム実用化研究会XXXII-173-1078 (1983).
12) K. Kageyama and M. Takata ; *Jpn. J. Appl. Phys.*, **24** (1985) suppl. 24-2, 1045.
13) D. Kolar, et al. ; *Ber. Dt. Keram. Ges.*, **55** (1978), 346.
14) D. Kolar, et al. ; *Ferroelectrics.*, **27** (1980), 369.
15) D. Kolar, et al. ; *J. Solid State Chem.*, **38** (1981), 158.
16) A. Olsen and R. S. Roth ; *J. Solid State Chem.*, **60** (1985), 347.
17) A. Yamada, et al. ; *Jpn. J. Appl. Phys.*, **30** (1991), 2350.
18) S. Nishigaki, et al. ; *Am. Ceram. Soc. Bull.*, **66** (1987), 1405.
19) 福田晃一, 他；信学技報, ＤＥＩ-92 -34 (1992).
20) K. Tatsuki, et al. ; *Jpn. J. Appl. Phys.*, **26** (1987) suppl. 26-2, 80.
21) 加賀田博司, 他；信学技報, ＤＥＩ-92 -32 (1992).
22) 高橋寿一, 他；信学技報, ＤＥＩ-92 -35 (1992).
23) 電気学会；誘電体現象論.
24) A. Yamada, et al. ; *MRS Int'l. Mtg. on Adv. Mats.*, **3** (1989), 181.
25) 角野裕康, 他；窯業協会年会予稿集, (1987), 143.
26) 掛川一幸, 他；日本化学会誌, **4** (1985), 692.
27) 窯業協会；セラミックス, **17** (1982), 216.

3 電気光学結晶

月岡正至*

3.1 はじめに

　光の変調・偏向はオプトエレクトロニクスの基礎技術であり，種々の物理現象が利用されている。その中の代表的なものは，外部印加電界による媒体の屈折率の変化（電気光学効果），ならびに超音波歪みによる媒体の屈折率変化（音響光学効果）を利用するものである。

　本節では，電気光学効果について，材料的特徴を主体に簡単な光変調の原理について記述する。また，材料的に関連した事柄として，非線形光学材料について述べる。つまり，光の2次高調波発生（SHG, second harmonic generation）に関して，まず原理的なことを述べ，次に，その代表的物質の一つであるニオブ酸バリウム・ナトリウム単結晶の育成とそのSHG特性について述べる。

3.2 屈折率楕円体

　光を制御するには，媒体となる物質の屈折率を外部から制御して行うことが多い。電気光学効果，音響光学効果，施光性の利用などがそれに当たる。光がこのような媒体特に光学的異方性をもった結晶中でどのような挙動をしめすかを理解しておくことはこれらの光制御技術の原理を理解する上で欠かせない。しかし，ここでは結晶光学について詳述することは避け，屈折率楕円体等の最小限の説明にとどめる。

　透明な誘電体結晶中における平面波の位相速度 v は，

$$v = c/n \tag{1}$$

で表される。c は光速，n は屈折率である。

　一般に光学的異方性をもつ結晶の中を進む光の位相速度は偏波方向によって異なる。光学的主軸を x, y, z とすると，

$$X^2/n_x^2 + Y^2/n_y^2 + Z^2/n_z^2 = 1 \tag{2}$$

で任意の方向に進む平面波の挙動が記述できる。(2)式を屈折率楕円体（index ellipsoid）といい，図1のように図示できる。n_x, n_y, n_z はそれぞれ主軸 x, y, z に対応する主屈折率である。

　図1において，任意の方向 s に進む平面波の挙動について考えてみる。この平面波は光学的異方性をもつ結晶の中では，屈折率楕円体の中心を通り，光の伝搬方向 s に垂直な切断面にできる楕円（図中斜線部分）の主軸すなわち長軸OAと短軸OB方向にそれぞれ電気変位ベクトルをも

---

* Masayuki Tsukioka　科学技術庁　無機材質研究所

った偏光に分かれて伝搬し，それぞれに対応した屈折率 n_1, n_2 を感じる。すなわち，それぞれ異なった位相速度で結晶中を伝搬する。その結果，結晶の出口で両偏波は位相差，

$$\Delta\phi = 2\pi|n_1 - n_2|/\lambda \quad (3)$$

をもつことになる。$|n_1 - n_2|$ を光の伝搬方向 s からみた複屈折という。図1に示した一般的な屈折率楕円体（$n_x \neq n_y \neq n_z$）では，中心 0 を通って切断した切断面が円となる（$n_1 = n_2$）ような光の伝搬方向は一般に二つあり，この方向に伝搬する光に対して複屈折を示さない。この方向を光軸（optic axis）という。2本の光軸をもつ結晶を光学的2軸

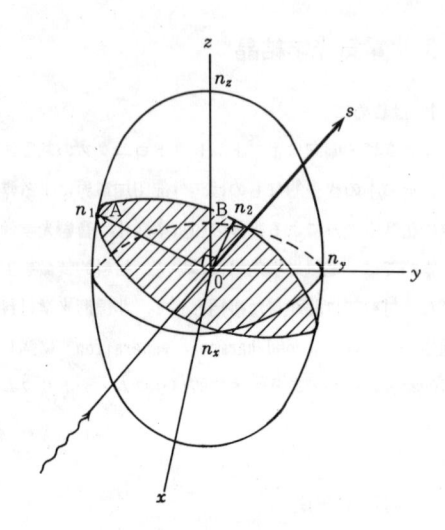

図1　屈折率楕円体と光波との関係

性結晶（optically biaxial crystal）という。結晶の対称性が高くなると $n_x = n_y \neq n_z$ では光軸は z 軸1本となる。これを光学的1軸性結晶（optically uniaxial crystal）という。さらに対称性が上がると $n_x = n_y = n_z$ となり，光学的に等方的となる。各点群の示す光学性については文献[1]を参照されたい。光学的1軸性結晶において，$n_x = n_y = n_0$ を常光屈折率（ordinary refractive index），$n_z = n_e$ を異常光屈折率（extra-ordinary refractive index）という。光学的2軸性結晶（$n_x \neq n_y \neq n_z$）においては，すべての屈折率が異常屈折率，等方性結晶（$n_x = n_y \neq n_z$）においては，すべての屈折率が常光屈折率である。常光，異常光の定義については文献[2]を参照されたい。

3.3　電気光学効果

3.3.1　一次の電気光学効果

物質に電界を加えると，その物質の屈折率が電界の強度に応じて変化する現象を電気光学効果という。屈折率楕円体を示す式(1)は任意に選んだ直交軸 x_1, x_2, x_3 に対して，

$$b^0{}_{ij} X_i X_j = 1 \quad (i, j = 1\sim3) \quad (4)$$

と表せる。ここで $b^0{}_{ij} = (1/n_{ij}{}^2)$ である。したがって，電界による屈折率楕円体は，電界の2次の効果まで考慮に入れると，

$$(b^0{}_{ij} + r_{ijk} E_k + R_{ijkl} E_k E_l) x_i x_j = 1 \quad (5)$$

3 電気光学結晶

と表せる。ここで左辺第2項は1次の電気光学効果，第3項は2次の電気光学効果といい，1次の電気光学定数 r_{ijk} をポッケルス（Pockels）定数，2次の電気光学定数 R_{ijkl} をカー（Kerr）定数ともいう。これらの電気光学定数を扱う際には測定条件に応じて，これらがクランプ（clamp）された状態かあるいはフリー（free）の状態かを区別する必要がある。クランプ状態とは素子形状に依存した共振周波数以上の高周波領域での測定において，素子の圧電的変形が追随できない歪み一定状態をいい，例えば r^S のように右肩に S をつけて区別する。フリーの状態とは圧電的な変形を伴う領域での状態を指し，応力一定の条件とみなせ，r^T のように T を添えて区別する。r^S と r^T，g^S と g^T との間には，

$$r_{ijk}{}^T = r_{ijk}{}^S + p_{ijmn} d_{kmn} \tag{6}$$

$$R_{ijkl}{}^T = R_{ijkl}{}^S + p_{ijmn} Q_{mnkl} \tag{7}$$

の関係がある。p_{ijmn} は光弾性定数，d_{kmn} は圧電定数，Q_{mnkl} は電歪定数である。光変調器等に用いられる定数は一般にクランプ状態のものが多い。本節での説明は簡単のため両状態を区別しないで進める。一次の電気光学効果による屈折率変化は，式(5)から，

$$\Delta(1/n_{ij}{}^2) = \Delta b_{ij} = r_{ijk} E_k \tag{8}$$

となる。添字（$i\ j$）を $(11) \to 1$，$(22) \to 2$，$(33) \to 3$，$(23) \to 4$，$(31) \to 5$，$(12) \to 6$ のように短縮した記号で表現すると，r_{ijk} は r_{mk}（$m: 1 \sim 6$, $k: 1 \sim 3$）の6行3列のマトリックスで表現できる。(8)式は式(9)のように表される。

$$\begin{bmatrix} \Delta \dfrac{1}{n_1{}^2} \\ \Delta \dfrac{1}{n_2{}^2} \\ \Delta \dfrac{1}{n_3{}^2} \\ \Delta \dfrac{1}{n_4{}^2} \\ \Delta \dfrac{1}{n_5{}^2} \\ \Delta \dfrac{1}{n_6{}^2} \end{bmatrix} = \begin{bmatrix} r_{11} & r_{12} & r_{13} \\ r_{21} & r_{22} & r_{23} \\ r_{31} & r_{32} & r_{33} \\ r_{41} & r_{42} & r_{43} \\ r_{51} & r_{52} & r_{53} \\ r_{61} & r_{62} & r_{63} \end{bmatrix} \begin{bmatrix} E_1 \\ E_2 \\ E_3 \end{bmatrix} \tag{9}$$

r_{mk} は3階のテンソル量であり，その成分相互の関係は点群によって決まる対称性の影響をうける。32の点群に対するテンソル成分間の関係は文献[3]を参照されたい。電気光学結晶としてすぐれた特性をもつタンタル酸リチウム $LiTaO_3$ は点群 $C_3v - 3m$ に属し，r_{mk} マトリックス

第2章　無機系電磁波材料

としては，

$$r_{mk} \equiv \begin{bmatrix} 0 & r_{23} & r_{13} \\ 0 & -r_{22} & r_{13} \\ 0 & 0 & r_{33} \\ 0 & r_{51} & 0 \\ r_{51} & 0 & 0 \\ -r_{22} & 0 & 0 \end{bmatrix} \qquad (10)$$

一次の電気光学定数については，代表的結晶について表1[1]にまとめた．

表1　一次の電気光学係数（代表的物質）

物質名	点群	mk	r^T_{mk} ($\times 10^{-12}$ m/V)	r^S_{mk} ($\times 10^{-12}$ m/V)	屈折率	屈折率測定波長 (μm)	誘電率	備考
GaAs	4 3 m	41	−1.5	−1.5	3.6	900	13.2	
ZnS	4 3 m	41	1.5	2	2.363(n_e) 2.368(n_0)	600		
CdS	6 m m	33 13 51	2.4 1.1 3.7		2.46 (n_0) 2.48 (n_e)		9.4(ε_1) 10.3(ε_3)	
KH$_2$PO$_4$	4 2 m	63 41	−10.5 8.6	9.7	1.47 (n_0) 1.51 (n_e)	546	42 (ε_1) 21 (ε_3)	強誘電体 T_c=123° K
KD$_2$PO$_4$	4 2 m	63 41	26.4 8.8	24	1.47 (n_0) 1.51 (n_e)	546	58 (ε_1) 20 (ε_3)	強誘電体 T_c=213° K
BaTiO$_3$	4 m m	33 13 51	 1,640	28 8 1,640	2.39 (n_0) 2.33 (n_e)	633	2,000 (ε_1) 100 (ε_3)	強誘電体 T_c=405° K
LiNbO$_3$	3 m	33 13 51 22	32 10 33 6.7	30.8 8.6 28 3.4	2.286(n_0) 2.200(n_e)	633	43 (ε_1) 28 (ε_3)	強誘電体 T_c=1,483° K
LiTaO$_3$	3 m	33 13 51 22	33 8 20 〜1	35.8 7.9 20 〜1	2.176(n_0) 2.180(n_e)	633	41 (ε_1) 43 (ε_3)	強誘電体 T_c=938° K
Ba$_2$NaNb$_5$O$_{15}$	m m 2	33 13 23 42 51	48 15 13 92 90	29 7 8 79 95	2.322(n_a) 2.321(n_b) 2.218(n_c)	633	222 (ε_1) 227 (ε_2) 32 (ε_3)	強誘電体 T_c=833° K
SiO$_2$	3 2	11 41	−0.47 0.20	0.23 0.1	1.546(n_0) 1.555(n_e)	546	4.3(ε_1) 4.3(ε_3)	

3.3.2 強誘電体における一次の電気光学効果

表1からも明らかのように強誘電体結晶は一般に大きい一次の電気光学定数をもっている。この理由は現象論的に次のように考えられる。

一般に結晶における2次の効果の係数Rは温度に対して敏感でなく，強誘電体においても，キューリー点の上下でこれらの係数は一定であるとして説明される現象が多い。同様な観点に立てば，強誘電相における一次の電気光学定数は二次の電気光学定数に自発分極P_Sによるバイアスがかかったものと理解できる。すなわち，分極で展開したときの二次の電気光学定数をg_{ijkl}とすると，式(5)より，

$$\Delta b_{ij} = g^T{}_{ijkl} P_k P_l \qquad (11)$$

分極$P(P_1, P_2, P_3+P_S)$において，$P_3 \ll P_S$とすると，

$$\Delta b_{ij} = g^T{}_{ij33} P_S{}^2 + (g^T{}_{ijk3} + g^T{}_{ij3l}) P_S P_l$$
$$= g^T{}_{ij33} P_S{}^2 + 2\varepsilon_0 (\varepsilon_l - 1) g_{ij3l} P_S E_l \qquad (12)$$

となる。式(12)の右辺第一項は自発分極P_Sによって誘起された屈折率の変化で，強誘電相における屈折率の温度変化の大きな部分を占めている。第2項は外部電界E_lによって誘起された屈折率変化で，強誘電相の一次の電気光学定数rを用いると$r^T{}_{ijl} E_l$となる。したがって，

$$r^T{}_{ijl} = 2\varepsilon_0 (\varepsilon_l - 1) g^T{}_{ij3l} P_S \qquad (13)$$

の関係が得られる。すなわち強誘電相における一次の電気光学定数は常誘電相における二次の電気光学定数に誘電率と自発分極値を乗じたものに等しい。一般に強誘電体の特徴は大きい誘電率を持つことであり，一次の電気光学定数が強誘電体において大きいのも理解できるであろう。

3.4 光変調の原理

光変調とは電気光学効果を利用して，電気光学結晶に光を入射させ，結晶に電圧をかけることにより，光の振幅を変化させることを言う。

ここでは，光学的一軸性結晶について考えてみる。図1の屈折率楕円体において，$n_x = n_y$とすると，z方向が光軸となり，z軸に垂直な楕円体の切り口は円となる。いま，x軸に平行にz軸から傾いた方向に偏光した波面をもつ光を入射すると光は結晶内では互いに直交する偏波面をもつ常光線（z方向に偏光）に分かれて，それぞれ異なった位相速度をもって結晶内を伝搬する。各々の偏波にたいする屈折率はn_0とn_eであるから，結晶長lを伝搬する間に二つの光波間に位相差δ、

$$\delta = (2\pi/\lambda)(|n_e - n_0|)l \qquad (14)$$

を生ずる。結晶に電界を印加すると電気光学効果（ここでは一次のみを考える）を通して屈折率楕円体の変形が起こり，それに応じて屈折率も，

45

$$\Delta n_m \sim n_n \Delta(1/n_m{}^2) = -n_m{}^3 r_{mk} E_k \tag{15}$$
$$(m=1\sim6,\ k=1\sim3)$$

だけ変化する。

例えばLiTaO₃でx軸方向に入射させ，z軸方向に電界を印加（$E_1=E_2=0,\ E_3\neq0$）する場合には，式(15)は，

$$\Delta n_0 = -n_0{}^3 r_{13} E_3, \quad \Delta n_e = (-n_e{}^3/2) r_{33} E_3 \tag{16}$$

$$\delta = (2\pi l/\lambda)(n_0-n_e) + (\pi/\lambda)\times(r_{33} n_e{}^3 - r_{13} n_0{}^3) Vl/d \tag{17}$$

となる。Vは印加電圧，dは電極間隔（結晶の厚さ）である。第1項は自然複屈折による位相差，第2項は印加電圧によって生じた位相差である。自然複屈折率による位相差は図2のように位相補償板を挿入することによって相殺でき，直接電圧印加による効果をみることができる。したがって，検光子を通って出射する光の強度Iは，

$$I = I_0 \sin^2(\delta/2) = I_0 \sin^2\{(\pi/2\lambda)(r_{33} n_e{}^3 - r_{13} n_0{}^3)(Vl/d)\} \tag{18}$$

となる。位相差δを0からπまで変化させることによって光出力強度Iを0からI_0まで変化させることができる。位相差δをπにするに要する電圧Vを半波長電圧V_πといい，そのときIが最大，つまりI_0になる。

$$V_\pi = (\lambda/n_e{}^3 r_c)\cdot(d/l),$$
$$(r_c = r_{33} - (n_0/n_e)^3) \tag{19}$$

で与えられる。このように光の進行方向に垂直に電圧を印加するタイプの光変調器を横型変調器といいl/dを大きくすることによって変調電圧を小さくすることができる。

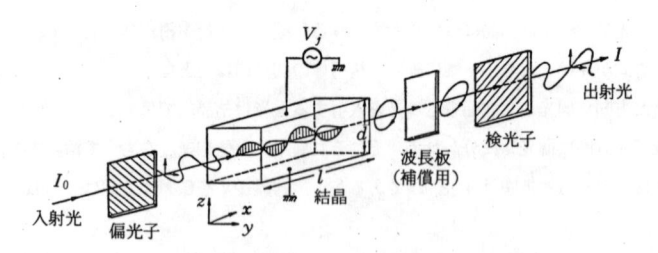

図2　横形電気光学変調器の構成と光波

3.5 電気光学結晶

電気光学材料として結晶に要求される性質としては，
①大きな電気光学定数を持っていること，②光学的に優れていること，つまり使用波長での透過率が大きいことは言うまでもないが，消光比を高く保つためには光学的均一性が高いことが必要である。③その他，変調器の変調帯域を制限する要因として誘電率の大きさがあるが，誘電率があまり大きいことは好ましくない。

電気光学結晶としては，①KH_2PO_4，$NH_4H_2PO_4$など，点群$42m$に属するもの，②酸素八面体をもつABO_3で代表される一群の強誘電体結晶（$4mm$，$mm2$，$3m$の点群），③CdS，$ZnTe$などAB形化合物半導体結晶（点群$\bar{4}3m$，$6mm$），④その他$Gd_2(MoO_4)_3$，SiO_2などがある。特に，酸素八面体を基本構造にもつ強誘電体結晶は比較的大きな一次の電気光学定数をもち，化学的にも安定であり実用的価値は大きい。

3.6 電気光学結晶のSHG効果

3.6.1 SHG効果の原理

一次の電気光学効果を示す結晶がもつもう一つの性質としてSHG（second harmonic generation）効果をあげることができる。SHG効果とは非線形光学効果の一つで，光と物質の相互作用によって，物質中に光の電界の2乗に比例する非線形の分極が誘起されて，高調波が発生する現象である。媒質に光が入射すると，原子の外殻にある価電子は光電界Eに応じて変位し分極を生ずる。電子（電荷$-e$）の平衡位置（$x=0$）からの変位をx，電子密度Nとすると，分極Pは次のように表せる。

$$P = Nex \tag{20}$$

線形分極媒質では，変位xは光電界Eに比例する。したがって，もし入射波の光電界が角周波数ωで振動しているとすると，媒質から出る光すなわち分極波も同じ角周波数ωで振動する。一方，非線形分極媒質では変位xが光電界Eの一次に比例する項と同程度にE^2に比例する項の寄与が優勢になってくる。

したがって，分極と光電界の関係は図3(b)に示すように非線形となる。この時発生する分極波は入射波と同一のω以外に2ωなる高調波も含まれている。非線形分極媒質の本質は光電界の符号で異なることである。これは電子変位を調和振動からはずされるようなポテンシャルの場を持つ物質，つまり，中心対称のない結晶でのみ満たされる。

調和振動からのずれを引き起こさせる復元力の大きさを表す係数をDとすると，電子の感じるポテンシャルは次の形で書ける。

$$V(x) = (m\omega_0^2/2)x^2 + (m/3)D_x^3 \tag{21}$$

第2章　無機系電磁波材料

したがって，電子に働く復元力は，
$$F = -\partial V(x)/\partial x = -(m\omega_0^2 x + mDx_2) \quad (22)$$

となり，$D<0$ ならば正の変位（$x>0$）のときの復元力は，負の変位（$x<0$）のときの復元力より小さくなる。

ここで，非線形分極とそれを誘起する光電界の関係を明らかにしよう。入射波の光電界を $E(\omega)\cos\omega t$ とする。(22)式の復元力を考慮すると電子の運動方程式は次のようになる。

$$md^2x(t)/dt^2 + \sigma dx(t)/dt + m\omega_0^2 x(t) + mDx^2$$
$$= -(eE(\omega)/2)\{\exp(i\omega t) + \exp(-i\omega t)\} \quad (23)$$

左辺第2項は摩擦力を表す。非調和項 mDx^2 の存在により 2ω なる角周波数で振動する成分が生ずるので，この式の解は次のように書ける。

$$x(t) = (1/2)(q_1 \exp(i\omega t) + q_2 \exp(2i\omega t) + c.c) \quad (24)$$

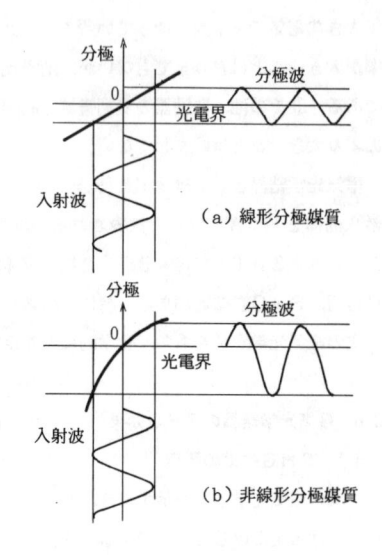

図3　物質に入射した光の電界と分極との関係

ここで c.c は複素共役項をあらわす。式(24)を式(23)に代入して $\exp(i\omega t)$ の係数が等しいと置くことにより，次式を得る。

$$q_1 = -(eE(\omega)/m)\cdot[1/\{(\omega_0^2-\omega^2)+i\omega\sigma\}] \quad (25)$$

したがって，(20)式より分極と電子変位の関係は，
$$P(\omega) = -(Ne/2)(q_1 \exp(i\omega t) + c.c)$$
$$= (1/2)\times\varepsilon_0 [\chi(\omega)E(\omega)\exp(i\omega t) + c.c] \quad (26)$$

式(26)から線形感受率は，
$$\chi(\omega) = Ne^2/[m\varepsilon_0\{(\omega_0^2-\omega^2)+i\omega\sigma\}] \quad (27)$$

と書ける。次に角周波数 2ω の分極を決める q_2 を求める。

$$q_2 = -De^2[E(\omega)]^2/[2m^2\cdot\{(\omega_0^2-\omega^2)+i\omega\sigma\}^2\times\{\omega_0^2-(2\omega)^2+i(2\omega)\sigma\}] = -mD\varepsilon_0^3[E(\omega)]^2[\chi(\omega)]^2\chi(2\omega)/(2N^3e^4) \quad (28)$$

3 電気光学結晶

したがって，角周波数 2ω の分極と電子変位の関係は次のようになる。

$$P(2\omega) = -(Ne/2)\{q_2 \exp(i2\omega t) + c.c\}$$
$$= (1/2)\{d(2\omega) \times [E(\omega)]^2 \exp(i2\omega t) + c.c\} \tag{29}$$

ここで，$d(2\omega)$ 非線形光学係数と呼ばれるもので，2次の高調波の強度をきめる重要な量である。(28)式と(29)式から非線形光学定数と感受率の間には，

$$d(2\omega) = mD[\chi(\omega)]^2 \chi(2\omega)\varepsilon_0^3/(2N^2 e^3) \tag{30}$$

また，(30)式から，非線形光学材料を探索する上で，重要なことが結論される。すなわち，

$$\Delta = d(2\omega)/[\chi^2(\omega)\chi(2\omega)] = mD\varepsilon_0^3/(2N^2 e^3) \tag{31}$$

で定義される Δ はほとんどの物質について一定であるという事実である。これはミラーによって見いだされた法則で，Δ をミラーのデルタとよぶ。物質の屈折率 n と線形感受率 χ の間には次の関係がある。

$$n^2 - 1 = 4\pi\chi \tag{32}$$

ここで，角周波数 ω，2ω の光に対する屈折率を各 $n(\omega)$，$n(2\omega)$ とすると，(32)式は，

$$d(2\omega) \propto (n^2(\omega) - 1)^2 (n^2(2\omega) - 1)\Delta \sim \{n^2(\omega) - 1\}^3 \Delta \tag{33}$$

このことから，大きな非線形光学定数をもつ物質を探すには大きな屈折率をもつ物質を見いだすことが必要条件であると結論できる。

一方，次にSHGの変換効率について取り扱う。SHGを誘起するfundermental beam の入射方向を z とすると，

$$dE(2\omega)/dz = -i\omega(\mu_0/\varepsilon)^{1/2} d(2\omega)[E(\omega, z)]^2 \times \exp(i\Delta k)z$$
$$\Delta k = k(2\omega) - k(\omega) \tag{34}$$

なる関係がある。ここで，2ω 波へのパワー変換による ω 波の減衰は無視できるとして，(34)式を積分し，z 方向の長さ l の出力端のSHGの電界強度は，

$$E(2\omega, l)$$
$$= i\omega(\mu_0/\varepsilon)^{1/2} d(\omega)[E(\omega)]^2 \{\exp(i\Delta kl) - 1\}/(i\Delta k) \tag{35}$$

出力光強度は，

$$E(2\omega, l)E^*(2\omega, l)$$
$$= (\mu_0/\varepsilon_0)(\omega^2 d^2/n^2)[E(\omega)]^4 l^2 \times [\sin^2(\Delta kl/2)/(\Delta kl/2)^2] \tag{36}$$

に比例する。ここで，n は屈折率，$\varepsilon/\varepsilon_0 = n^2$ である。

ビームの断面積を A (m²) とすると，単位断面積あたりのパワーと電界強度との関係は，

$$I = P(2\omega)/A = (1/2)(\varepsilon/\mu_0)|E(2\omega)|^2 \tag{37}$$

であるから，ω 波から 2ω 波への変換効率を求めると，

第2章　無機系電磁波材料

$$\eta(SHG) = P(2\omega)/P(\omega) = 2(\mu_0/\varepsilon_0)^{3/2}(\omega^2 d^2 l^2/n^3)$$
$$\times \{\sin^2(\Delta kl/2)/(\Delta kl/2)^2\} \{P(\omega)/A\} \tag{38}$$

となり，変換効率はfundermental beam のパワー，非線形光学係数などが大きいほど大きくなることが分かる。

3.6.2 非線形光学材料（SHG材料）の探索

非線形光学材料として要求される条件として，
1) 中心対称のない物質であること，
2) 大きな屈折率をもっていること，
3) ω，2ωの光に対して透明であること，
4) 位相整合に適した複屈折性をもつこと，
5) 光学的に均一で大型の単結晶がえられること，

などの条件を備えている必要がある。4)の位相整合条件とは入射波の伝搬ベクトル$k(\omega)$と二次高調波のそれ$k(2\omega)$の間に，$k(2\omega) = 2k(\omega)$なる関係が成立することである。これは$k(\omega) = \omega(\mu_0\varepsilon_0)^{1/2}n(\omega)$から$n(2\omega) = n(\omega)$，すなわち入射波と二次高調波との位相速度が等しくなる方向があることを意味する。一方，屈折率の波長分散は常分散性を示すので，常光，異常光単独でこの条件は満たせない。そこで，常光，異常光に対する屈折率の相違，すなわち複屈折性を利用して$n_0(\omega) = n_e(2\omega)$あるいは$n_e(\omega) = n_0(2\omega)$なる位相整合条件を満たす。5)の条件は，4)であげた複屈折性と関係しており，光学的に不均一な結晶では複屈折の場所的変動のため，位相整合の乱れが生じるためである。

さて，次に非線形光学結晶のSHG特性を早急に知る方法について，カーツ（Kurtz）[4]が考案

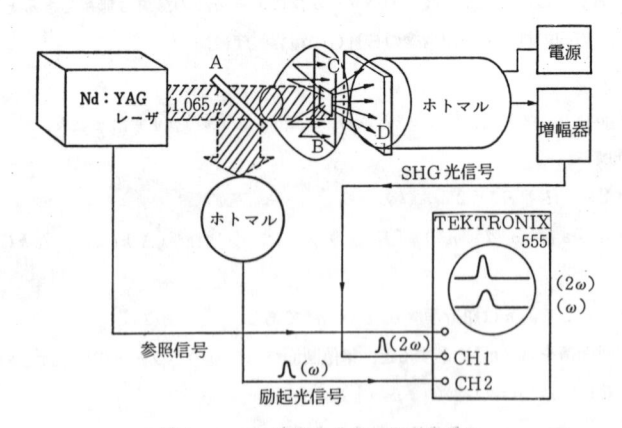

図4　powder法によるSHG測定系

した方法について述べる。これは焼結体粉末を用いる方法であり，非線形光学定数の大きさ推定のほかに位相整合の知ることができるものである。図4に実験系を示す。粉末試料（厚みは約0.2 mm）にQスイッチレーザ光を照射する。粉末試料から出る光は角周波数ωのほかに2ωの二次の高調波が含まれている。フィルターによって二次の高調波のみを取り出してフォトマルで観測する。このとき入射光の一部はビームスプリッタにより分けられ比較用に使われる。また，非線形光学係数の大きさを推定するときの標準試料としては水晶粉末が用いられる。この粉末法を利用すると高い信頼性で，図5にまとめるように物質を次の4つに分類することができる。

Aクラス：位相整合可能，水晶より大きな$d(2\omega)$をもつ
Bクラス：位相整合可能，水晶と同程度の$d(2\omega)$をもつ
Cクラス：位相整合可能，水晶よりも大きい$d(2\omega)$をもつ
Dクラス：位相整合不可能，水晶と同程度の$d(2\omega)$をもつ

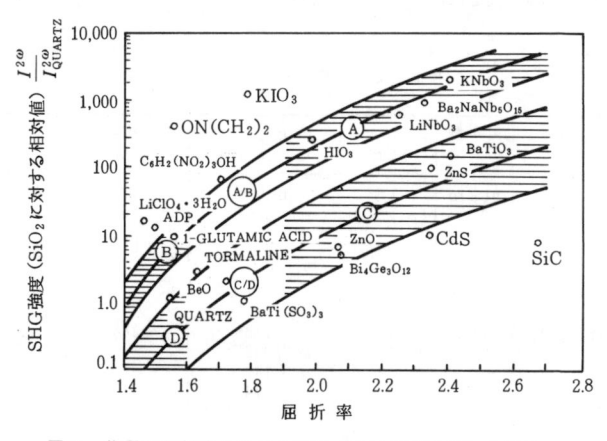

図5 物質の屈折率とSHG強度（水晶に対する）の相関

なお，位相整合の可能性は第二高調波強度の粉末粒径依存性で決められる。

ここまで一次の電気光学効果の原理とその応用例について解説したが，次に二次の電気光学効果について簡単に述べる。

3.7 二次の電気光学効果

二次の電気光学効果は前述の一次の効果と異なり，結晶の対称性のいかんにかかわらず，すべての物質に見られる。この場合の屈折率の変化は式(5)から，

$$\Delta(1/n^2{}_{ij}) = R^T{}_{ijkl} E_k E_l \tag{39}$$

で与えられる。R_{ijkl} は4階のテンソルで，81個存在するが $(ij)\to m$, $(kl)\to n$ として R_{mn} で示せば，6行6列のマトリックスの計36個で示される。

$$R_{mn} = \begin{bmatrix} R_{11} & R_{12} & R_{13} & R_{14} & R_{15} & R_{16} \\ R_{21} & R_{22} & R_{23} & R_{24} & R_{25} & R_{26} \\ R_{31} & R_{32} & R_{33} & R_{34} & R_{35} & R_{36} \\ R_{41} & R_{42} & R_{43} & R_{44} & R_{45} & R_{46} \\ R_{51} & R_{52} & R_{53} & R_{54} & R_{55} & R_{56} \\ R_{61} & R_{62} & R_{63} & R_{64} & R_{65} & R_{66} \end{bmatrix} \tag{40}$$

点群マトリックスについては文献[1]の極性対称4階テンソルの行列表示の記述を参照されたい。二次の電気光学定数としては R_{mn} よりも分極で展開した時の係数 g_{mn} が用いられることが多い。代表的な物質の g_{mn} を表2に示す。

表2 2次の電気光学定数とその物質

物質名	点群	$m\,n$	g^T_{mn} ($m^4/coulb^2$)	キュリー温度 (°K)	屈折率
$BaTiO_3$	$m3m$	11 12 11-12	0.12 $-\|<0.01\|$ +0.13	401	$n_o = 2.437$ $n_e = 2.365$
$SrTiO_3$	$m3m$	11-12	0.14	low	$n_o = 2.38$ (4.2-300K)
$KTaO_3$	$m3m$	44 11-12	0.12 0.16	4	$n_o = 2.24$ (2-77K)
$KTa_{0.65}Nb_{0.35}O_3$	$m3m$	11 12 44 11-12	0.136 -0.038 0.147 0.174	~283	$n_o = 2.29$

3.8 酸素八面体強誘電体結晶の電気光学効果

電気光学結晶として知られるチタン酸バリウム($BaTiO_3$)とニオブ酸カリウム($KNbO_3$)，ニオブ酸リチウム($LiNbO_3$)とタンタル酸リチウム($LiTaO_3$)，ニオブ酸バリウム・ナトリウム($Ba_2NaBb_5O_{15}$)やニオブ酸ストロンチウム・バリウム(Sr, Ba)Nb_2O_6 などの複合酸化物強誘電体は，結晶学的にはそれぞれペロブスカイト形，擬イルメナイト形，タングステン・ブロンズ形に分類される。これらはいずれも遷移金属B(Ti, Nb, Ta など)イオンの周りを6配位に酸素がとり囲み，この酸素八面体を一つの構成単位として，頂点の酸素を共有しながら結晶の骨組みを作っているのが特徴である。アルカリ金属イオンやアルカリ土類金属イオンは酸素の頂点共有の結果生じた隙間を埋めている。このような構造をもつ強誘電体をBO_6

3 電気光学結晶

構造強誘電体と呼ぶ。BO₆強誘電体は電気光学的性質の他に非線形光学的性質や圧電的性質において優れた特性を持っており、利用価値の多い結晶である。

ディドメニコ（DiDomenico）とウェンプル（Wemple）はBO₆強誘電体の光学的性質の統一的解釈を試み、以下のような結論を得た。

(1) エネルギー帯構造の類似性

酸素八面体強誘電体では価電子体はOイオンの2p軌道、伝導体はBイオンのd軌道が決めており、BO₆構造強誘電体のエネルギー構造は似通ったものとなっている。エネルギー帯構造と密接な関係のある光学的性質においても共通性がみられる。

(2) 自発分極発現機構の類似性

酸素八面体強誘電体は常誘電相では個々のBO₆八面体の中でBイオンは中心にあり電気的に中性であるが、強誘電相ではBイオンはある方向にシフトしたところで平衡に達するため、双極子モーメントが発生する。自発分極は単位体積中の双極子モーメント数で決まる量であるから、単位体積中のBO₆の数が大きいほど、自発分極が大きくなる。

なお、Bイオンがシフトする方向でBO₆強誘電体は、図6[1)]に示すように3種類に大別される。

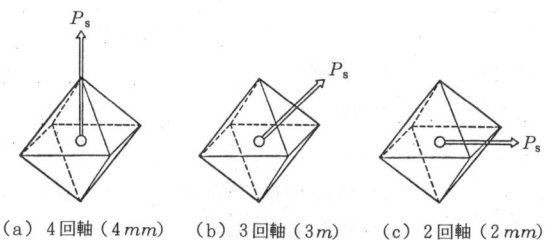

(a) 4回軸（4mm） (b) 3回軸（3m） (c) 2回軸（2mm）

図6　ABO₃構造におけるBイオンの変位方向と対称軸

(3) 2次の電気光学係数の一定性

BO₆構造誘電体の二次の電気光学係数を単位体積中のBO₆の数で規格化すると、Bイオンの種類によらず一定である。この結論に関する詳細は文献[5), 6)]に譲るとして、以下、定性的な説明にとどめる。

つまり、(3)項の2次の電気光学係数の一定性は酸素八面体構造強誘電体の一次の電気光学効果と密接に関係している。ディドメニコ[5)]とウェンプル[6)]はBO₆構造の強誘電体の一次の電気光学効果は常誘電相における二次の電気光学効果に自発分極がバイアスされたものであると仮定した。そして、屈折率、自発分極、二次の電気光学効果はすべてBO₆に由来すると考えた。そこで、相異なるBO₆構造誘電体を統一的に比較するために、パッキング密度ζを導入した。

$$\zeta = (\rho/M)/(\rho_p/M_p) \tag{41}$$

ここでρは密度，MはABO₃という形に書いたときの分子量であり，添字pはペロブスカイトであることを示している．つまり，ζはBO₆のパッキング密度で単位体積中のBO₆の数のペロブスカイト形のものに対する比である．このζという量を導入することによりBO₆構造強誘電体の電気光学係数rをペロブスカイト酸化物の二次電気光学係数g_pを用いて統一的に記述することが可能になった．

例えば，BNN（ニオブ酸バリウム・ナトリウム）などC₄ᵥ（tetragonal state）に属する結晶の場合，

$$r_{13} = 2(g_{12})_p \varepsilon_c (\varepsilon_c - 1) P_S / \zeta^3 \tag{42}$$

$$r_{33} = 2(g_{11})_p \varepsilon_0 (\varepsilon_c - 1) P_S / \zeta^3 \tag{43}$$

$$r_{51} = (g_{44})_p \varepsilon_0 (\varepsilon_a - 1) P_S / \zeta^3 \tag{44}$$

となる．同様にニオブ酸リチウムなどのC₃ᵥに属する結晶についてもrとgの関係が求められている．種々のBO₆構造強誘電体に対してg_pを求める．

これらの値を表3に示す．これから明らかなように，これらの物質の二次の電気光学係数はそれぞれほとんど変わらないことが分かる．

そして，(42)〜(44)式から明らかなように大きな一次の電気光学係数をもつ結晶を探索するには比誘電率εと自発分極P_Sが大きいものを見いだすことである．

以上，BO₆八面体を含んだ強誘電体について，その性質の概要を述べたが，これらのうち良質な単結晶があり，かなり応用も進んでいる代表的な物質としてLiNbO₃，LiTaO₃をあげることができる．しかし，これらに関しては相当研究も進んでおり，数多くの報告がなされており，また，これらについて詳しい解説書も存在する．

したがって，ここではそれ以外で注目されている物質の一つであるBNN（Ba₄Na₂Nb₁₀O₃₀）について取り扱う．

表3 強誘電体のキューリー点近傍の誘電率とペロブスカイト構造で規格化した2次の電気光学係数

物質	T_c (℃)	ζ	P_s (C/m²)	ε_c	ε_a	$(g_{11})_p - (g_{12})_p$	$(g_{44})_p$	$(g_{11})_p$	$(g_{12})_p$
LiNbO₃	1,195	1.2	0.71	30	84	0.12	0.11	0.16	0.043
LiTaO₃	610	1.2	0.50	45	51	0.14	0.12	0.17	0.03
Ba₂NaNb₅O₁₅	560	1.03	0.40	51	242	0.12	0.12	0.17	0.048
(Ba, Sr)Nb₂O₆	115	1.06	0.25	300	⋯	0.13	⋯	⋯	⋯
BaTiO₃	120	1.0	0.25	≈160	≈3,000	0.14	⋯	⋯	⋯

3.9 ニオブ酸バリウム・ナトリウム（BNN）の結晶の性質

BNNは優れた電気光学結晶ではあるが，品質のよい単結晶ができにくいために，この基礎的および応用的研究が十分に行われていない。その主な理由は結晶の育成過程で，c-軸方向の熱膨張率の異常変化のために亀裂が入りやすいことである。図7[7)]にはBNNの熱膨張率の温度変化が示されている。この問題を解決するために，筆者らは下記のような一連の研究を行い，この物質について新しい発展の可能性を見いだした。以下，それについて概説する。

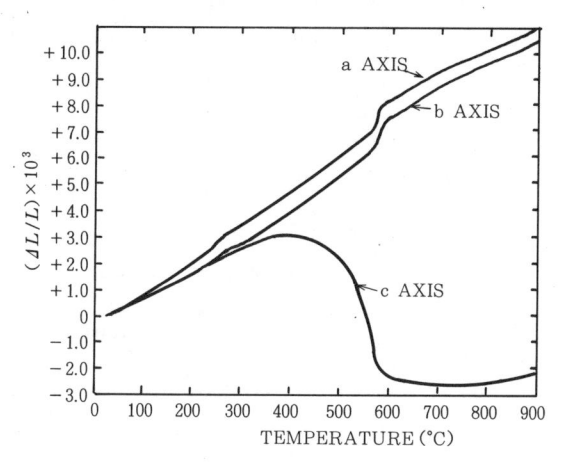

図7　BNNの熱膨張率の温度変化

3.9.1　BNN－BNRN($Ba_4Na_2Nb_{10}O_{30}$－$Ba_3NaRNb_{10}O_{30}$)固溶体の熱体積変化の研究（R：希土類元素）

BNRNはキューリー温度（T_c）で熱膨張率の異常変化を起こさない物質であり，BNNに固溶させることにより，BNNのキューリー温度における異常質変化を防ぐ試みを行った。表4[8)]と表5[9)]には測定に使用したBNN－BNLaNとBNN－BNGNとの試料の組成がそれぞれ示されている。そして，図8[8)]と図9[9)]とはそれぞれBNN－BNLaNおよびBNN－BNGN系固溶体のX線の測定結果と格子定数の組成変化を示している。これらの実験結果はこれらの組成物質が全域固溶であることを表している。図10[8)]と図11[9)]とはBNN－BNRN（R；La,Gd）について，DSCのデータを示したものである。これらの図から明らかなように，BNRNの量が多くなると，相転移における吸熱が小さくなり，したがって，体積変化が小さくなることを示している。つまり，BNNへのBNRNの添加はこの物質の亀裂防止に役立つことが分かる。

表4　BNN-BNLN系固溶体の組成

Sample name	Composition Mol.ratio		Atomic Ratio				
	BNN-B	BNl.N	Ba^{2+}	Na^+	La^{3+}	O^{2-}	$La/(Ba+Na+La)(\%)$
BNN-B	1.0	0	4.17	0.42	0	29.88	0
B9L1	0.9	0.1	4.05	1.38	0.10	29.89	1.81
B8L2	0.8	0.2	3.93	1.34	0.2	29.90	3.66
B7L3	0.7	0.3	3.82	1.30	0.30	29.92	5.54
B6L4	0.6	0.4	3.705	1.255	0.397	29.928	7.41
B5L5	0.5	0.5	3.588	1.213	0.497	29.940	9.38
B4L6	0.4	0.6	3.471	1.171	0.597	29.952	11.40
B3L7	0.3	0.7	3.35	1.13	0.70	29.965	13.51
B2L8	0.2	0.8	3.24	1.08	0.80	29.98	15.63
B1L9	0.1	0.9	3.12	1.04	0.90	29.99	17.79
BNLN	0	1.0	3.00	1.00	30.00	20.00	

Atomic ratios are presented by setting that of $Nb^{5+}=10$, BNN-B : $Ba_{4.22}Na_{1.44}Nb_{10.12}O_{30.24}$(synthesized sample).
BNLN : $Ba_3NaLaNb_{10}O_{30}$(synthesized sample).

表5　BNN-BNGN系固溶体の組成

Sample	Composition	Atomic ratio			
		Ba	Na	Gd	$Gd/(Ba+Na)(\%)$
BNN	$Ba_4Na_3Nb_{10}O_{30}$	4.0	2.0	0.0	0.00
B9G1	0.9mol BNN+0.1mol BNGN	3.9	1.9	0.1	1.72
B8G2	0.8　　　+0.2	3.8	1.8	0.2	3.57
B7G3	0.7　　　+0.3	3.7	1.7	0.3	5.55
B6G4	0.6　　　+0.4	3.6	1.6	0.4	7.69
B5G5	0.5　　　+0.5	3.5	1.5	0.5	10.00
B4G6	0.4　　　+0.6	3.4	1.4	0.6	12.50
B3G7	0.3　　　+0.7	3.3	1.3	0.7	15.21
B2G8	0.2　　　+0.8	3.2	1.2	0.8	18.18
B1G9	0.1　　　+0.9	3.1	1.1	0.9	21.42
BNGN	$Ba_3NaGdNb_{10}O_{30}$	3.0	1.0	1.0	25.00

General formula : xBNN-$(1-x)$BNGN or $Ba_{3+x}Na_{1+x}Gd_{1-x}Nb_{10}O_{30}(1+\geq x \geq 0)$

3.9.2 BNN-BNRN固溶体の単結晶育成

R（希土類元素）としてLaとGdとを用いて，上記の固溶系からの単結晶育成を行い，ストイキォメトリクなBNNよりも容易に良質な単結晶の育成が可能であることが分かった。しかし，BNRNの量は0.2～1 mol％が適当で，それ以上の場合はむしろ結晶の品質が悪くなる。そして，Laイオンが1 mol％以上になると結晶の c 面で劈開するようになる。育成されたBNN-BNGN系から育成された単結晶[10] は図12に示す。できた結晶の大きさは8×8×35～12×12×40mmであるが，LaとGdを比べると，Gdの方が容易に結晶の育成条件をつかみやすい。

3 電気光学結晶

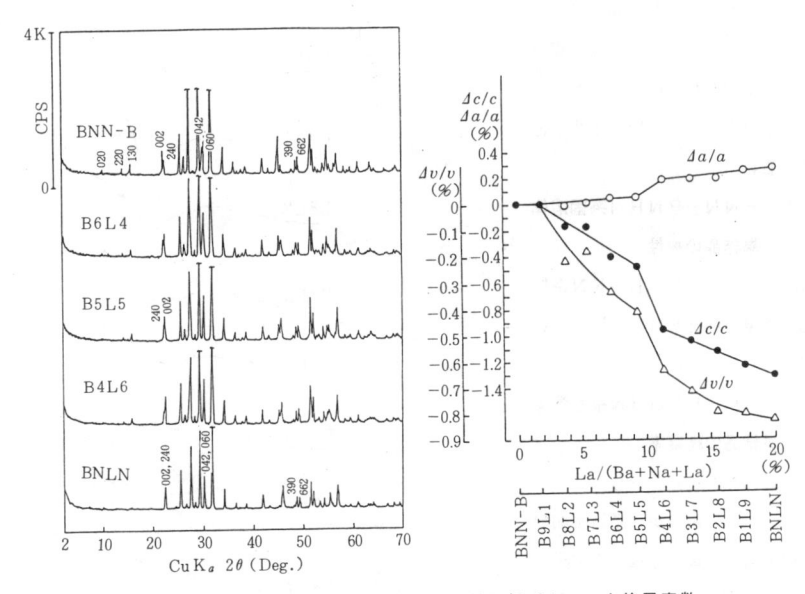

図8 BNN-BNLN系固溶体のX線回折パターンと格子定数

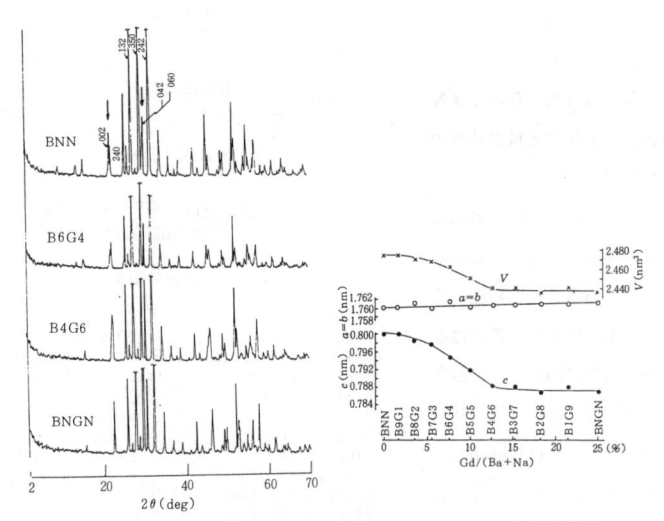

図9 BNN-BNGN系固溶体のX線回折パターンと格子定数
（格子定数 a, c と単位胞の体積（V）の組成変化）

それから，育成された結晶の温度を下げる時，それの上下端の温度差が5℃以内に保たれていれば，かなり長い単結晶も割れずに取り出すことができる。

3.9.3 BNN-BNRN系固溶体単結晶の物性

育成されたBNN-BNRN系単結晶の誘電特性とSHG特性について述べる。

(1) BNN-BNGdN系固溶体単結晶の誘電率

BNN(99.8 mol%)+BNGdN(0.2 mol%)の組成から高周波加熱電気炉を用いて育成された単結晶のc軸方向の誘電率の測定結果を図13[10]に示す。ストイキオメトリックなBNNのもの図14[11]に比べて誘電率は大きくなっている。24

(2) BNN, BNN-BNLaN, BNN-BNGdN単結晶のSHG効果

Cz法で育成された上記の単結晶の電気光学的性質と関係のある非線形特性の一つであるSHG特性の測定を行った結果についてここでは取り扱う。測定装置は図15[12]に示されている。図16[12]にはBNN結晶の結晶軸とfundermental beamとの関係，fundermental beamとSHG波との関係が示されている。dはnon-linear optical coefficient, ε 。

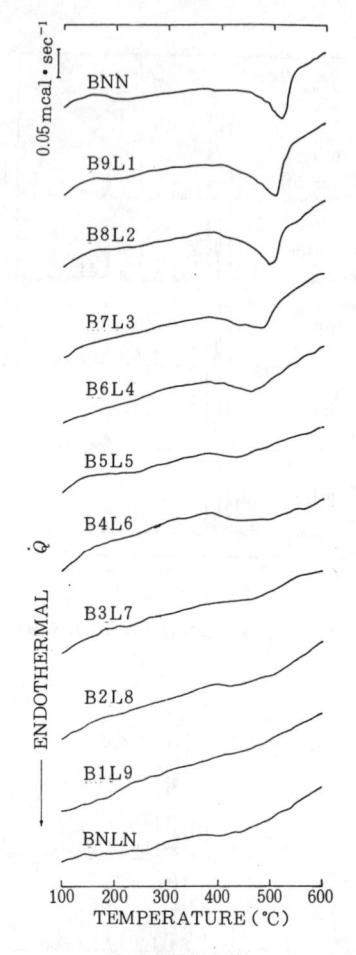

DSC観測条件

Samples	
Powder size	< 200 mesh
Reference material	$\alpha-Al_2O_3$(36.21mg)
Thermochouple	type K(chromel-alumel)
Heating rate	10℃・min^{-1}
Range	0.5mcal・s^{-1}(full scale)
Chart speed	5mm・min^{-1}
Sample pan	Pt pan, 5°×2.5^H(mm)
Atmosphere	N_2 gas flow
Start temperature	50℃
Stop temperature	650 ℃

図10 BNN-BNLN系固溶体のDSC曲線

3 電気光学結晶

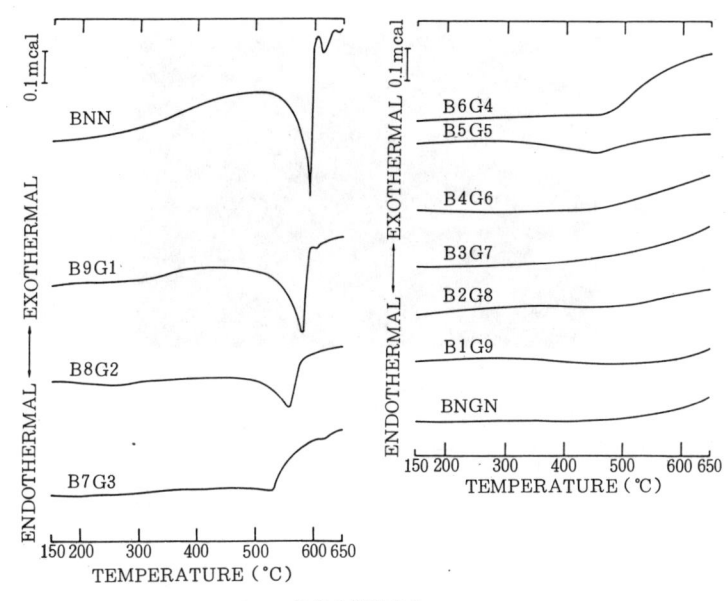

Temperature sensor	K(CA)-type thermocouple
DSC range	1 mcalsec^{-1}
Reference	$x-Al_2O_3$
Heating rate	10℃ min^{-1}
Chart speed	5mm min^{-1}
Atmosphere	N_2 gas flow
Sample holder	Pt pan(5mm diameter, 2.5mm high)

図11 BNN-BNGN系固溶体のDSC曲線

はfree spaceのdielectric constant である。

これによると，a面に入射した偏向beamはd_{33}とd_{32}によって生ずることがわかる。しかし，図16と図17[12]によれば，d_{32}成分だけが位相整合において生かされていることがわかる。各試料のSHG特性の温度変化の測定結果はそれぞれ，図18[12]，図19[12]，図20[12]に示してある。このように，La，Gdを含んでいるほうがストイキオメトリックなものに比べてSHG特性は相当よいことがわかる。

この事実は前節で記述した一次の電気光学効果と誘電率との関係，および非線形光学定数（d_{ijk}）とポッケルス定数（r_{kij}）との関係から解釈できるかも知れない。

59

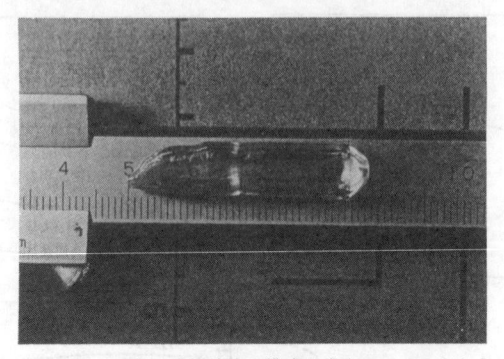

BNN-BNGN系焼結体の構成元素とこのメルトから引き上げられたBNN単結晶の構成元素の比率（A行：BNN-BNGN系焼結体，B行：BNN単結晶）

	Ba	Nb	Na	Gd	O
A	3.998	10	1.998	0.002	30
B	4.005	10.75	1.607	0.00195	30

図12　BNN単結晶の写真

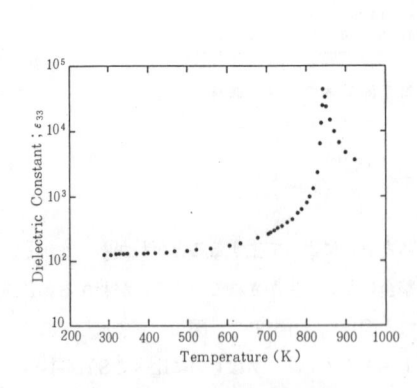

図13　BNN単結晶のc軸方向の誘電率（ε_{33}）

図14　ストイソキオメルトのBNNの誘電率の温度依存性
（tetrとorthとはそれぞれTetragonal軸とorthorhombic軸とに対応している）

3 電気光学結晶

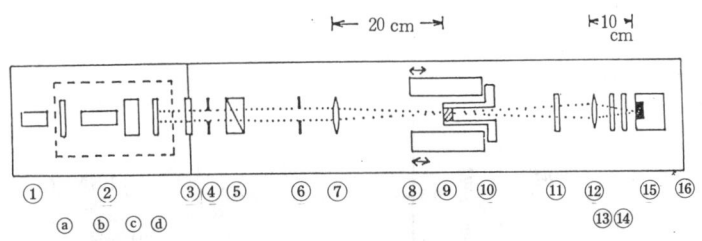

① He-Ne laser(2mW class), ②Nd:YAG laser(8W, CW, 1064nm) ⓐmirror(R= 100%), ⓑNd: YAG rod(5mmφ×74mmL), ⓒQ-switch modulater(rock crystal, AO type), ⓓmirror(R= 97%), ③band pass filter(T=75% for 1064nm laser, SD25-1064R, Corion Co. USA) ④ diaphram(5mmφhole), ⑤polarizer(rock crystal), ⑥diaphram(5mmφ), ⑦single lens (f=200mm, T=90% for 1064nm), ⑧heater furnace for sample, ⑨sample crystal, ⑩ sample holding tube, ⑪band pass filter(T=50% for 532nm, T=0.001% for 1064nm, P10-532R, Corion), ⑫single lens(f=100mm, T=90% for 532&1064nm), ⑬glass filter (T=80.2% for 532nm, T=0.44% for 1064nm, IRA-10, Toshiba), ⑭glass filter(T=79.3 % for 532nm, T=0.14% for 1064nm, IRA-05, Toshiba), ⑮Sidetector, ⑯dark box. R:optical reflectivity. T:optical transmissivity. For example, 1064nm:wavelength or laser.

図15 SHGビーム強度を測定する装置のブロック・ダイヤグラム

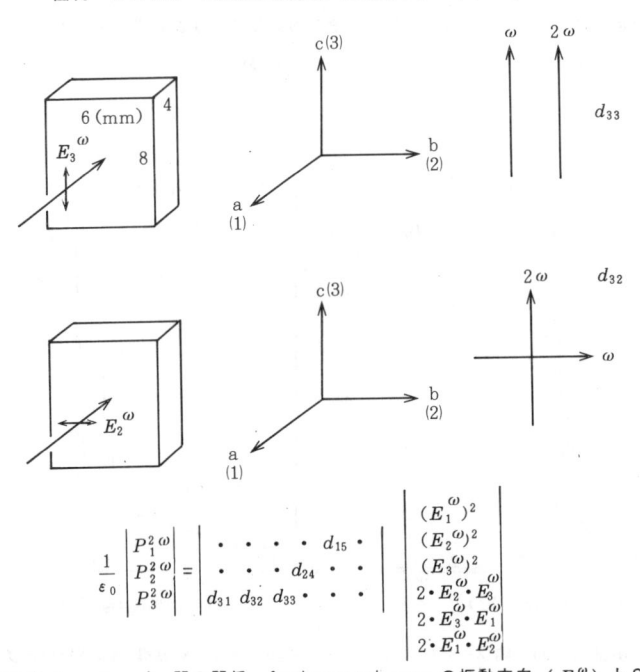

$$\frac{1}{\varepsilon_0}\begin{vmatrix}P_1^{2\omega}\\P_2^{2\omega}\\P_3^{2\omega}\end{vmatrix}=\begin{vmatrix}\cdot & \cdot & \cdot & \cdot & d_{15} & \cdot\\ \cdot & \cdot & \cdot & d_{24} & \cdot & \cdot\\ d_{31} & d_{32} & d_{33} & \cdot & \cdot & \cdot\end{vmatrix}\begin{vmatrix}(E_1^\omega)^2\\(E_2^\omega)^2\\(E_3^\omega)^2\\2\cdot E_2^\omega\cdot E_3^\omega\\2\cdot E_3^\omega\cdot E_1^\omega\\2\cdot E_1^\omega\cdot E_2^\omega\end{vmatrix}$$

図16 結晶軸 (a, b, c) 間の関係。fundermental wave の振動方向 (E^ω) とSHG wave の振動方向。
ω, 2ω はそれぞれ角周波数であり, E^ω により誘起された結晶の分極, d は非線形光学係数, ε_0 は真空の誘電率, 式はMKSA単位で表示されている。

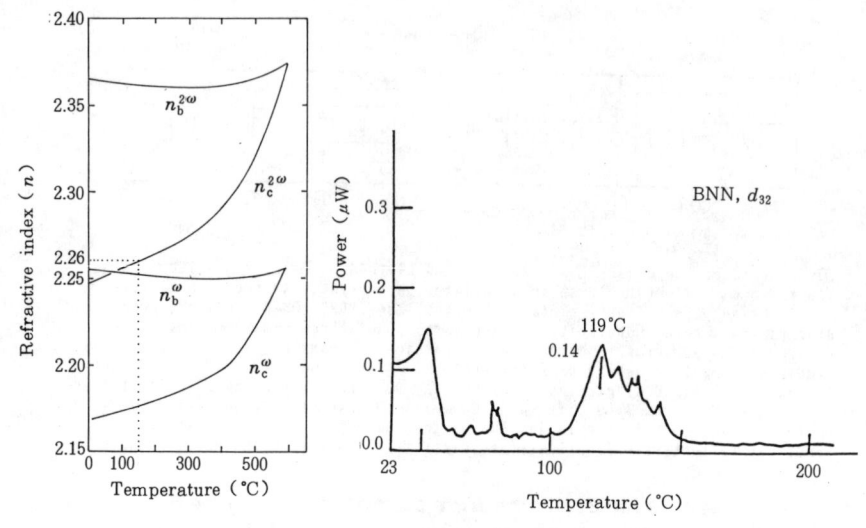

図17　BNNの屈折率の温度依存性

図18　BNN結晶におけるNd;YAGレーザによるSHGの温度位相整合

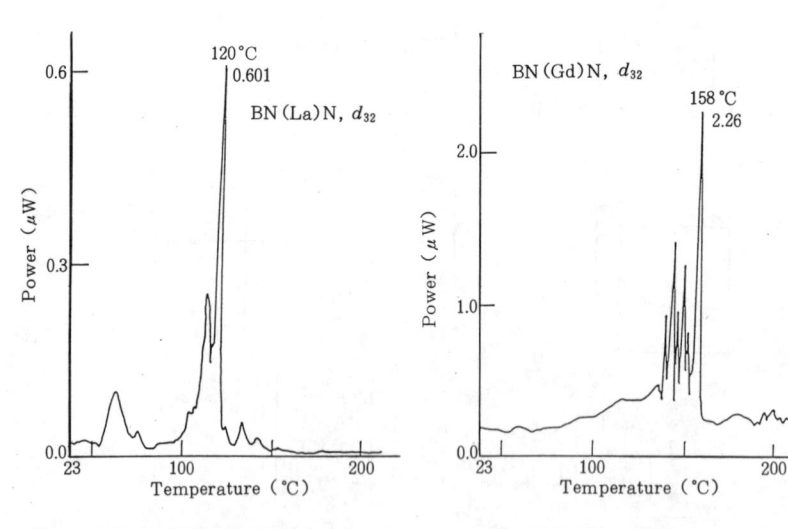

図19　BN(La)N 結晶のNd;YAGレーザによるSHGの温度位相整合

図20　BN(Gd)N 結晶のNd;YAGレーザによるSHGの温度位相整合

3 電気光学結晶

式(13)に注目し，
$i = j = 2$, $l = 3$ とすると，

$$r^T{}_{223} = 2\varepsilon_0(\varepsilon_{33}-1)g^T{}_{2233}P_s \qquad (45)$$

つまり，r_{223} は ε_{33} が大きくなれば $r^T{}_{223}$ は大きくなる。また，$r_{ijk}=d_{kij}/(\varepsilon_{ij}\varepsilon_{jj})$ なる関係より，

$$d_{322} = (\varepsilon_{22}\varepsilon_{22})r^T{}_{223} \qquad (46)$$

したがって，(46)式から d_{322} が大きくなることと解釈することもできる。したがって，このような原因で，La, GdをドープしたBNNが大きなSHGの変換効率を示している可能性がある。しかし，これについての結論はBNNの誘電率のドーパントによる効果の詳細な研究を待たなければならない。

3.10 おわりに

この節では電気光学効果の基礎的な解説を行い，電気光学効果とそれに関連した非線形光学効果が応用されている例として光変調とSHGとの原理について解説した。そして，電気光学結晶として，あるいはSHG結晶としてどのような性質が求められているかについても解説した。そしてSHG効果をもつ代表的物質の一つであるニオブ酸バリウム・ナトリウム（BNN）についての研究の歴史と筆者らが行った研究の概要を紹介した。SHG効果のみについていえば，BO_6 構造誘電体は $LiNbO_3$, $LiTaO_3$ のような大形で品質の良いもの以外は応用の域には達していない。しかし，BNNで行ったような新しい試み（ドーパントを入れる等）を行えば，この種の物質の単結晶育成の技術的進歩をなし遂げることもできるし，特性を向上させることも可能である。

文　献

1） 岩崎裕ほか，オプトエレクトロニクス材料，財団法人電子通信学会（1982）
2） 小山次郎ほか，光波電子工業，コロナ社（1978）
3） 小川　哉，結晶物理光学（1980）
4） Kurtz, S. K. and Perry. T. T; *J. Appl. Phys.*, 39, pp. 3798〜3811 (1968)
5） Didomenico, M. Jr. and Wemple, S. H; *J. Appl. Phys.*, 40, pp. 720〜734 (Feb. 1969)
6） Wemple, S. H. and Didomenico, M. Jr: *J. Appl. Phys.*, 40, pp. 735〜752 (Feb. 1969)
7） A. A. Ballman, J. R. Carruthers, and H. M. O Bryan, Jr; *J. Crys. Growth.*, 6, p. 184 (1970)

第2章 無機系電磁波材料

   pp. 2435~2439 (1990)
8) M. Shimazu, H. Shinya, S. Kuroiwa, M. Tsukioka and S. Tsutsumi ; *Jpn. J. Appl. Phys.*, 29,
9) M. Shimazu, M. Tsukioka, N. Mitobe, S. Kuroiwa, S. Tsutsumi : *J. Mater. Sci.*, 25,
   pp. 4525~4530 (1990)
10) M. Tsukioka, S. Kuroiwa, Y. Tanokura, M. Kobayashi, M. Shimazu and S. Tsutsumi : *Modern Physics Letters* B., **4**, 1017 (1990)
11) Abell. J. S, Barraclough. K. G, Harris, I. R, Vere. A. W and Cockayne. B : *J. Mater. Sci.*, **6**, p. 1084 (1971)
12) M. Shimazu, M. Tsukioka, S. Kuroiwa, Y. Tanokuya and S. Tsutsumi : *Jpn. J. Appl. Phys.*, **30**, pp. 2002~2007 (1991)

4 赤外線検出セラミックス

奥山雅則*

4.1 はじめに

　赤外線は，波長が可視光長波長端の約$0.75\,\mu$mから電磁波の短波長端約1mmの電磁波である。特に，室温の物体や人体から発する赤外線（熱線）から種々の有用な情報が得られ，これをセンシングする各種装置が注目されている。赤外線装置で最も重要な素子が赤外線センサである。

　赤外線センサは大きく量子型と熱型の2つに分類される。量子型は，感度は高いが，冷却する必要があり，光伝導型，光起電力型，フォトンドラッグ型，超電導型等がある。熱型は，感度が低く応答も遅いが，室温で使用でき，ゴーレイセル，サーモパイル，ボロメータ，焦電型等がある。これらのセンサ材料として金属から誘電体また単結晶，多結晶，薄膜，非晶質と様々な状態の性質が利用される。その中でセラミックスを用いた赤外線センサとしては強誘電体セラミックスによる焦電センサ，誘電ボロメータ，超電導セラミックスによるセンサが代表的なものである。ここではこれらのセンサについて述べた上，赤外線センサとして広く使われている焦電セラミックスセンサについて主に紹介する。

4.2 焦電センサ

4.2.1 焦電効果の原理

　焦電体は，図1に示すように内部に自発分極を有し，これに対応して電荷が表面に束縛されている。赤外線を照射し温度がTからΔTだけ少し上がった時，自発分極が減少し，この分極に束縛されていた電荷が自由になる。この電荷を外部回路により検知してやれば赤外線が電気信号として検出できることになる。これが焦電効果による赤外線検出の原理である。

　焦電材料が角周波数ω成分を持つ赤外線により照射された時を考える。焦電材料の熱輻射や熱伝導を考慮した熱伝導方程式からもとめられた温度変化より焦電電荷が得られる。CRの回路における出力電圧から電圧感度R_vが得られ，これを通常の使用周波数領域で近似すると，

$$R_v = \eta \cdot p / (\omega \cdot \varepsilon_0 \cdot \varepsilon \cdot A / C')$$

となる。ここでηは赤外線の吸収率，pは焦電係数，ε_0，εはそれぞれ真空の誘電率，物質の比誘電率，Aは面積，C'は体積比熱である。R_vを大きくすることが望ましく，材料に要求される性能評価指数FM_vは$FM_v = p/(\varepsilon \cdot C')$となる。また電流検出の場合，$FM_i = p/C'$，比検出能$D^*$に対する性能評価指数$FM_D$は$FM_D = p/(C'\sqrt{\varepsilon}\,\tan\delta)$と求められる。

---

　* Masanori Okuyama　大阪大学　基礎工学部　電気工学科

(a) 温度：T (b) $T + \Delta T$

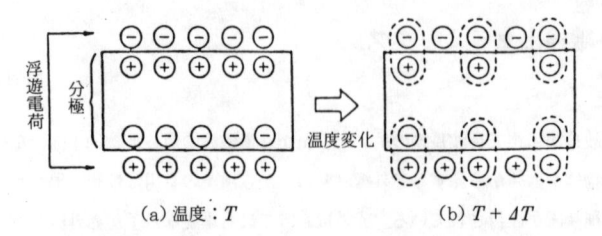

図 1　焦電体の分極電荷とこれに付随する電荷の温度変化

4.2.2 焦電材料

前項の議論から好ましい材料定数としては p が大きく，C'，ε，$\tan \delta$ が小さいことが望ましい。さらに使用時，加工時の温度上昇を考えると，強誘電性が生ずる最大の温度であるキュリー点が200〜300℃以上の高い温度であることが要求される。表1にいくつかの材料の定数を示す。これらの定数比較からではTGSが良いが，水溶性であり，キュリー点も低いため，使いにくい。$PbTiO_3$ や $LiTaO_3$ 安定な酸化物でキュリー点も高いため，良好な材料といえる。セラミックスとしては $PbTiO_3$，PZT，PLZT，$Pb_5Ge_3O_{11}$ などがある。

PZTにLaやPb$X_{1/2}$Nb$_{1/2}$O$_3$ をドーピングすることにより新しい焦電材料の探索が行われた。Pb$Fe_{1/2}$Nb$_{1/2}$O$_3$ をドープし，Uを電荷補償のドーパントとして入れることにより Pb$_{1+\delta}$(Zr$_{1-(2+y)}$Fe$_x$Nb$_x$Ti$_y$)$_{1-z}$U$_z$O$_3$ (PZENTU) が作られ，焦電係数は 3.8×10^{-8} C cm^{-2}K^{-1} であった。

$PbTiO_3$ (PT) にCaとPb(Co$_{1/2}$W$_{1/2}$)O$_3$ をドーピングしたPb$_{1-x}$Ca$_x$(Co$_{1/2}$W$_{1/2}$)$_{0.04}$Ti$_{0.96}$O$_3$ 系のセラミックスで優れた焦電性が見いだされている。$x = 0.32$で自発分極42μC/cm^2，また x を0.05から0.28に変えて焦電係数4.43$\times 10^{-8}$ C cm^{-2}K^{-1}，性能評価指数 FM_v 0.61$\times 10^{-8}$ C cmJ^{-1} を得ている[2]。

表 1　各種焦電材料の諸物性定数

材料	p (10^{-8}C/cm$^2\cdot$K)	ε	c (J/cm$^3\cdot$K)	T_c (℃)	FM_v (10^{-10}C・cm/J)	FM_i (10^{-8}C・cm/J)
TGS	4.0	35	2.5	49	4.6	1.6
LiTaO$_3$	2.3	54	3.2	618	1.35	0.72
PbTiO$_3$	6.0	200	3.2	470	0.93	1.9
PVF$_2$	0.24	11	2.5	120	0.87	0.096
Sr$_{0.48}$Ba$_{0.52}$Nb$_2$O$_6$	6.5	385	2.1	115	0.81	3.1
BaTiO$_3$	1.9	135	3.0	135	0.47	0.63
PLZT 6.5/65/35	10.0	1,400	2.6	164	0.23	3.9
PZT 4	3.5	1,400	3.0	328	0.087	1.2

$Pb_{4.95}Ba_{0.05}Ge_3O_{11}$をスクリーン印刷法と焼成により作製した厚膜で$5.1\times10^{-9}C\ cm^{-2}$ K^{-1}の焦電係数が得られた。Baは比抵抗を上げるために添加されている[3]。

4.3 誘電ボロメータ

 焦電形センサはキュリー温度以下で自発分極の温度変化により赤外線を検知していたが，キュリー温度以上においても誘電率が温度とともに変化することを利用して赤外線検知が可能である。測定は500V程度のバイアスを印加し，チョップした赤外光照射による電荷を計測する[1]。$Ba_{0.65}Sr_{0.35}O_3$(BST)で5℃において$\sim 30\times10^{-8}C\ cm^{-2}K^{-1}$の値が得られている。$Pb(Mg_{1/3}Nb_{2/3})O_3$にLaをドープした$(Pb_{1-3x/2}La_x)(Mg_{1/3}Nb_{2/3})O_3$において温度変化の少ない特性が得られた。

4.4 超電導センサ

 超電導の転移点付近では電気抵抗が温度とともに急激に変化する。$YBa_2Cu_3O_7$薄膜を用いたボロメータも作られ，$2.5\times10^{-12}WHz^{-1/2}$の等価雑音電力(NEP)が得られている[4]。
 赤外線を酸化物超電導体セラミックスに照射するとクーパ対が破壊され，準粒子を形成する。これによるトンネル接合の$I-V$特性の電圧シフトから赤外線が検出される。$BaPb_{0.7}Bi_{0.3}O_3$(BPB)薄膜を用いた$10\times10\ \mu m^2$の素子で波長$1\sim8\ \mu m$で感度$10^4V/W$，検出能$3\times10^{10}cm\ Hz^{1/2}/W$が得られている[5]。また$1.3\ \mu m$の赤外線に対し1.3GHzまで応答した。$LnBa_2Cu_3O_y$, $La_{2-x}Sr_xCuO_4$や$Ba_{1-x}K_xBiO_3$の薄膜についても試作されている[6]。

4.5 赤外線センサへの応用例
4.5.1 焦電セラミックバルクセンサ
(1) ポイントセンサ

 PZTや$PbTiO_3$セラミックスまた$LiTaO_3$単結晶を用いた焦電型センサは数多く作られ，広く用いられている。焦電体からの出力はFETのソースフォロワ回路によりインピーダンス変換されて検出される。動く対象物の検知として来客報知，防犯，エレベータ用モニタリングに応用されている。
 動かない赤外線輻射物の検出には赤外線の断続のためモーター駆動の大きなチョッパーが必要であったが，図2に示すようなバイモルフ振動子とスリット板を組み合わせることによりモジュレーション型の赤外線センサが開発されている[7]。スリット板のスリットとバイモルフのスリットが合った時，赤外線が通過し，ずれた時遮断されることによりチョッピングできる。これによ

第2章　無機系電磁波材料

　　　　入射赤外線

　　　　キャン

　　　　スリット

　　　　圧電バイモルフ

　　　　赤外線検出部

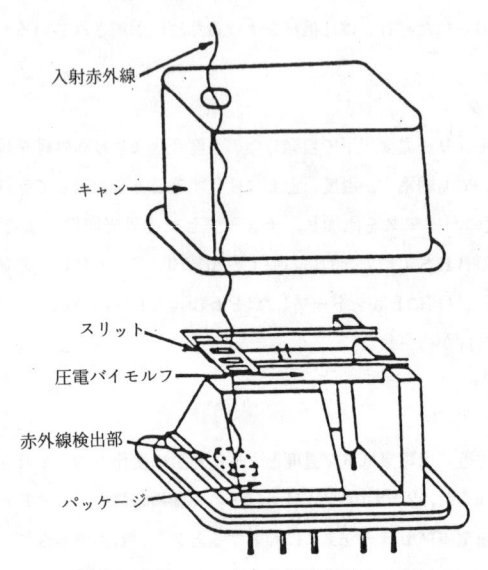

　　　　パッケージ

図2　モジュレーション型赤外線センサ

り従来のものに比べ，容積が1／20，消費電力が1／40と非常にコンパクトになった。

(2) イメージセンサ

　赤外線のイメージングのためのセンサとして，一方向の機械的走査が必要なリニアアレイセンサと電子走査のみでよい2次元イメージセンサに分けて示す。

① リニアアレイセンサ

　$LiTaO_3$単結晶や$PbTiO_3$セラミック板を用いたリニアアレイセンサが作られている。基板上に厚さ30μmの$PbTiO_3$セラミックス板をのせ200または100μmのピッチでダイシングにより分離し，32または64画素のリニアアレイを作製した[8]。D^*は32画素のもので10Hzで〜5×10^7 cm$Hz^{1/2}$/Wとポイントセンサに比べ1／2〜1桁小さい。また，クロストークは32画素のもので10Hzで〜0.1であった。

　さらに，$Pb(Sn_{0.5}Sb_{0.5})O_3$で変成したPZTセラミックス（厚さ0.15mm）に切込みを入れた構造のリニアアレイセンサが作られた[9]。図3に示すように，検出部に黒化膜を形成し，1.4mm幅で切込みを入れ，電極引出し側の端のみを固定した片持梁構造にしている。クロストークは10Hzで2％くらいにすることができた。

　$LiTaO_3$単結晶板に15mil間隔で電極を32個並べたリニアアレイセンサが作られた[10]。レ

4 赤外線検出セラミックス

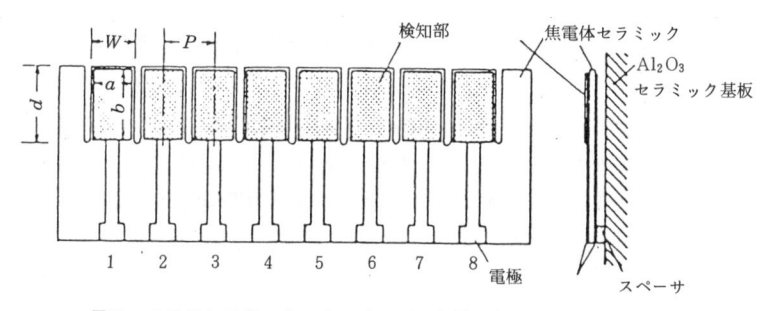

図3 PZTセラミックスカンチレバーを用いたリニアアレイセンサ

ンズで赤外像を結像し，動く対象物，例えばトラック等の赤外イメージングが行われた。

20～30μm厚の焦電体セラミックス板に切込みを入れ，並べることによりリニアアレイセンサを作っている[11),12)]。図4に示すようにセラミックス板を島状にし，吸収した熱が隣接の画素に伝導して分解能低下を防ぐようにして，基板の上に付けている。縦の右端の一列が検知エレメントで赤外光が照射され，左の5個の補償用のエレメントにつながっている。補償用のエレメントの出力は検知エレメントに直列につながれ温度ドリフトや振動によるノイズを打ち消し，その出力はアンプで増幅される。200μm角，250μmピッチのPZTのエレメントができている。

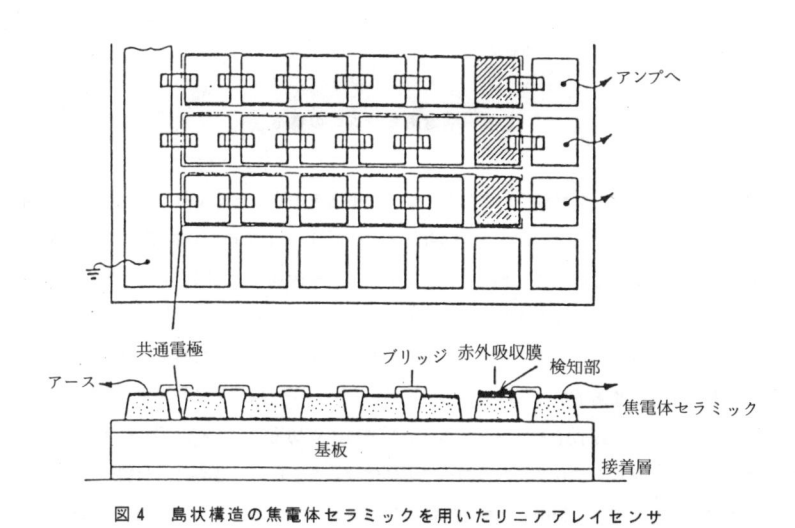

図4 島状構造の焦電体セラミックを用いたリニアアレイセンサ

② 2次元イメージセンサ

ビジコン管のターゲットに焦電体セラミックスを使用した焦電型ビジコン管が実用化されている[13]。図5に示すように赤外レンズとチョッパによってターゲット上に断続した赤外像ができ、ターゲット電子走査面に赤外画像強度分布に対応した電荷分布が発生し、これを電子ビームの電流で読みとる。分解能を上げるためにTGSターゲットの島状化を図ったり、ターゲットの薄膜化を行ったり、感度を上げ空間固定雑音を下げるため正画像と負画像の差をとる等の改良がなされている。

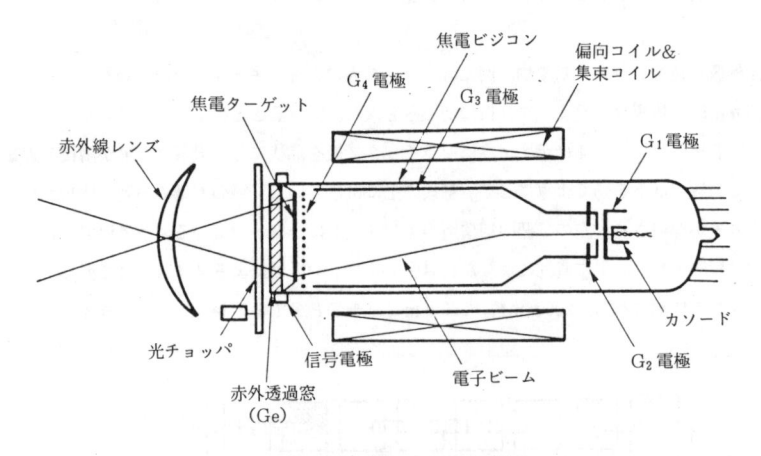

図5 焦電形ビジコンの構造

焦電体板にアレイ電極を蒸着し、これを一つ一つ電極を出すことにより32×16や16×16画素等の2次元イメージセンサが作られ[14]、laser matrix probeとして市販されている。電極パッドと引出し配線を金属蒸着膜のフォトリソグラフィにより絶縁基板上に形成し、Inバンプにより焦電体板上の電極と接続するようになっている。

焦電体板に切込みを入れ島状にした後、InバンプによりSi-CCDに結合させた32×32や16×16画素の赤外撮像素子が作られている[15),11]。$PbZrO_3$やPZFNTU焦電体セラミック板をイオンビームやArイオンレーザエッチングにより切込みを入れ、図6に示すようにInバンプによりSiマルチプレクサの入力パッドに付けられている。さらに、材料の焦電性だけでなく、誘電率の温度変化を利用した検知方法の提案を行っている。また、read outについても調べ、3 MOSFETS per pixelの素子構造を検討している。

4 赤外線検出セラミックス

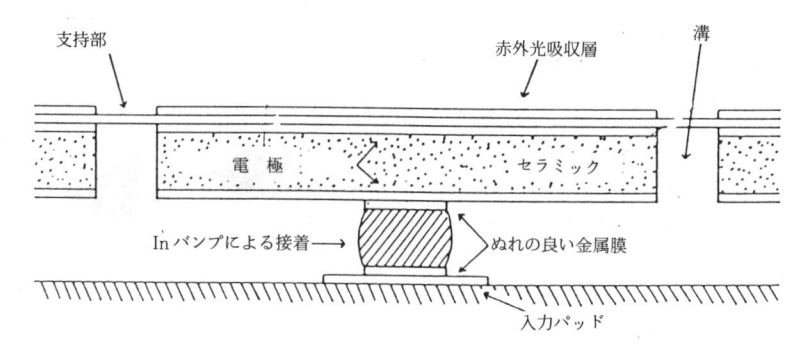

図6 2次元アレイセンサの島状焦電体セラミックとSiマルチプレクサの接合部の構造

LiTaO₃結晶やPZTセラミックス板を高誘電率の材料により32×64画素のSi-CCD（IR-CCD）や64×64画素のSi-MOSFETアレイと接合した赤外撮像素子が作られている[16),17)]。図7に示すように，高誘電率で接合（誘電的接合層）しているため焦電体に画素ごとの電極を形成する必要がない。その材料としてはグリセリン，di-n-butyl sulfone, P(VDF-TrFE)やポリカーボネート等が用いられている。赤外光が焦電体に当たるとその誘電分極が変化する。CCDではこれが誘電的接合層を通じて赤外検知ゲート部のSi表面ポテンシャルを変え，注入電極から蓄積部への電荷量を制御する。MOSFETアレイではその電荷変化が誘電的接合層を通じて読み出される。

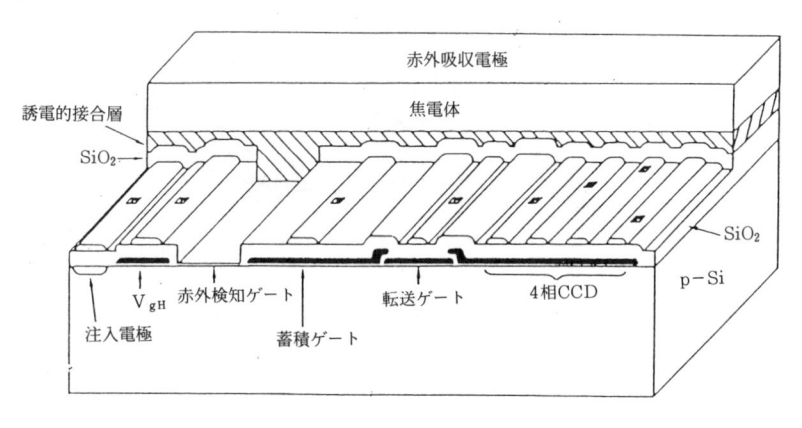

図7 IR-CCDの1画素の構造

第 2 章　無機系電磁波材料

4.5.2　焦電セラミックス薄膜センサ

(1)　ポイントセンサ

熱伝導性，熱容量が小さい薄いマイカ板上にPtを薄膜化した基板上にPbTiO$_3$薄膜を高周波スパッタリングにより成長した赤外線センサが作られた[18]。また，Pb$_{1-x}$Ca$_x$TiO$_3$薄膜も作製され，優れた赤外光応答が確認された[19]。

さらに，MgO単結晶上にc軸配向のPt膜をつけ，さらにPbTiO$_3$ Pb$_{1-x}$La$_x$TiO$_3$（PLT）薄膜をc軸配向して成長し，基板のMgOをエッチングで除いた高感度の赤外線センサが作られた[20),21)]。図8にその構造を示す。$x=0.1$付近で最適であり，焦電係数が 5.3×10^{-8}C/cm^{2}K，性能指数FM_vが0.83×10^{-10}C/cmJを得ている。

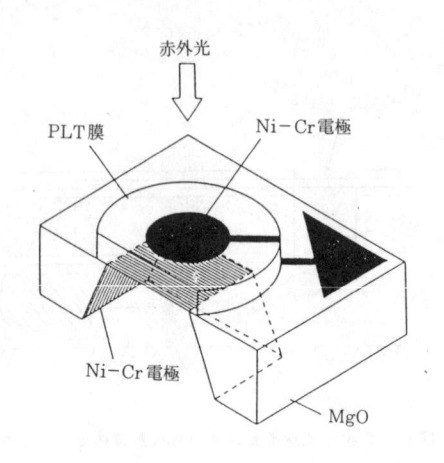

図 8　MgO基板を除去したPLT薄膜センサ

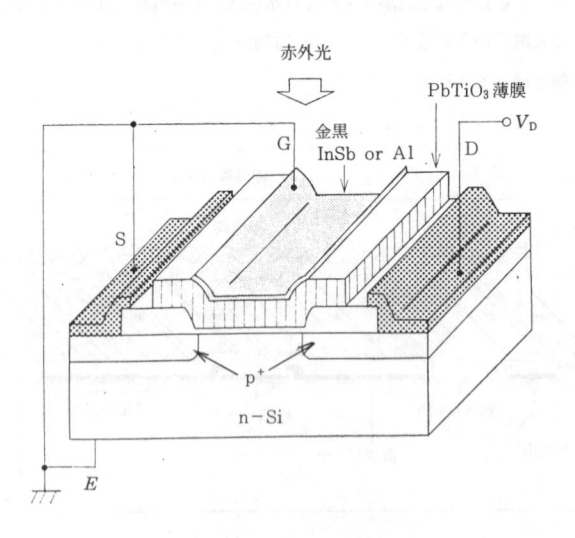

図 9　IR-OPFETの構造

4 赤外線検出セラミックス

FETのゲート上にPbTiO₃薄膜を成長させた赤外線検出FETが試作されており,信号処理等が容易になるSiモノリシックセンサとして注目される。この素子はIR-OPFETと呼ばれ,その構造が図9に示されている[18),22)]。電圧感度は20Hzで390 V/W,検出能は3.5×10⁵ cm Hz$^{1/2}$/Wと小さい。これはSiへの熱伝導ロス,寄生容量,Si-SiO₂のダメージ等による。熱伝導ロスを低減するため,図10に示すようにPbTiO₃膜の下のSiを異方性エッチングにより取り除き,感度の向上が行われた[23)]。

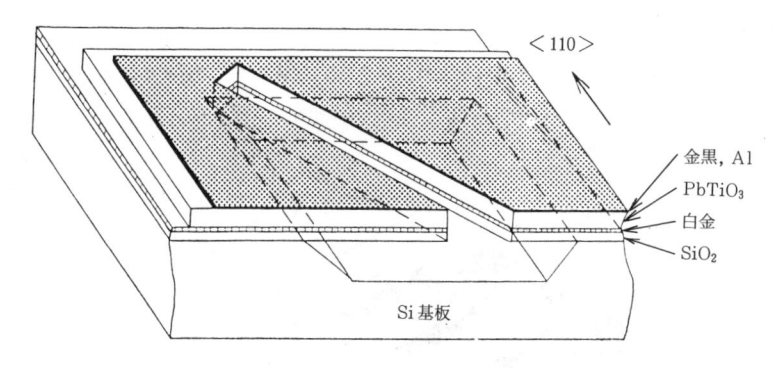

図10 検知部直下のSiを除去した赤外線センサ

(2) イメージセンサ
① リニアアレイセンサ

16個のアレイ電極上にPbTiO₃薄膜をスパッタリングで成長することによりアレイセンサが作られた[24)]。図11はSi基板を異方性エッチングにより作製したカンチレバー構造のリニアアレイの素子を示す。このセンサは非常に分解能が良く,凹面鏡,チョッパ,マルチプレクサ,アンプ等を用いて撮像が行われた。また,16個のMOSFETスウィッチアレイのあるSiウェハ上に,マイカ上に成長したPbTiO₃膜のアレイをのせ,ドレインとPbTiO₃上の電極を結んでアレイセンサが作られ,撮像が行われた[17)]。

MgO結晶上にPLT(Laを入れたPbTiO₃)膜をc軸配向して成長させて64と128画素のリニアアレイが作製された[25)]。Laを10%含んだPLT膜を用い,その上に70× 200μm²のNi-Crを128個形成した。また,図12に示すように各画素間を取り除き分解能を良くしたタイプの64画素アレイセンサも作られた[25),26)]。これらの素子は非常に優れた赤外検知性能を示し,例えば 100HzでR$_v$=4,000V/W, D^* = 5×10⁸ cm$\sqrt{Hz}$/Wであった。

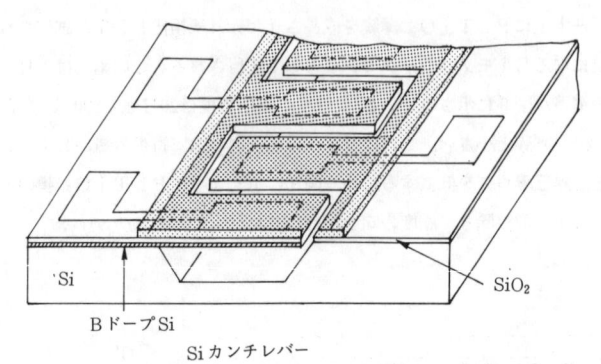

図11 SiカンチレバーPbTiO₃薄膜リニアアレイセンサ

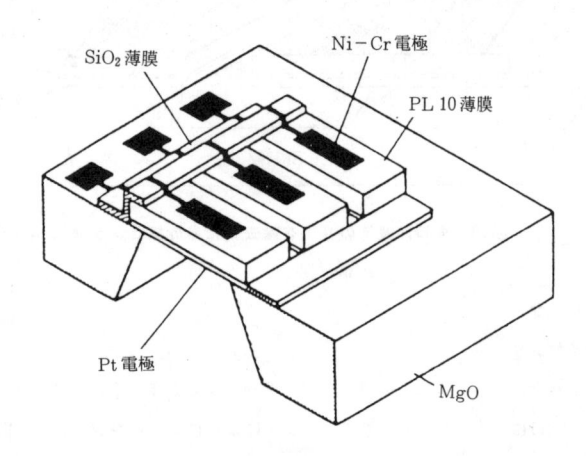

図12 PLT薄膜リニアアレイセンサ

② 2次元アレイセンサ

MgO結晶上のc軸配向PLT膜を用いて32×32画素の2次元アレイセンサが作られた[26]。図13に示すように32画素を持つリニアアレイセンサが32個並べられている。1列のリニアアレイの中で上部電極と下部電極が交互に配線され，1列の画素がすべて直列に結線されている。それぞれの列の1端の電極は接地され，もう1端から読み出す。1画素の横幅に相当する光学スリットを走査すると32個の出力から順に赤外像の信号出力が出てくる。これを用いて手などの赤外画像が得られている。

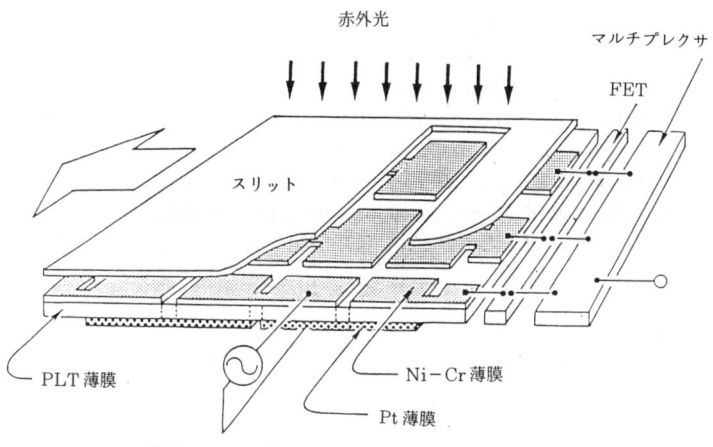

図13 ＰＬＴ薄膜2次元アレイセンサの構造

文　献

1) R.W. Whatmore et al., *Ferroelectrics*, **76**, 351 (1987)
2) N. Ichinose et al., *Jpn. J. Appl. Phys.*, **24-3**, 178 (1985)
3) K. Takamatsu et al., *Jpn. J. Appl. Phys.*, **24-3**, 175 (1985)
4) Q. Hu et al., *Appl. Phys. Lett.*, **55**, 2444 (1989)
5) Y. Enomoto et al., *J. Appl. Phys.*, **59**, 3807 (1986)
6) K. Tanabe et al., 3rd FED Workshop on High Temperature Superconducting Devices, 1991, Kumamoto
7) T. Yokoo et al., *Jpn. J. Appl. Phys.*, **26**, 1082 (1987)
8) 金子他, 第5回センサの基礎と応用シンポジウム, Ⅰ 1-4 (1985)
9) 田中他, 第5回センサの基礎と応用シンポジウム, A 2-4 (1985)
10) C.V. Jakowatz et al., *SPIE*, **89**, 36 (1987)
11) R. Watton et al., *SPIE*, **510**, Infrared Technology, 139 (1984)
12) P.A. Manning et al., *SPIE*, **590**, Infrared Technology, 2 (1985)
13) 山香, 「ハイテクノロジセンサ」（共立出版, 1986）
14) C.B. Roundy, *SPIE*, **499**, 95 (1984)
15) R. Watton, *Ferroelectrics*, **91**, 87 (1989)
16) M. Okuyama et al., *Sensors and Actuators*, **A21-23**, 465 (1990)
17) Y. Togami et al., *OPTOELECTRONICS—Devices and Technologies—*, **6**, 205 (1992)
18) M. Okuyama et al., *Ferroelectrics*, **33**, 235 (1981)

19) E. Yamaka *et al.*, *J. Vac. Sci. Technol.*, **A6**, 2921 (1988)
20) R. Takayama *et al.*, *J. Appl. Phys.*, **61**, 411 (1987)
21) R. Takayama *et al.*, *Ferroelectrices*, **95**, 195 (1989)
22) M. Okuyama *et al.*, *Jpn. Appl. Phys.*, **20-1**, 315 (1980)
23) M. Okuyama *et al.*, *Jpn. Appl. Phys.*, **21-1**, 225 (1981)
24) M. Okuyama *et al.*, *Int. J. IR and mm Waves*, **6**, 71 (1985)
25) R. Takayama *et al.*, *Sensors and Actuators*, **A21-A23**, 508 (1990)
26) R. Takayama *et al.*, *J. Appl. Phys.*, **63**, 5868 (1988)

5 電気光学セラミックスとその応用

永田邦裕*

5.1 はじめに

1958年にGE社で開発された透光性アルミナ"ルカロックス（Lucalox）"は，厚さが0.5mmで可視光全域にわたって，約90％の透光性を示す夢のセラミックスであった[1]。この作製法は，MgOなどを添加し粒成長を抑制し，真空焼成することで空孔を完全に除去し，透明化を達成する方法である。ルカロックスの開発に刺激され，他のセラミックスについても透明化の研究が活発に行われ，いくつかの透明セラミックスが開発された[2]。

1970年にSandia研究所で，強誘電体セラミックスの研究を行っていたG.H.Haertling らにより，透明な強誘電体セラミックス（Pb，La）（Zr，Ti）O_3（以下PLZTとする）が開発された[2]。この開発により，ファイン・セラミックスの応用分野が電気光学材料にまで広がった。

このPLZTは透光性が優れており，表面反射を除けば100％に近い透過率を示す。また電気光学係数も（SrBa）Nb_2O_6やLiNbO_3単結晶などよりもはるかに大きい材料である。そのため，従来単結晶の独壇場であったオプトエレクトロニクスの分野にセラミックス材料が登場した。

5.2 電気光学セラミックス材料

PLZTが開発されて約20年になる。その間，表1にまとめたようにいくつもの電気光学セラミックスが開発されてきた。そのほとんどが，ペロブスカイト型結晶とタングステンブロンズ型結晶の材料である。

5.2.1 ペロブスカイト型電気光学セラミックス

これまで開発された電気光学セラミックスの中で最も多いのがペロブスカイト型結晶の材料であり，そのほとんどが$PbTiO_3$-$PbZrO_3$系との複合体である。ペロブスカイト型結晶は図1(a)に示すように最も単純な構造をした強誘電体である。Bイオンを中心にもつ酸素八面体が，Aイオンを介しながら連なった構造をしている。AおよびBイオンの位置には，イオン半径が等しければ，ほとんどのイオンが入ることができる融通に富んだ結晶である。そのため，A，Bサイトへの他イオンの置換や，他のペロブスカイト型材料との固溶体が電気光学セラミックスとして多く開発されている。

この結晶系の分極容易軸は，6～12方向にあるため，セラミックスを作製しても，分極容易軸のうちのいくつかは印加電界の方向を向いているので，分極処理が容易であり，セラミックスで

---

* Kunihiro Nagata 防衛大学校 電気工学教室

第2章 無機系電磁波材料

表1 電気光学セラミックス材料の種類

I ペロブスカイト型（ABO$_3$）
 1) （Pb, R$_A$）（Zr, Ti）O$_3$系（Aサイト置換系）
    R$_A^{+2}$=Ba, Sr
    R$_A^{+3}$=La, Bi, Sm, Y, Sb, In, Tm, Dy
    R$_A^{+1}$+R$_A^{+3}$=（Li+La），（Li+Sb）
 2) Pb（R$_B$, Zr, Ti）O$_3$系（Bサイト置換系）
    R$_B^{+5}$=Nb, Ta
    R$_B^{+6}$=W, Mo
    R$_B^{+1}$+R$_B^{+5}$=（Li+Nb），（Li+Ta）
 3) （Pb, R$_A$）（R$_B$, Zr, Ti）O$_3$系（A, Bサイト置換系）
    R$_A^{+3}$=La, Sm, Dy, Tm, Bi, Sb
    R$_B^{+3}$=Tl, Se, In, Ga, Al
    R$_A^{+1}$=K, Na, Li
    R$_B^{+5}$=Nb, Ta, V, Sb
 4) ABO$_3$-PbZrO$_3$-PbTiO$_3$系（三，四成分系）
    ABO$_3$=Pb（La, Nb）O$_3$，（Pb, La）（Zn, Nb）O$_3$，
    （Pb, La）（Mg, Nb）O$_3$，
    Ba（Zn, Nb）O$_3$，Ca（Zn, Nb）O$_3$，Sr（Zn, Nb）O$_3$，
    Ba（Sr, Nb）O$_3$，Ba（Ca, Nb）O$_3$，Sr（Ca, Nb）O$_3$，
    BaNb$_{4/5}$O$_3$
II タングステンブロンズ型（A1$_4$A2$_2$C$_4$）B$_{10}$O$_{30}$
    （Pb, Ba, La）Nb$_2$O$_6$
    （Pb$_2$K）Nb$_5$O$_{15}$
    （Sr, Ba）Nb$_2$O$_6$

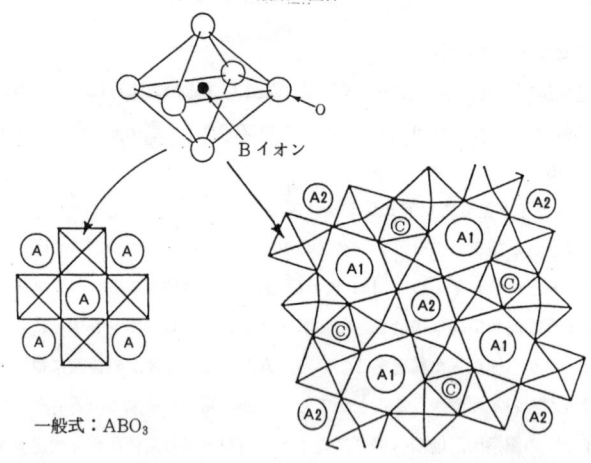

(a) ペロブスカイト型結晶構造　　(b) タングステンブロンズ型結晶構造

図1 ペロブスカイト型およびタングステンブロンズ型結晶の構造

も良好な特性を発揮する。

　ここでは，ペロブスカイト型電気光学セラミックスの代表格である（Pb, La）（Zr,

5 電気光学セラミックスとその応用

Ti)O_3を例にとり，その性質を説明する．

(1) PLZTの相図[3]

(Pb, La)(Zr, Ti)O_3は，置換した3価のLaがAサイトあるいはBサイトのどちらを占めるかによって，組成式が異なる．（他のペロブスカイト型材料も，価数が合っていないイオンを置換している材料が多い）それ故，正確な組成式は確定されていないが，次式を用いるのが一般的である．

$$(Pb_{1-x}, La_x)(Zr_y, Ti_z)_{1-x/4} O_3$$

この組成を"PLZT$x/y/z$"とする慣習である．PLZTは擬似三成分系の固溶体であり，相図は図2のようになる．

相図の領域［A］と［B］は，強誘電体の正方晶と菱面体晶である．正方晶の組成は$P-E$ヒステリシスの抗電界が高く，残留分極が小さなハード材料である．菱面体晶およびそれに近い正方晶の組成は抗電界が低く，残留分極が大きい角形のヒステリシスを示すソフト材料である．

領域［C］の組成は，スリムループと呼ばれる$P-E$ヒステリシスを示すものであり，室温では常誘電体であるが，電界が印加されると強誘電相が誘起されるものである．領域［D］はPbZrO_3が多い組成であり，反強誘電体を示す．またLaの多い領域［E］では，常誘電体の立方晶である．

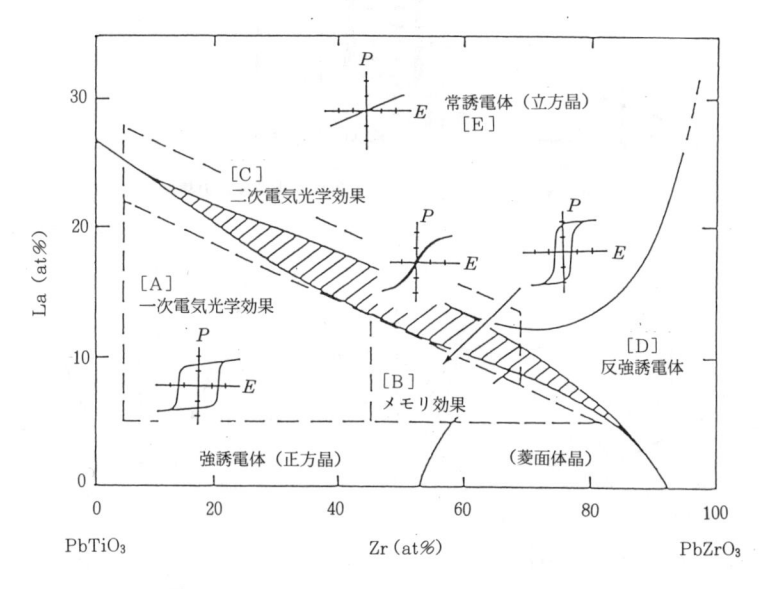

図2　PLZTの相図と代表的な$P-E$ヒステリシス

(2) 電気光学効果[3]

電気光学効果とは印加電界（E）に対して複屈折（Δn）が変化する現象である。例えば，図3に示す構成にして光変調や光シャッタなどに応用される。印加電圧の大きさで透過光線を変調できる。ここで，電界と複屈折の関係が直線的なものを，一次電気光学効果あるいはポッケルス（Pockels）効果と呼び，それらが二乗の関係にあるものを，二次電気光学効果あるいはカー（Kerr）効果と呼んでいる。それぞれ，電気光学係数が大きいと，低い電圧で光の制御が可能になる。

ＰＬＺＴは組成を選ぶことにより，3種類の電気光学効果を示す。その代表的な組成の複屈折の電界依存性あるいは分極依存性を図4に示す。

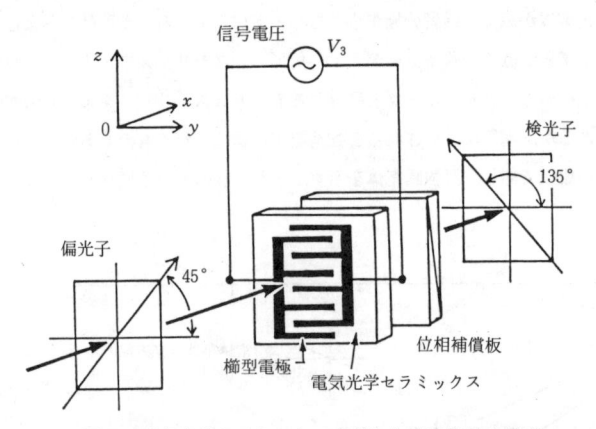

図3　電気光学セラミックスを用いた光変調器の構成

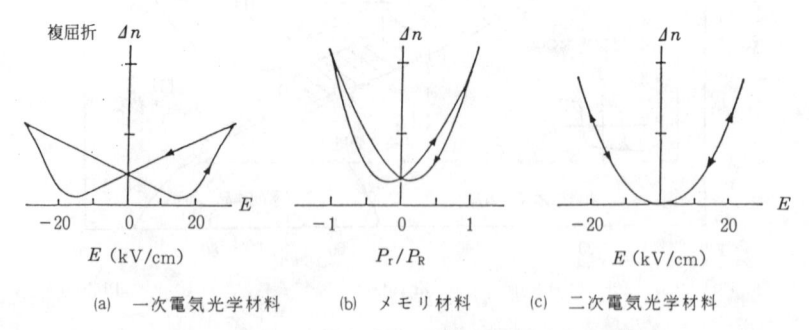

(a) 一次電気光学材料　　(b) メモリ材料　　(c) 二次電気光学材料

図4　ＰＬＺＴの代表的な複屈折と電界および分極依存性

5 電気光学セラミックスとその応用

12/40/60で代表される図2の領域［A］の組成は，$P-E$特性がハード材料であるので，図4(a)に示すように，分極後の複屈折は電界と比例関係にあり，一次電気光学効果を示す。

8/65/35で代表される図2の領域［B］の組成は，ソフト材料であり，印加電界が0になっても大きな分極が残留する。その残留分極と複屈折の関係は，図4(b)に示したようになり，残留分極を変化させることで，残留する複屈折を制御することが可能であり，光メモリ効果を示す。

図4の(c)は9/65/35で代表される領域［C］の組成は，$P-E$ヒステリシスがスリムループと呼ばれる特性を示すので，複屈折の電界依存性は二乗の比例関係にあり，二次電気光学効果を示す。

表2に代表的な電気光学セラミックスと単結晶の一次および二次電気光学係数を示す。ほとんどのセラミックスの電気光学係数が単結晶の値よりかなり大きい。

表2 電気光学セラミックスと単結晶の電気光学係数

材料組成		一次係数 (10^{-10}m/V)	二次係数 (10^{-16}m²/V²)
Ⅰ）ペロブスカイト型			
$(Pb,La)(Zr,Ti)_3$	7/62/38	4.43	
	8/65/35	5.23	
	9/65/35		3.82
	10/65/35		1.07
$Pb(La,Nb)O_3$-PZT	4/40/60	2.05	
	8/60/40	5.12	
	10/60/40	8.70	
	15/65/35		5.76
$(Pb,La)(Zn,Nb)O_3$-PLZT	5/7.5/50/50	2.03	
	5/7.5/60/40	7.65	
	5/7.5/70/30		6.89
$(Pb,Li-La)(Zr,Ti)O_3$	5/53/47	2.40	
	10/53/47	5.80	
$Sr(Zn,Nb)O_3$-PZT	17.5/60/40	6.65	
	20/55/45	4.92	
	17.5/65/35		4.62
	25/55/45		1.54
Ⅱ）タングステン・ブロンズ型			
$(Pb,Ba,La)Nb_2O_6$	4/60/40	6.66	
	8/60/40		2.09
粒子配向セラミックス			
$(Pb,Ba,La)Nb_2O_6$	40/2	6.24	
	30/2	3.04	
	40/8		2.78
	30/8		1.58
Ⅲ）単結晶材料			
$LiTaO_3$		0.22	
$LiNbO_3$		0.17	
$Sr_{0.5}Ba_{0.5}Nb_2O_6$		2.10	
$Ba_2NaNb_5O_{15}$		0.36	
$KTa_{0.85}Nb_{0.35}O_3$			1.78

電気光学セラミックスは電気光学効果の他に，電気光散乱効果，表面電歪効果，フォトクロミック効果，光強誘電効果，非線形効果などの現象を有するが[4]~[6]，それらの現象を利用した応用は少ない。

(3) 光学的性質[3]

代表的なPLZTの透過率波長特性を図5に示す。厚さを0.4mmに光学研磨した試料は，約0.37 μmの近紫外から約7 μmの中間赤外域まで，ほぼ平坦な透光性を示す。PLZTの屈折率は約2.5であることから試料両面での反射損失を求めると，約34％になる。したがって，9/65/35の透過率は反射損失を差し引くと，内部での減衰はほとんどなく，入射した光は全て透過することになる。ただし，他の組成7/65/35と12/40/60の透過率は，9/65/35の値よりいくらか低い。これは，キューリ点が室温より高いため，結晶構造が異方性になるため光学的異方性も大きくなり，粒界や分域壁での屈折率の不連続が増加し，内部での散乱が増大したためである。すなわち，7/65/35試料でもキューリ点以上に温度を上げると，透過率は9/65/35と同程度まで増大する。

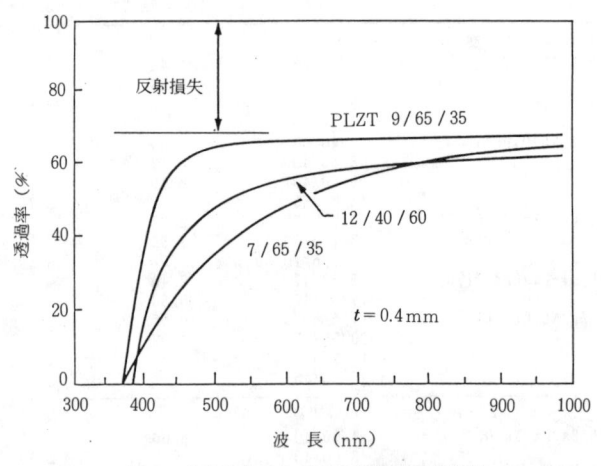

図5 代表的なPLZTの透過率波長特性

5.2.2 粒子配向電気光学セラミックス[7],[8]

単結晶ではペロブスカイト結晶以外の材料が，電気光学材料として多く利用されている。その代表的なものに，タングステンブロンズ型結晶(以下TB結晶と略す)では，$Ba_2NaNb_5O_{15}$，$(Sr, Ba)Nb_2O_6$などが，イルメナイト型結晶では，$LiNbO_3$などがある。これらの結晶は，良好な電気光学特性を示す。また，強力レーザ光に対しても光損傷を生じないなどの特徴

を有している。そのため，単結晶での応用研究は活発に行われている。

しかし，これらの結晶系の電気光学セラミックスに関する研究は少ない。TB結晶でいくつかのセラミックスが開発されているが，イルメナイト型結晶のセラミックス化は，まだ成功していない。

TB結晶材料の一般式は $(A1_4A2_2C_4)B_{10}O_{30}$ で表されており，c 軸方向よりみた正方晶系の結晶構造は図1(b)である。Bイオンを中心とする酸素八面体が単位格子中に10個存在し，それらがA1，A2およびCイオンを介して連なる構造をしている。A1，A2およびCイオンが入る位置は4個，2個および4個ある。この結晶もペロブスカイト結晶と同様に，それぞれの位置に入るイオンは融通性は富んでいる。$(Sr，Ba)Nb_2O_6$ では，NbがB位置を，SrおよびBaがA1とA2位置を占めている。C位置は空いた構造をしている。C位置はLiなどのように小さいイオンしか入ることができない。

一般に，TB結晶の分極軸は c 軸あるいは c 面内にしかないため，セラミックス化にした場合には分極処理が困難で，良好な特性を発揮できない。それ故，TB結晶などのセラミックス化が進んでいない。

TB結晶セラミックスの透明化は横須賀らにより試みられた。$PbNb_2O_6$ にLaとBaを置換することで，結晶の異方性を少なくすることができ，良好な電気光学セラミックスを開発している。その後，筆者らがホットプレス技術を駆使して，粒子が配向したTB結晶の電気光学セラミックスを作製した。

粒子配向したセラミックスは，分極軸が揃っているので，単結晶に近い良好な特性を示すようになる。粒子配向したTB結晶セラミックスは電気光学効果のみばかりでなく，良好な圧電性や誘電特性をも示す。ここでは，粒子配向した $(Pb, Ba, La)Nb_2O_6$ 電気光学セラミックスの性質について述べる。粒子配向セラミックスの作製方法については，参考文献を参照されたい[7],[8]。

(1) PBLNの相図[8]

BaとLaを置換した $PbNb_2O_6$ 電気光学セラミックスの相図および各組成が示す P-E ヒステリシスおよび電気光学効果を図6に示した。組成は次式で表わす。この組成を以下PBLN x/y とする。

$$(Pb_x，Ba_{1-x})_{1-y}La_yNb_2O_6$$

La量が少ない領域では，強誘電体であり，Pb側で正方晶，Ba側で斜方晶である。La量が多い組成は，正方晶の常誘電体である。このTB結晶は常誘電体でも正方晶系であり，強誘電体では，正方晶での分極軸は c 軸に，菱面体晶では b 軸にある。

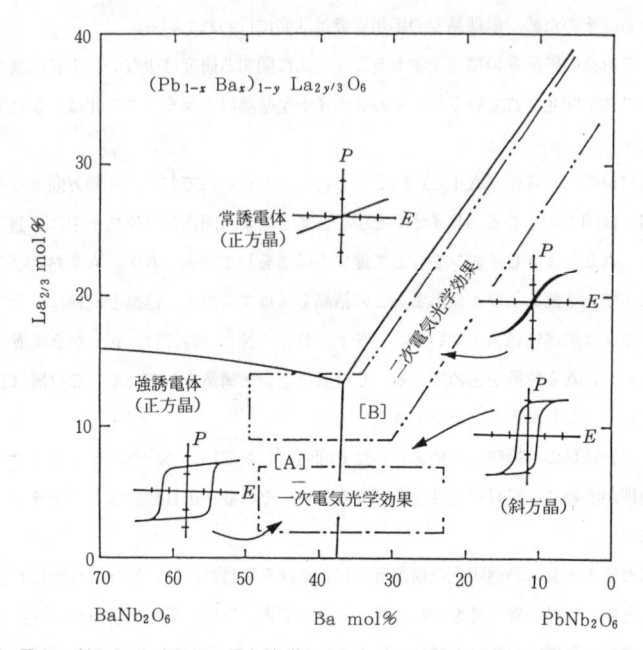

図6　(Pb, Ba, La)Nb$_2$O$_6$ 電気光学セラミックスの相図と$P-E$ヒステリシス

(2) 電気光学効果[8]

　図6中の領域［A］の組成は、$P-E$ヒステリシスが角形の曲線を示すものであり、抗電界が高く、分極後の複屈折と電界の関係は図7(a)のように直線関係にあり、一次電気光学効果を示す。ここで、電気光学効果に加圧方向による異方性がある。すなわち、ホットプレスの加圧により粒子が配向しているので、分極容易軸が揃っている方向に電界を加えた場合の電気光学効果が大きくなっている。

　図6中の領域［B］の組成は、キューリ点が室温付近にあり、電界が零では常誘電相に近いものであるが、電界が増加すると強誘電相が誘起されるものであり、$P-E$ヒステリシスはスリムループを示す。そのため、この組成のΔnは図7(b)に示したように、電界を印加しないときは零に近いが、印加電界が増加すると電界の二乗に比例して変化する二次電気光学効果を示す。粒子配向したセラミックスでは、1.5～2倍の異方性が見られる。

　粒子配向したＰＢＬＮなどのＴＢ結晶セラミックスの電気光学係数を表2に示す。ＴＢ結晶セラミックスの電気光学係数も、ペロブスカイト結晶セラミックスのほぼ同程度の値である。しかし、焼成時でのＰｂＯの蒸発が少ない。焼結体と坩堝や型脱離材などとの反応が少ない。焼結体

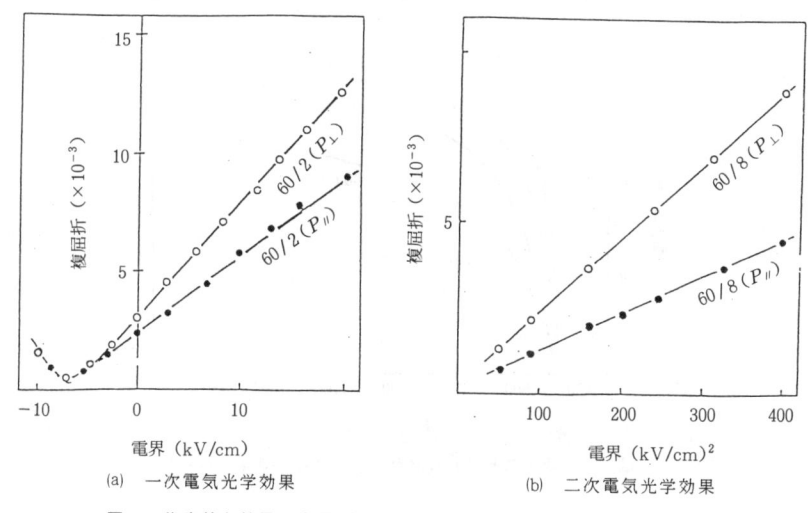

図7 代表的な粒子配向電気光学セラミックスの複屈折の電界依存性
(a) 一次電気光学効果
(b) 二次電気光学効果

の着色がペロブスカイト系に比べて透明に近いことなどの特徴を有している。

(3) 光学的性質[8]

屈折率が結晶軸の方向で異なる光学的異方性を有する結晶を，セラミック化した場合，粒界や分域壁において屈折率が不連続となり，透明にならない。しかし，このような材料でも結晶粒子を配向させることにより，粒界などでの屈折率の不連続性が少なくなり透光性は向上する。例えば，Bi層状結晶の一つである$Bi_4Ti_3O_{12}$の場合，粒子を配向させることにより透過率は，無配向試料の約2.5倍に向上している。しかし，TB結晶の場合には針状粒子が一方向に配向しても，粒子配向による透光性の向上はほとんどない。

図8に，代表的なPBLNの透過率波長特性を示す。加圧方向による透過率の差はほとんどなく2～5%であり，透明化は他の電気光学セラミックスと同様に結晶の光学的異方性を小さくする必要がある。すなわち，Laの置換量（y）が増えると，キューリ点が低下し，透過率が高くなっている。特に，Laを12mol%置換したものは，T_cが65℃以下になり，透過率は波長 0.7 μm以上で約65%である。この値は，試料表面での反射損失を差し引くと，ほぼ100%透過していることになる。

5.3 電気光学セラミックスの応用

電気光学セラミックスの応用に関する研究は，1970年頃から進められており，光変調器，光ス

第2章　無機系電磁波材料

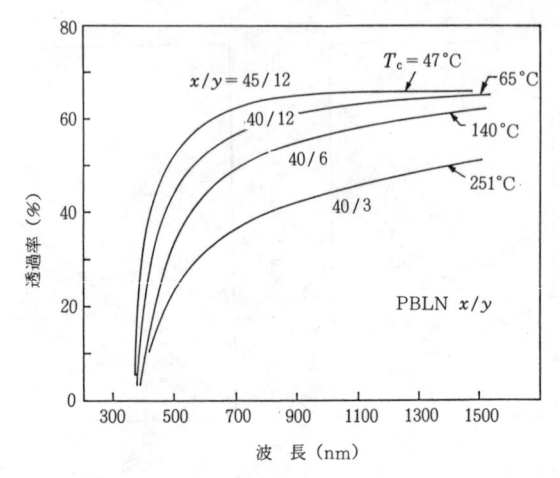

図8　代表的なPBLNセラミックスの透過率波長特性

イッチ，画像メモリなどについて検討されている。図9に電気光学セラミックスの応用例を示す。電気光学セラミックスは電気光学効果の他に音響光学効果，非線形光学効果，焦電効果，圧電効果などを合わせ持つ材料であり，図示したような応用が研究されている[9]～[20]。

ここでは，これらの中で実用化が最も期待されている電気光学セラミックスを用いた光シャッタの基本特性および応用，光プリンタ・ヘッドなどについて述べる。また応用面でもPLZT以外の電気光学セラミックス材料が，数多く使用されていることを断っておく。

PLZTは透過率が高く，電気光学係数も大きいのでカー・シャッタとして有利な条件を備えている。図10にその構造を示す。溝形櫛状電極をつけたPLZTをシリコーンゴムを介して2枚の偏光板ではさんだものである。光強度のON/OFF比は2000：1であり，応答時間は50μSで，駆動電圧も280Vとかなり低く，各方面に応用できるシャッタ素子である[15]。これを利用したものに，立体TV用メガネ，溶接用ゴーグル，空軍パイロット用閃光防護ゴーグル，超高速シャッタ付TVカメラ[19]などがある。

また，PLZTシャッタを一列に配置した光シャッタ・アレイを用いた光プリンタが開発されている。図11にその構造を示す。光源は平行光が得られるものか，点光源であれば凹面鏡により平行光線に直して使用する。PLZTシャッタの電極は全て独立に制御できるように並列に配置され，透過光はレンズを通して感光ドラムに集光させるようになっている。シャッタアレイの構造は，全長は300mmで，その中に約1,000～3,000個のシャッタ素子が組み込まれている。分解能は5～10ドット／mmである。このプリンタは可動部がないので，レーザ・プリンタよりは信頼性が高く，印刷文字が美しくなると考えられている。

5 電気光学セラミックスとその応用

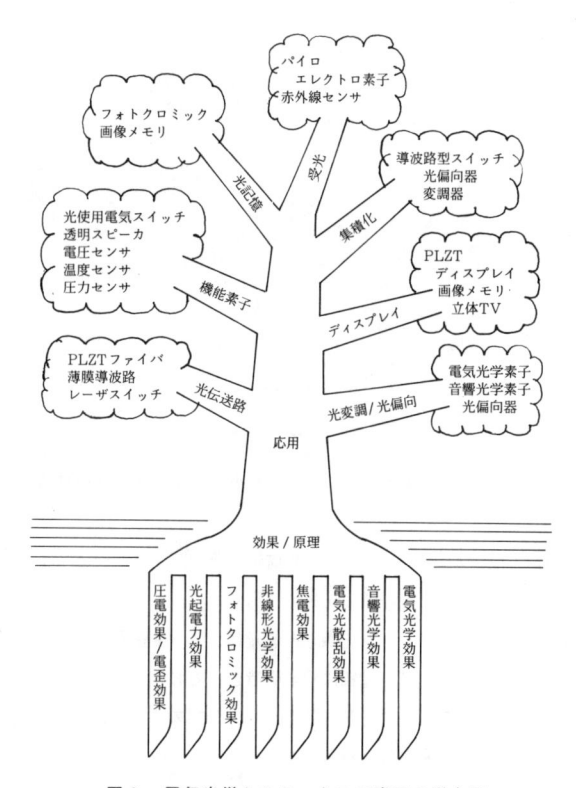

図9 電気光学セラミックスの応用の樹木図

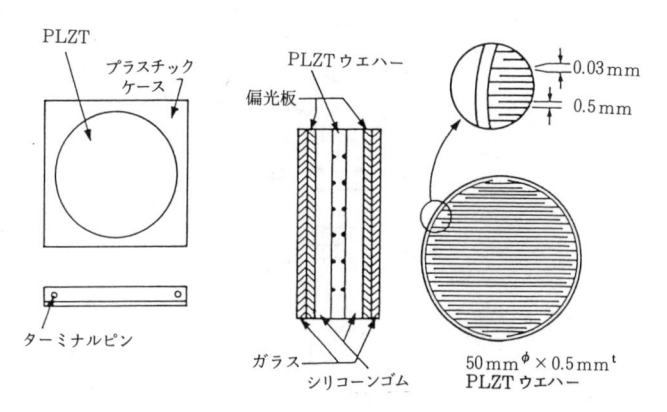

図10 PLZTを用いた光シャッタの構造

第2章　無機系電磁波材料

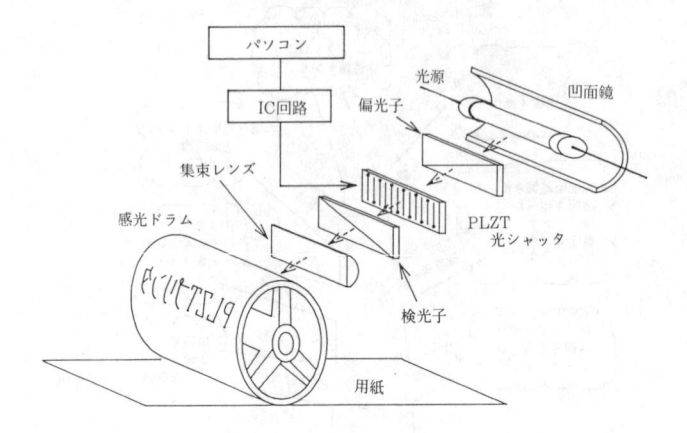

図11　電気光学セラミックスを利用した光プリンタの構造

　光通信の発達に伴い，光ファイバを伝搬する光信号のON/OFF，あるいはスイッチングが必要になっている。現在使用されている機械式の光スイッチでは，スイッチング速度が数mS程度であり，また信頼性が劣る。ＰＬＺＴシャッタ素子と偏光プリズムを組み合わせた構造の，光ファイバ用スイッチが開発されている[20]。　図12に示す構造をしており，入射した光線は偏光プリズムでE波およびO波に分割し，それぞれをＰＬＺＴシャッタでスイッチングした後，再度合成する方法をとっているので，光の減衰がない特徴がある。

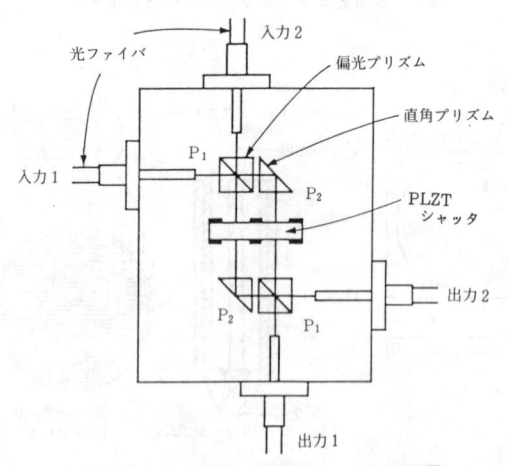

図12　光ファイバー用スイッチの原理図

以上，電気光学セラミックスの特性と応用例について述べた。この材料は，反射損失を差し引くと透過率はほぼ100%で，電気光学係数も従来の単結晶材料と比較して大きい。最近では，長さが30cmもの長尺素子が作製されており，民生機器への応用が期待されている[24]。

5.4 電気光学セラミック薄膜材料

光通信の発展に伴い導波路型の光回路素子の必要性が高まり，変調素子，スイッチ素子，偏向素子，モード変換素子などが開発されている。光の制御は，電界や超音波などを印加することで行われ，電気光学効果，音響光学効果などが利用されている。光制御素子を導波路型構造にすると，光線は高屈折率の領域を選択的に伝搬するため，散乱や回折損失などを考慮する必要がなく，効率の良い制御が可能となる。

5.4.1 セラミック薄膜の作製と特性[21]〜[23]

光導波路用材料としては，主にLiNbO₃結晶に不純物を拡散した素子が利用されている。しかし，LiNbO₃の電気光学係数は$\gamma_c = 20 \times 10^{-12}$m/v程度であり小さい。そのため，係数の大きい材料の開発が望まれていた。このような観点から，注目されたのが電気光学セラミックスである。PLZTは前述したように，可視光から赤外線領域（0.37〜6.6 μm）まで透明であり，電気光学係数はLiNbO₃よりもはるかに大きいので，良質な薄膜が作製できれば光導波路型光制御素子材料として有望である。

PLZT薄膜を作製する方法としては，真空蒸着法，気相成長法，スパッタ法などがあり，それぞれの方法で試みられているが，現在のところ，得られる薄膜の特性やコストからスパッタ法が最も有効である。また，透明度や電気光学特性の良好な薄膜を作製するには，エピタキシャル

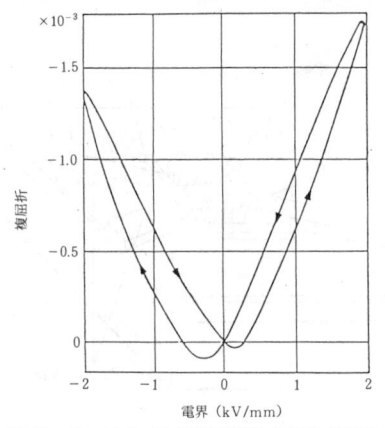

図13　PLZT 28/0/100薄膜の電気光学効果

膜にすることが望ましい。

高周波数プレーナマグネトロンスパッタ装置を用い，サファイアc面の板上に，エピタキシャル膜が作製されている。薄膜の厚さは，0.35μm程度である。

図13にPLZTエピタキシャル薄膜の電気光学効果を示す。作製した薄膜の組成は，28／0／100であり，Zr＝0の材料である。2V／μm（2kV／mm）の電界印加で，複屈折Δn＝1.8×10^{-3}m／Vが生じ，$LiNbO_3$に比較して約5倍大きい。

5.4.2 電気光学セラミック薄膜の応用[22],[23]

PLZT薄膜は大きな電気光学係数を有しているので，電界印加有効距離が短くなり，交差型の光スイッチが可能となった。図14に導波路交差型光スイッチの構造を示す。このスイッチはサファイヤ基板上に0.35μmのPLZTエピタキシャル薄膜をスパッタし，その上に光を閉じ込めるためにTa_2O_5薄膜を蒸着し，1°で交差するポートが形成してある。ポートの幅は10μmで，高さは20nmである。さらに，その交差上に，ギャップが4μmで長さ2.1mmの電極をバッファー層を介して蒸着してある。

光信号の切り替えは，電圧印加により，ギャップ下のPLZTの屈折率を増加させ，伝送光を全反射させて切り替える方法である。ポート1あるいはポート2から入射した光線を全反射させることで，出力をポート3あるいはポート4に，スイッチできるようになっている。測定波長0.83μmで9.5Vの電圧を印加することで，スイッチングし，消光比は16dBである。このスイッチは電極部が2.1mmと短いため高速動作に適しており，1GHzまでほとんど平坦な周波数特性と群遅延特性を示し，3dBのカットオフ周波数は3.4GHzである。

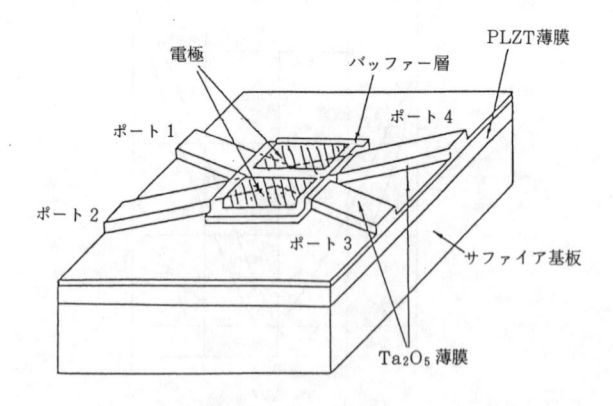

図14　PLZT薄膜を利用した交差型スイッチの構造

5 電気光学セラミックスとその応用

　図15に直線型導波路光変調器の構造を示す。この変調器の動作原理は，交差型と異なり，電界により電極ギャップ下のＰＬＺＴ薄膜の屈折率が低下し，光の閉じ込め効果が弱くなり，電極下に散乱する光量が増加する。その光をアルミ電極が吸収し，出力光を低下させるものである。

　この型の特徴は，構造が簡単で電極のアレイ化が容易である点と，光と電界との位相整合がとりやすく，高速化が期待できる点である。

　Ta_2O_5膜の厚さが6.5nmの横シングルモード素子の特性は，1.6V／μmの電界印加（電圧＝16V）で約 6.5dBの消光比が得られている。また，Ta_2O_5の厚さ9nmの横ダブルモード素子では，2.6 V／μmの印加電界で消光比が10dB以上のものが得られている。電極ギャップを狭くすることで低電圧化が，電極長を長くすることで高消光比が期待できる。

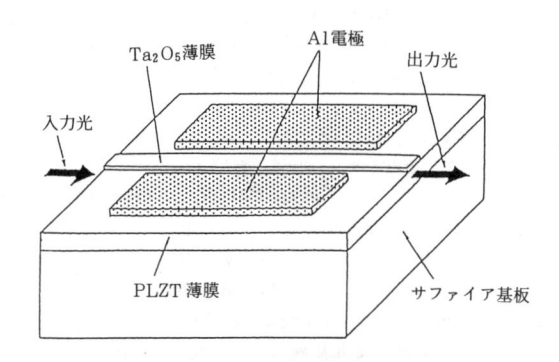

図15　光波路型の光変調器の構造

　電気光学セラミックスの良好なエピタキシャル薄膜が高周波数プラズマスパッタやＣＶＤ法などで作製可能になり，高効率の導波路型光回路素子の研究が活発に行われている。今後の課題としては，電気光学係数の大きい薄膜を容易に作製できる技術を確立することである。最近，強誘電体薄膜の研究が活発化しているので，各種の電気光学セラミックスの薄膜化も近い将来には実現できるであろう。

5.5　おわりに

　最近の電気光学セラミックスは性能や品質では十分満足できるものであり，応用化でネックになっているのは，コストの問題のみである。製造技術はすでに確立されている。その結果，今後は低コストな電気光学セラミックスが製造されるものと確信する。それに伴い，民生品などへの

第2章 無機系電磁波材料

応用が活発化することであろう。

また，均一性が向上すれば，電気光学結晶に取り替わられるものと推測できる。たとえば，PLZTをエピタキシャル膜にしたことで，導波路型光スイッチなど開発されたように，セラミックスでも均一性が向上し，光の散乱が減少すると，電気光学特性が優れているので，光導波路の基板や光回路素子材料としての応用も可能になると考えられる。

文　　　献

1) B. L. Coble : U. S. Pat. 3026210 (1962)
2) 戸田，他：セラミックス材料技術集成，産業技術センター (1980) pp. 406
3) G. H. Haertling and C. B. Land : *J. Amer. Ceram. Soc.*, **54** (1971) 1
4) 永田：エレクトロニクス用セラミクス，シーエムシー，(1985) pp. 219
5) 永田：エレクトロニクス，セラミクス，84年，春号 (1984) 57
6) 永田：工業材料，**33** (1985) 101
7) 永田：エレクトロニク，セラミクス，78年，夏号 (1982) 64
8) 永田：先端技術ハイライト，ファイセラ研究所 79, 4 (1990) 1
9) C. E. Land and R. Holl : *IEEE Spectrum*, (1970) 71
10) C. E. Land and W. D. Smith : *Appl. Phys. Lett.*, **23** (1973) 57
11) 村田，田中：エレクトロニクス，セラミクス，**8** (1977) 25
12) C. E. Land and P. S. Peercy : *Ferroelectrics*, **22** (1978) 677
13) J. R. Maldonado, D. B. Fraser and H. M. Meitzler : *Advance in image Pick up and Display*, Academic Press, (1975) Vol. 2, pp. 65
14) 遠藤：エレクトロニク，セラミクス，**8** (1977) 25
15) Motorola社（輸入代理店，長瀬産業）
16) W. E. Pery and B. M. Soltotti : *Ferroelectrics*, **10** (1976) 201
17) G. H. Haertling : *Amer. Ceram., Symp. Ser.*, No.164 (1981) 265
18) J. T. Cutchen : *Ferroelectrics*, **27** (1980) 173
19) フローベル・エンジニアリング㈱
20) 三瓶，内藤，栗田：電子通信学会研究会資料，OQE85-103 (1985)
21) M. Himuro *et al.* : *Japan. J. Appl. Phys.*, **22** (1983) Supp. 22-2, 132.
22) 東野，他：電子通信技報，OQE-16 (1984)
23) 内藤，他：第44回応用物理学会講演会予稿集，(1983) 27-ax-6
24) K. Nagata, T. Kiyota and M. Furuno ; *7th European Meeting on Ferroelectricity*, Dijin (1991) 8015

6 遠赤外放射セラミックス

吉村　昇*

6.1 はじめに

　遠赤外放射を利用した新製品が多く市販され，それとともにこれらの商品に関連する事項がマスコミや学会・業界などで数多く取り上げられるようになってから，かなりの期間が経過している[1]。その利用状況の変遷をみると，赤外放射応用技術の端緒となった初期の自動車工業や木材工業など，産業中心に利用されていた時代から，今日では，これらに加えて電気・電子産業や食品産業，プラスチック産業，通信，情報処理など，業務的にも多岐にわたってきているとともに，防犯システムや家庭用機器，家庭用品などの民生用機器や，鉄道など運輸・輸送業の分野などにも広く活用されるようになってきている。

　しかし，遠赤外放射に関する諸研究は，遠赤外放射の関心の高さや関連商品の氾濫ぶりと比較すると非常に少なく，乏しいという印象を受ける。そこで本節では，主として酸化物セラミックスに関して，定量的な評価に基づいた遠赤外放射の計測方法とその性能結果について述べることにする。

6.2 遠赤外放射とは

　遠赤外放射は赤外放射の一つで，電磁波の一特定区分波長域の放射であり，1つの要素として概念付けされている。つまり，「遠赤外放射」とは，電磁波の一種であり，約 $4\mu m \sim 1mm$ の波長の電磁波と考えられている（この波長区分は確定したものがないのが現状であるが，ＩＥＣ（国際電気標準会議）の国際電気標準用語として $4\mu m \sim 1mm$ が標準化されている）[2]。

　赤外放射による加熱は，放射の形態をとるため，伝導・対流加熱による固体，または流体などの熱伝達媒体が不要である。また，赤外線を伝播する空気などの空間は赤外線に対してほとんど透明であるため，途中媒体によるエネルギーの損失が非常に少ないという利点を持っている。また，繊維・塗料・人体・食品など有機物は赤外領域に吸収帯を持つことから，これらの加熱乾燥や加工などに赤外線を用いると効率がよく，作業のスピード化や省エネルギー化が実現できる[3]。特に，一般的に言われている遠赤外領域の電磁波は，光子のエネルギーが一般物質の結合エネルギーより小さいため，化学的な変化を伴わずに加熱乾燥や加工が可能で，加熱・加工後の仕上がりや品質が良好であるという特徴を持っている。これらの遠赤外放射を利用した加熱法は，新しい技術ではなく古くから日常生活に利用されており，例えば石焼き芋なども一種の遠赤外加熱である。

　＊　Noboru Yoshimura　秋田大学　鉱山学部

6.3 遠赤外放射の基本事項

　絶対零度でない限りどんな物質でも持っている熱エネルギーを電磁波のエネルギーに変換して，外部へ放出するという性質がある。この性質のことを「熱放射」というが，熱エネルギーをエネルギーの損失なく電磁波のエネルギーに変換する物質を「黒体」といい，温度による放射強度と波長特性がプランクの法則により求めることができる。図1にプランクの法則から得られた黒体の分光分布を示す。

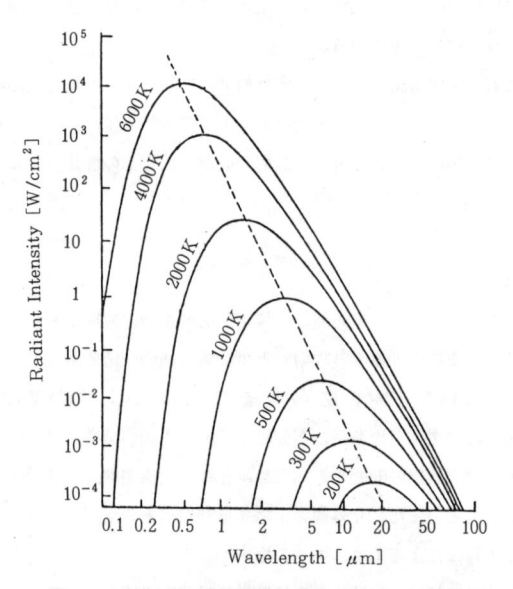

図1　各種温度における黒体放射のエネルギー密度

　実在の物体には黒体に近いエネルギー変換を行うものから，変換能率の低いものまで多種多様にある。実在の物体について，このエネルギー変換の過程における理想状態からのずれを「放射率」という。つまり，物体の放射率（ε）は黒体を1とした比率で表され，通常 $0 < \varepsilon < 1$ の値をとる。表1に放射率の大小についてまとめた結果を示す[4]。

表 1　各種材料の放射率の例[4]

材料	対象温度（℃）	放射率（ε）
Al 研磨面 　　粗　面 　　酸化面	200〜600	0.039〜0.055 0.055〜0.08 0.01〜0.65
Al_2O_3	100〜1000	0.59〜0.78
ZrO_2	800	0.74
SiC	800〜1600	0.90
炭　素	1500〜3000	0.78〜0.84
煉　瓦	800〜1500	0.90〜0.95

6.4　遠赤外放射特性の測定系

　遠赤外放射材料を評価する方法としては，分光放射率を測定するのが一般的である。そこで，本実験では光学的零位法を原理とする赤外分光光度計（島津製作所，ＩＲ-435型）を基本とした装置を測定に用いた。測定系を図2に示す。本装置は標準光源として温度コントローラー（Shimaden製，ＳＲ-22)を備えた黒体炉を用いている。試料を設置・加熱する試料ホルダーの形状を図3に示す。試料ホルダーには試料表面の放射面積を一定にする役割を持つ直径10mmの窓が設けてある。ホルダーの加熱észへ印加する電圧はスライダックによって調節し，発生熱量をコントロールした。圧着した放射体試料の表面温度は，熱電対（ＣＡ）とマルチメーター（アドバンテスト製，ＴＲ2114）で測定した。分光放射特性を測定する場合，黒体炉内部と試料表面の温度を等しくさせ，測定器の装置関数を取り除く必要がある。本実験では，表面温度を0.05mmϕの熱電対（ＣＡ）を試料表面に接触させる方法で測定した。試料の加熱は加熱板に密着させて裏面から温度上昇させているため，表面の温度ムラを考慮し，最も高い部分の温度を試料の表面温度とした。さらにセラミックスの場合，加熱板との間に熱の時間的遅れがあるため，温度が安定するまで時間をおき，温度が安定したのを確認した上で分光放射特性を測定した。

　試料表面からの放射は4枚のミラーによって分光光度計分光器部に導かれ，ここで同じように導かれた黒体炉の放射と比較する。分光光度計出力部には，黒体炉の放射強度を 100％としたときの試料表面の放射強度が表示される。本装置の分光光度計は熱電形の検出器を用いているために，その性能を生かすには入射光のエネルギーをある程度大きくする必要がある。本実験では，装置の応答性などを考慮して黒体炉内部と試料表面の温度を 400℃に設定して測定を行った。装置の構成は，基準となる数種類の試料を長野県工業試験場の分光放射特性測定装置で測定し，得られたデータを基準に本装置の設定を行った。本測定法は試料温度が 200℃以上と放射エネルギ

第 2 章　無機系電磁波材料

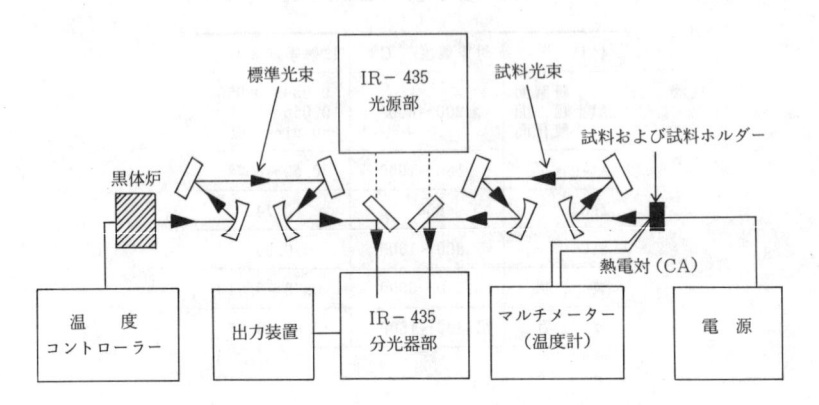

図 2　分光放射率の測定系

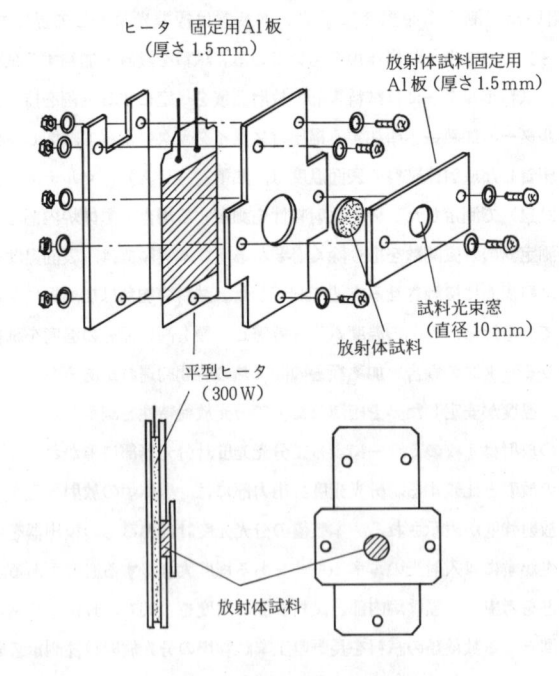

図 3　試料ホルダーの形状

一量が大きければ，かなりの精度で放射率の絶対値を得ることができる[5]。なお，本装置では，2.5μm～25μm の領域で，放射率の測定が可能である。

6.5 セラミックスの遠赤外放射特性

遠赤外放射セラミックスについては様々な組成・材質から成るものが開発されている。4μm以上の赤外線を放射する遠赤外放射材料としては，主としてアルミニウム，チタン，ケイ素，鉄などの酸化物が用いられる他に，窒化物，炭化物や数種類の酸化物を複合した複合酸化物も用いられている。

図4～図6に組成が単一である各種酸化物セラミックスについて測定した遠赤外放射特性をそれぞれ示す。図中の温度はセラミックスの焼成温度である。縦軸は黒体炉に対する放射率を示し，放射率＝1のラインは黒体炉の放射エネルギーレベルを示す。

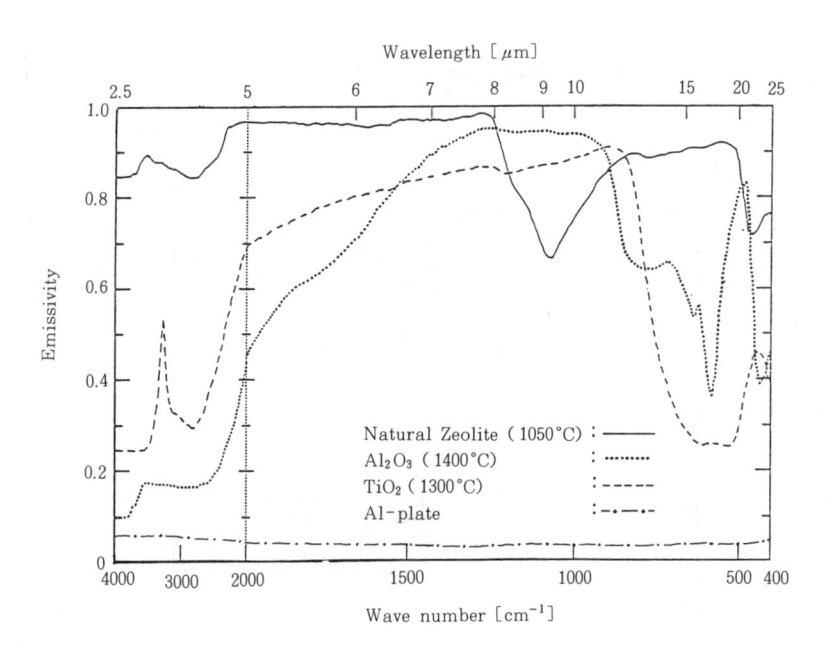

図4　各種放射体の分光放射率（1）
（放射体表面温度：400℃）

第2章 無機系電磁波材料

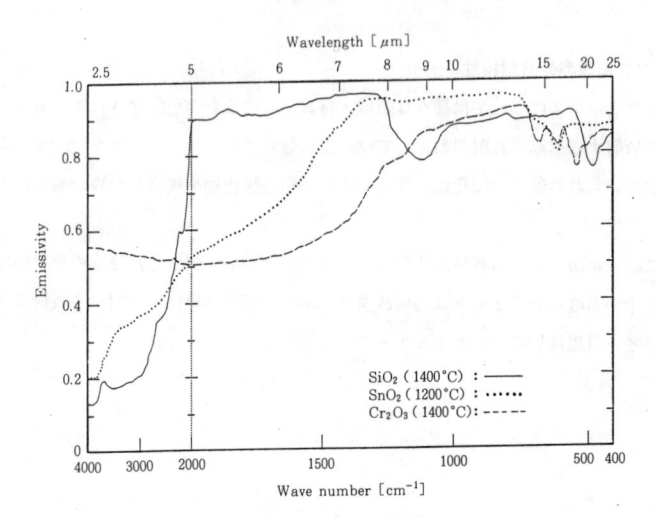

図5 各種放射体の分光放射率（2）
（放射体表面温度：400℃）

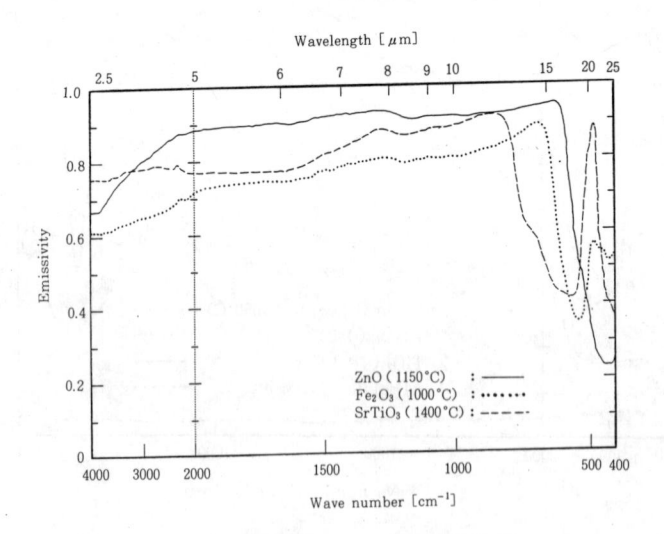

SiO$_2$（1400℃）：――
SnO$_2$（1200℃）：……
Cr$_2$O$_3$（1400℃）：-----

図6 各種放射体の分光放射率（3）
（放射体表面温度：400℃）

ZnO（1150℃）：――
Fe$_2$O$_3$（1000℃）：……
SrTiO$_3$（1400℃）：-----

6 遠赤外放射セラミックス

酸化物セラミックスとの比較のために金属アルミニウム板の測定結果を図4に併記する。また，天然ゼオライト（成分は表2参照）の特性についてもあわせて示す。天然ゼオライトは秋田県内に豊富に賦存する鉱物であり，孔径が分子レベルの大きさという特異な空洞構造で，吸着特性，イオン交換特性，触媒活性などの性質を持つ[6]。

表2 天然ゼオライト組成と粉体特性

組 成	含有量（wt%）	そ の 他
SiO_2	80.05	
Al_2O_3	12.77	50%径：6.0μm
K_2O	3.77	BET値：132
Fe_2O_3	1.89	ふるい 500#以下
CaO	微 量	
TiO_2	微 量	
MgO	微 量	
Na_2O	微 量	
H_2O	微 量	

天然ゼオライトは天然産品であるために不純物の混入や純度のバラツキのため，高度利用化に際してはこれがネックとなり工業分野に利用されにくいという問題があり，土壌改良剤，吸着剤，水質の浄化剤などの付加価値の低い状況でしか使用されていないのが現状である。

金属類は，耐熱性や機械的強度の面では遠赤外放射材料の候補として考えられるが，遠赤外域の分光放射率が酸化物セラミックスに比べてはるかに劣っており，放射体材料として不適であることがわかる。それに対し酸化物セラミックスの場合，短波長側の 2.5μm～5μm と，長波長の10μm～25μm の領域で特異な放射ピークや，落ち込みが見られる。このように，ほとんどの酸化物セラミックス試料に共通なこととしては，放射率が非常に高い領域と，大きく落ち込む領域を有していることが挙げられる。非常に高い領域は，測定領域の中でおよそ5μm～12.5μmの中間的な領域に存在することが多い。一方，図4の結果より，天然ゼオライトは10μm付近にSi－Oの基準振動に起因する放射率の落ち込みが見られるものの，測定した波長領域では全体的に放射率が高く，また波長に対する放射率の変化が小さいという特性を持っている。

ここで， 2.5μm～5μm の領域を短波長領域，5μm～10μm を中間波長領域，10μm～25μm を長波長領域として測定結果の分類を行うと表3のように4種類に分類することができる。

第2章 無機系電磁波材料

表3 分光放射率の分類

Type	放射率↑ 短←波長→長	単体 Ceramics	Zeolite＋酸化物（50wt％）
I		TiO_2 NiO $BaTiO_3$ Al_2O_3 ZrO_2 Mn_3O_4	
II		Cr_2O_3 SnO_2	Al_2O_3 TiO_2 Fe_2O_3 NiO ZrO_2 $BaTiO_3$ $BaCO_3$ $MgCO_3$ Cr_2O_3 $CaCO_3$
II		Zeolite(900) SiO_2	SiO_2
III		Fe_2O_3 ZnO CoO CuO MgO $SrTiO_3$	
IV			C(10wt％) B_2O_3 CoO CuO
IV		Zeolite(1050)	

6 遠赤外放射セラミックス

ここで,
　Type Ⅰ：5μm 以下の短波長領域および10μm 以上の長波長領域で放射率が低下するもの
　Type Ⅱ：5μm 以下の短波長領域で放射率が低下するもの
　Type Ⅲ：10μm 以上の長波長領域で放射率が低下するもの
　Type Ⅳ：測定波長領域全体にわたり放射率が平坦なもの
である。
　Type Ⅰとして,Al_2O_3,TiO_2（図4参照）,NiO,ZrO_2,$BaTiO_3$,Type Ⅱとして,SiO_2,SnO_2,Cr_2O_3(図5参照),Type Ⅲとして,ZnO,Fe_2O_3,$SrTiO_3$（図6参照）,MgO,CoO,CuO,Type Ⅳとしては,天然ゼオライト（図4参照）が属する。
　実際に赤外放射による加熱を行う場合,使用する放射体の表面温度によって各波長でどれだけのエネルギーが放射されているかが非常に重要となる。図7は天然ゼオライト,Al_2O_3の放射体

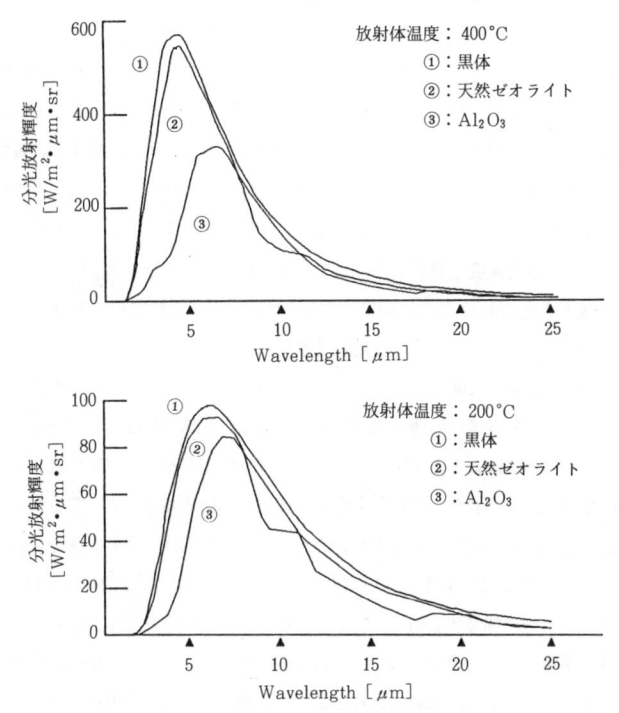

図7　天然ゼオライト,Al_2O_3,黒体の分光放射輝度曲線
（放射体温度：400℃,200℃）

に対する 400℃, 200℃の場合の分光放射輝度曲線である。全赤外域で高い放射率を持つ天然ゼオライトは，400℃, 200℃共に黒体に近い放射強度を示すのに対し，Al_2O_3 の場合，400℃では 5 μm 以下の放射率の低下が起因し，天然ゼオライトに比べ著しく放射強度が低い。一方，200℃では放射強度のピークが長波長側にシフトすることで天然ゼオライトの放射強度との差が小さくなることがわかる。このように各波長が放射するエネルギーは，放射体の表面温度に大きく依存する。

6.6 遠赤外放射の利用

6.5項で述べた4つの Type Ⅰ，Ⅱ，Ⅲ，Ⅳについて，この特性を持つ遠赤外放射セラミックスをヒータとして用いた場合に，加熱効果にどう現れるか，実際に加熱を行い温度上昇の様子を赤外線カメラを用いて計測を行った。

測定に使用したヒータは各種放射体（直径40〜50mm）を加熱板に密着させ，裏面から温度上昇させる方法で，放射体表面温度を 400℃に設定して測定を行った。また，セラミックスからの放射部には，放射面積を一定にする役割を持つ直径40mmの窓を設けている。

遠赤外放射による加熱を食品，人体等へ応用する場合，その成分に含まれる水に対しての加熱効果を定量的に評価することが非常に重要である。そこで本実験では，水の加熱効果を評価する上で比較的含水量の多い寒天を選んだ。水は遠赤外域の赤外線をよく吸収する物質である。なお用いた寒天はスチロールシャーレ上に作製した厚さ 1mm，寒天濃度 2.0wt%のものである。

図8は寒天面より80mmの間隔をあけた上方に，上述のヒータをセットし，各種放射体からなるヒータにより寒天の表面温度上昇を上部にセッティングした赤外線カメラでもって比較測定した結果であり，寒天表面における初期温度（室温）からの上昇温度結果である。ここで放射体温度：400℃，加熱時間：10分であり，初期温度の範囲が21.0℃〜23.5℃の測定結果に限定している。同様に，放射体温度を 200℃に下げ，波長の長い方へ放射波長のピークをずらした時の測定結果を図9に示す。初期温度の範囲は22.0℃〜23.0℃の測定結果に限定している。

寒天を使用した加熱実験による測定結果の再現性は良好であり，放射体の違いによる被加熱物の上昇温度の相違が認められた。加熱効果を放射体別に比較すると，表3で分類した放射特性のタイプが加熱効果を決定づけていることがわかる。特に，放射体の表面温度を 400℃にして加熱を行った場合，短波長側で放射率の高い Type Ⅲ，Ⅳが良好な加熱効果を示す結果から，寒天（水分子）の分子振動に関与する約 2.5μm 以遠から 5 μm の波長域が効果的な波長であると言える。放射体が金属の場合，遠赤外域での放射強度が極端に低いため，他の酸化物セラミックスに比べ加熱効果が著しく低く，放射体材料としては不適当である。放射体の温度を 200℃に下げた場合，先の 400℃で加熱効果が低かった Type Ⅰ，Ⅱと天然ゼオライトを含む Type Ⅲ，Ⅳと

6 遠赤外放射セラミックス

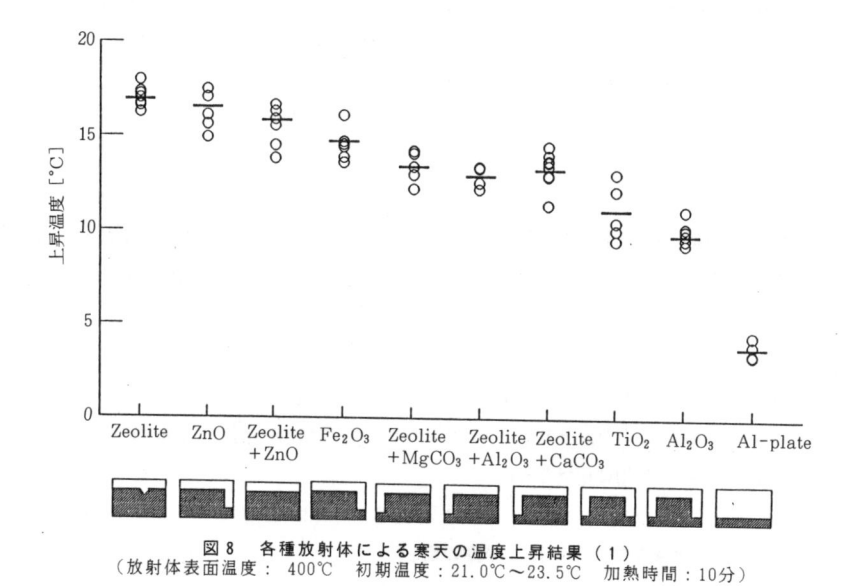

図8 各種放射体による寒天の温度上昇結果（1）
（放射体表面温度： 400℃　初期温度：21.0℃〜23.5℃　加熱時間：10分）

図9 各種放射体による寒天の温度上昇結果（2）
（放射体表面温度： 200℃　初期温度：22.0℃〜23.0℃　加熱時間：10分）

の寒天における加熱差は小さく，TiO_2，Al_2O_3の5 μm ～10 μm における選択放射の効果が現れていると言える。これらは，図7に示した分光放射輝度曲線から予想される結果であるが，これまでにこのような結果を数種類の基本的なセラミックスを用いて実験的に証明した例は報告されておらず有益な結果であると考えられる。

6.7 おわりに

本節では，遠赤外域における分光放射率の測定系，各種酸化物セラミックスの遠赤外放射特性，天然ゼオライト系セラミックスの遠赤外放射特性，およびそれらの加熱効果の概要について述べた。

加熱に用いられる遠赤外放射材料には，耐熱性・熱衝撃性に強いこと・機械的強度が高いこと・遠赤外放射特性に優れていることなどの条件が必要とされる。多くの酸化物セラミックスはこれらの条件を具備しており，その中でも天然ゼオライトは放射率が高いうえ非常に安価であり，遠赤外放射材料への応用に期待できる。

最後に本研究を遂行するにあたり，御援助下された秋田県商工労働部資源エネルギー課，TDK㈱セラミック事業本部の関係各位に感謝の意を表します。

文　献

1) 河本康太郎：遠赤外線放射セラミックス応用の諸問題，繊維機械学会誌，42-12 (1989) 628
2) 河本康太郎：セラミックス，23(4), 327 (1988)
3) 芳賀幸明：遠赤外放射加熱の基礎，電熱，22 (1985) 2-13
4) 河本康太郎：セラミックス，22(9), 816 (1987)
5) 村石修一：新しい遠赤外線分光放射測定法，照学研究会資料　AR-88-5　(昭和63年) 4-13
6) 冨永博夫：ゼオライトの科学と応用，講談社　(昭和63年) 5

7 光ファイバ

宮本末広*

　石英系光ファイバは半導体レーザの発明と共に光通信の担い手として1970年代に登場した。その後，社会の高度情報化と共に情報伝送の中心的媒体として発展し，現在では量的拡大発展期にある。一方でその技術を利用した機能性ファイバが開発されている。代表的な光ファイバの最新技術を解説する。

7.1　通信伝送用光ファイバ
7.1.1　マルチモード光ファイバ
　光ファイバは大きく2つに分類される。マルチモードファイバ（MM）は文字通り，伝搬モードが複数あり，これに対して，唯一の伝搬モードを持つファイバをシングルモードファイバ（SM）という。マルチモードファイバはコア径がSM（約10μm）にくらべて大きく（50μmまたは60μm），接続が容易であり，光源（LED）との結合効率も良いことから，1980年代に光ファイバとして初めて公衆通信網へ導入された。しかし，SMに比べるとモード数が多いため（約150）伝送帯域が制限され（数百MHz・km），現在では構内LANやFDDIなどの近距離の私的通信網に多く導入されている。公衆通信網へは現在では光源との結合やファイバ接続技術の進歩により本質的に広帯域であるSMファイバが中心的に導入されている。MMファイバの伝送帯域はその屈折率分布によって特性づけられる。高帯域を得るにはコア中心から周囲にほぼ二乗曲線で屈折率が低下する精密な屈折率分布制御が要求され，MCVD法やOVD法などのように分布を多層に分割し，一層一層を径方向に形成する製造方法が適している。光ファイバの種類や製造法についてすでにいくつも良書があり，参照されたい[1]~[3]。

7.1.2　シングルモード光ファイバ
　現在，通信用光ファイバとして最も一般的な光ファイバであり，各国の公衆通信網に盛んに導入されている。その屈折率分布はコア内で均一であり，クラッドに比べると約0.3%ほど大きい屈折率を持っている。コア径は約10μmであり，二次以上の高次モードのカットオフ波長は1.3μm以下になっている。すなわち，1.3μmより長い波長域では伝搬モードは唯一となる。SMファイバの伝送損失が最小となる波長は図1に示すように1.5μm帯であるが1.3μm帯において伝送帯域が最大となるため，通常，1.3μm帯において使用される。SMファイバの伝送帯域は色分散（波長分散）によって特性づけられる。伝搬モードが唯一であっても，伝搬光のスペクト

---
*　Matsuhiro Miyamoto　藤倉電線㈱　光エレクトロニクス研究所　通信線路研究部

第2章 無機系電磁波材料

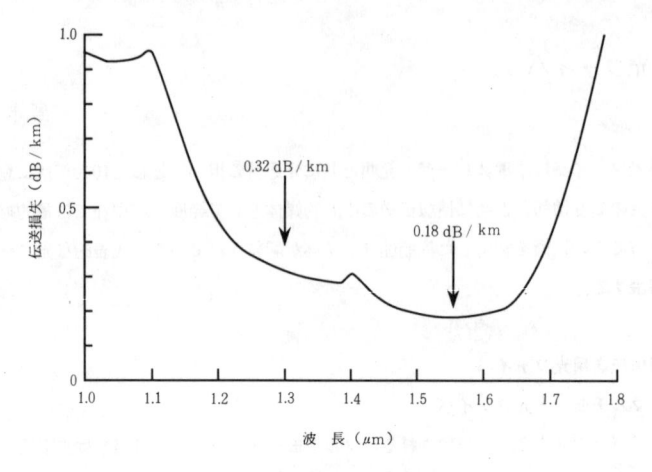

図1 SMのファイバの損失波長特性の一例

ル拡がりが有限であるので，その波長幅に応じて伝搬速度に分布を生じる。これによって伝送帯域が制限される。色分散は材料に特有の性質であり，石英ガラスの色分散は $1.3\mu m$ 付近で零となる。帯域制限となるか損失制限となるかは通信システムの要求できまり，$1.55\mu m$ 帯での使用も十分可能である。

　図2に光ファイバケーブルの一例を示す[4]。光ファイバは脆性材料であり，さまざまな方法で保護・補強した後，使用される。このケーブルは次の工程を経て作成されている。光ファイバテープと呼ぶテープ状ユニットが4心または8心の光ファイバをアレイ状に並べて紫外線硬化樹脂で一体化することにより，作成される。ファイバをアレイ状に並べるのは接続を一括して短時間に行えるようにするためである。これらのテープがポリエチレンの溝の中に積層される。溝の中にあるため，外力から保護されている。溝の上から抑え巻を施し，最後にポリエチレンがシースされる。中心に鋼線などの抗張力体があり，ケーブルに張力を加えても，抗張力体が伸びを抑え，光ファイバに許容以上の伸びが加わらないように設計されている。SM光ファイバの接続はマルチモードファイバに比べてコアが小さいため，難しい。しかし，製造技術の進歩により光ファイバのコア偏心やファイバ外径の公差が改善され，個々のファイバを調心せずに多心一括調心により，低損失での接続が可能となっている。図3に多心コネクタの例を示す。図4に光ファイバケーブルの最大心数の経緯を示す。現在，1000心光ケーブルが大都市地域に導入されている。将来，従来の銅線ケーブル並に光ファイバが一般家庭へ張りめぐらされるものと予測され，さらに多心ケーブル，多心接続の開発，およびそれを可能にする光ファイバの高品質化，低価格化の技術開発が行われるであろう。

7 光ファイバ

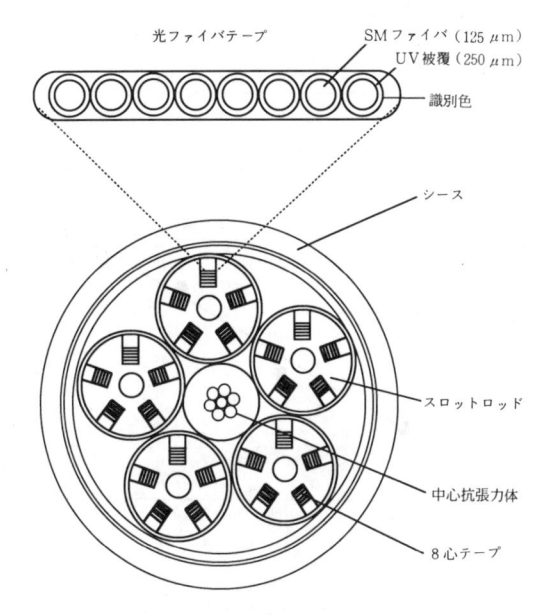

図2 1000心ケーブル断面構造

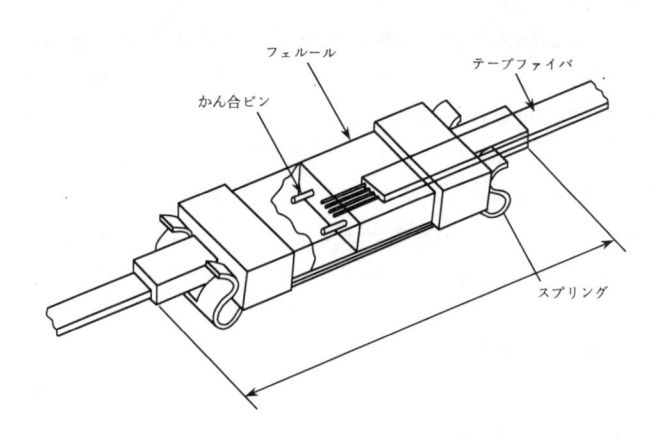

図3 多心コネクタの構造

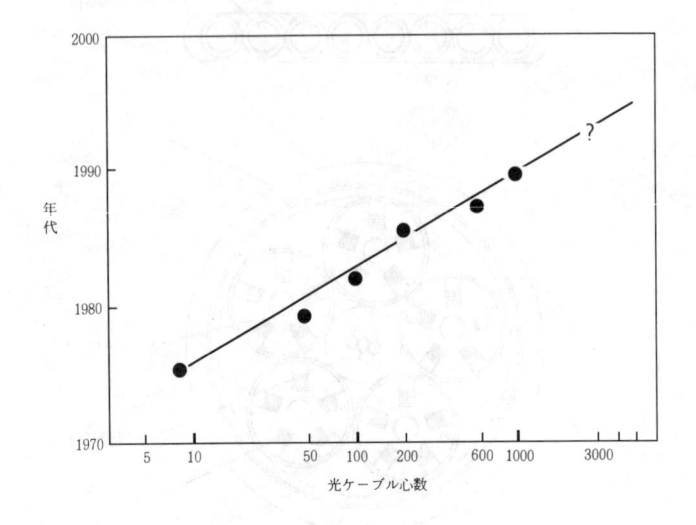

図4　光ケーブルの多心化の推移

7.1.3　分散シフト光ファイバ

零分散波長を 1.3μm から1.55μm にシフトさせたシングルモードファイバを分散シフトファイバと呼んでいる。主に長距離大容量の基幹用伝送線路として実用化されている。SM光ファイバの色分散は子細に見ると材料に特有な材料分散と構造分散と呼ぶファイバ構造に起因する分散とが複合している。構造分散はわずかの波長の違いにより，コアとクラッドに対する閉じ込めの割合が変化することによる伝搬速度の分散をいう。構造分散はコアとクラッドの屈折率差が小さく，コアへの光の閉じ込め効果が大きいとその効果は小さい。通常のSM光ファイバではコア内への光の閉じ込めはカットオフ波長付近では85％くらいであり，わずかの光がクラッドにしみだした状態で光が伝搬している。分散シフトファイバはコア・クラッドの屈折率差を大きくし，かつコアへの光の閉じ込めを弱めることにより，構造分散を大きくし，零分散波長をシフトさせている。標準のSMファイバの屈折率差を大きくし，コア径を小さくし，光の閉じ込めを使用波長域で小さくしただけでは伝搬光のビーム径（モードフィール径，MFD，という）が6～7μmと小さくなり，低損失での接続が困難となってしまう。そこで種々の屈折率分布が検討され，現在では図5に示すような分布が実用化に至っている[5]。

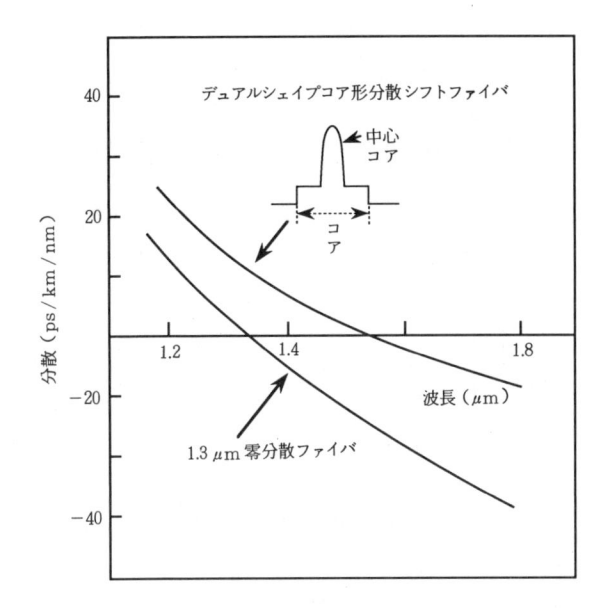

図5 分散シフトファイバの分散波長特性

7.1.4 ハーメチックコート光ファイバ

　光ファイバに気密性の高いアモルファスカーボン膜を形成したカーボンコートハーメチックファイバが耐環境性ファイバとして開発されている[6]。光ファイバの疲労は水分による応力腐食により進行し，破断に至ることが知られている。光ファイバのガラス表面に気密性の薄膜を設け水分を遮断することにより，この応力腐食を飛躍的に軽減できる。このような薄膜として金属膜，窒化膜，カーボン膜等が検討されている。図6はカーボンコートファイバの製造方法の一例を示す。線引き工程でカーボンと樹脂を連続的にコーティングする。緻密な膜であればカーボン膜厚は1 nm以下で，十分な遮水性能を持つ。気密性を評価するため，水素ガスの透過性の測定例を図7に示す。水中での疲労係数は通常光ファイバでは18～20であるがカーボンコートファイバでは150～200である。過大な応力や水素，水分等の熾烈な環境下で使用される場合などに適用される。

第2章　無機系電磁波材料

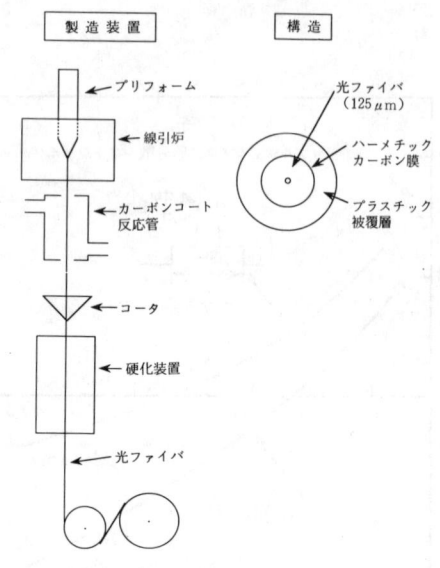

製造装置
- プリフォーム
- 線引炉
- カーボンコート反応管
- コータ
- 硬化装置
- 光ファイバ

構造
- 光ファイバ (125 μm)
- ハーメチックカーボン膜
- プラスチック被覆層

図6　カーボンコート光ファイバ

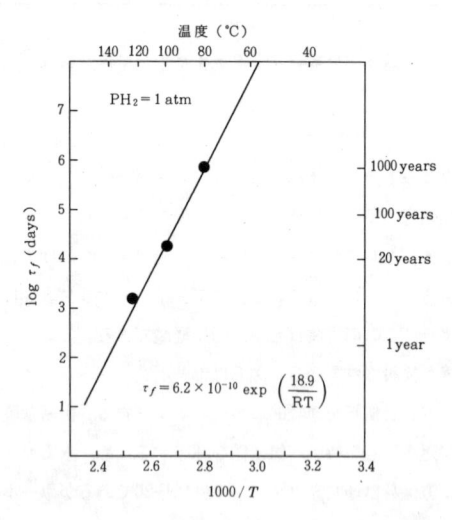

$PH_2 = 1$ atm

$$\tau_f = 6.2 \times 10^{-10} \exp\left(\frac{18.9}{RT}\right)$$

$$\frac{t}{\tau_f} = \frac{\Delta \alpha_t}{\Delta \alpha_f}$$

$\Delta \alpha_t$: 1.24 μmでの損失値
$\Delta \alpha_f$: 1.24 μmでの最終損失値
t : 時間

図7　カーボンコートファイバの水素拡散定数

7.2 機能性光ファイバ

7.2.1 光ファイバカプラ

　シングルモード光ファイバが伝送媒体として確立すると共にその光ファイバに低損失で接続できる光ファイバ利用の光回路部品が次々と登場し，使用されている。その代表的な光ファイバ受動部品として光ファイバカプラがある。図8に光ファイバカプラの原理を示す。2本の光ファイバを並べて加熱延伸するとコアを伝搬する光がクラッドを介して他方のコアへと結合する状態が実現できる。特定の波長で完全に他方へ結合し，他の特定の波長では完全に透過するようなカプラ（WDMカプラ）や波長に無関係にある比率で分岐するカプラ（WICカプラ）など用途に応じていろいろなカプラが実用化されている。いずれも挿入損失が小さく，光ファイバとの整合性にすぐれており，各種光計測システムや通信システムの部品として用いられている[7],[8]。

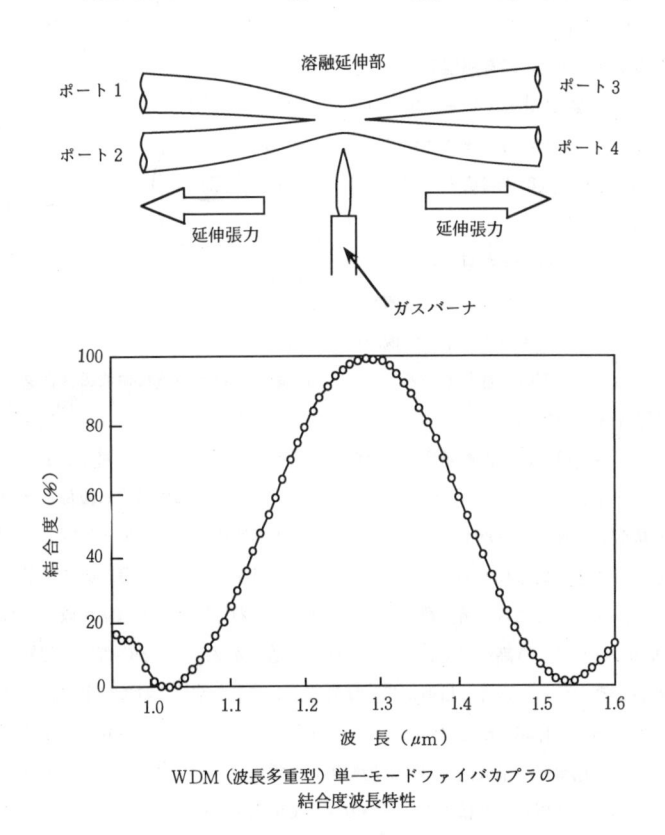

WDM（波長多重型）単一モードファイバカプラの
結合度波長特性

図8　光ファイバカプラの作り方と特性

7.2.2 偏波保持光ファイバ

コヒーレント光通信では光のヘテロダインまたはホモダイン検出を行う。そこで光の偏光をローカル光と合わせる必要があり，コヒーレント通信では偏波保持光ファイバが不可欠の伝送媒体と考えられ，開発された。今では，通常のSMファイバでも偏波ダイバーシティと偏光制御によりコヒーレント通信が可能であることがわかり，偏波保持光ファイバは光ファイバジャイロや干渉形光ファイバセンサなどの伝送媒体として利用されている。図9は種々の偏波保持光ファイバの例を示す。PANDA形偏波保持ファイバについて説明する[9]。コアの両側に応力を付与するサイドコアがある。サイドコアは酸化ボロンを多量に添加した石英でできており，線膨張率の違いからファイバ化の冷却過程で周囲の石英を引っ張った状態で固化している。中心コアには非軸対称な応力が加わり，光弾性効果により複屈折率が生じる。入射光は応力方向とその直交方向の偏光に分解され，2つのモードは位相速度が大きくことなり，また直交しているので互いに結合しない。すなわち，個々の偏光面は保持される。このファイバを応用した偏波保持光ファイバカプラも実用化されている。

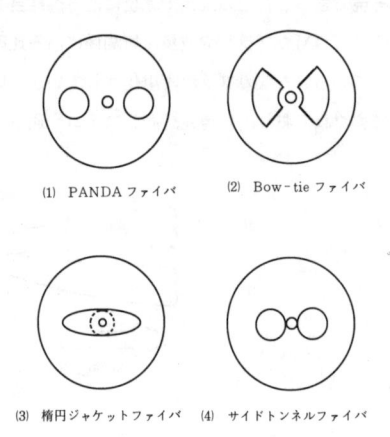

(1) PANDA ファイバ (2) Bow-tie ファイバ
(3) 楕円ジャケットファイバ (4) サイドトンネルファイバ

図9 いろいろな偏波面保存ファイバ

7.2.3 光ファイバ増幅器

SMファイバを利用した非線形効果の研究の中から光ファイバ光直接増幅器が生まれ，実用の段階にある。希土類元素と呼ばれる物質にその特定の電子準位間に相当する波長の光を入射するとその光を吸収し，吸収されたエネルギが，さらに別の特定の波長の入射光に対し，変換され，増幅作用をもつことが知られている。従来，ルビーやNdYAGレーザ等の固体結晶に応用されている。光ファイバにこれらの希土類元素の添加が試みられ，同様の光増幅が確認された[10]。高出力半導体レーザにより高効率で光励起が可能，伝送用光ファイバとの接続が容易，偏光依存性がないなどの利点から，現在では通信用光増幅器として最も期待されている。図10はErのエネルギ準位図を示す。$1.48\mu m$ で励起することにより，$1.55\mu m$ 帯に増幅利得を生ずる。図11にErの光ファイバ増幅器の構成例を示す。増幅用Er添加ファイバは100m以下で通常使用される。波長$1.48\mu m$ のポンプ用レーザは光ファイバカプラで低損失に結合される。図12は光増幅特性の一例であり，30dB以上の増幅が得られている[11]。この増幅器を利用した10Gbit/s, 4500kmの無

7 光ファイバ

中継伝送実験[12]も報告されており，海底ケーブルシステム等の長距離通信に適用されよう．

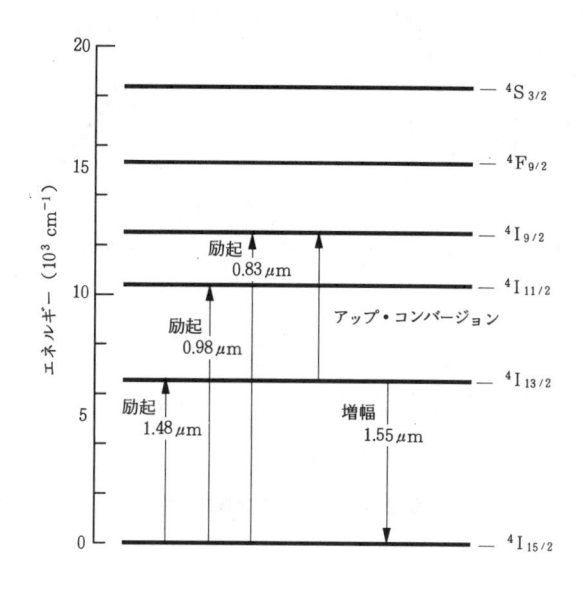

図10 エルビウム（Er）のエネルギーダイアグラム

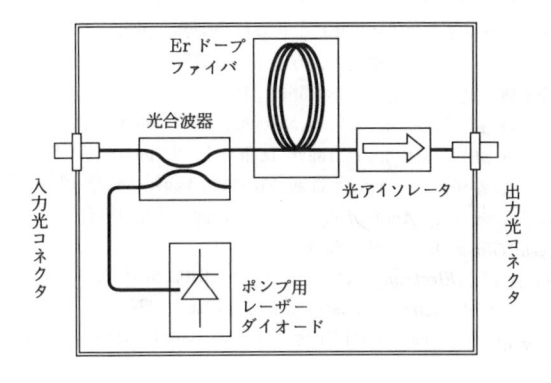

図11 エルビウムドープ光ファイバ増幅器の基本構成

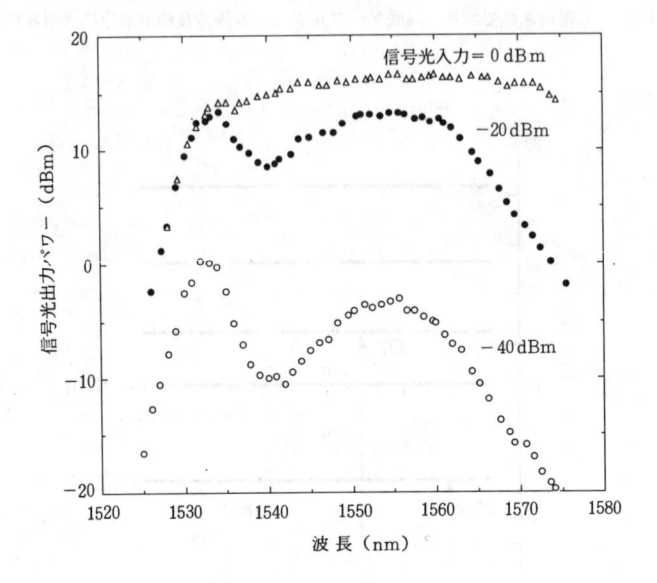

図12 EDFAの利得波長特性

文　献

1) 末松監修；光ファイバ応用技術集成，日経技術図書，1986
2) 稲田監修；光ファイバ通信導入実践ガイド，電気書院，1989
3) 平山，他監修；光通信要覧，科学新聞社，1984
4) M. Kawase, et al., IEEE J. Lightwave Tech., LT-7, No. 11, pp. 1675, Nov. 1989
5) N. Kuwaki, et al., IEEE J. Lightwave Tech., LT-5, pp. 792, 1987
6) R. G. Huff, TUG2, Optical Fiber Communication Conference, 1988
7) B. S. Kawachi, et al., *Applied Optics*, 16, 7, pp. 1794, 1977
8) 川上，*New Glass*, 6, 1, pp. 48, 1991
9) T. Hosaka et al., *Electron. Lett.*, 21, 20, pp. 920, Sept. 26, 1985
10) R. J. Mears, et al., *Electron. Lett.*, 23, pp. 1026, 1987
11) A. Wada et al., Optical Amplifiers and Their Applications Conference, OSA, FD3, 1991
12) H. Taga et al., Optical Fiber Communication, PD12, Fed. 1992

第3章　有機系電磁波材料

1　概　　説

帰山享二*

1.1　はじめに

　プラスチックは，金属や無機材料と比較した場合に比重が軽い，加工が容易である，耐食性に優れるなどの特性を有する。ファイバーやフィルムに加工すると優れた柔軟性を示す。これらの点から電磁波材料として広く用いられている。光技術と電子技術の進歩は著しく，多様な特性を示す材料に対する要請が高くなり，従来の無機材料，金属材料だけでは実現し得ない機能が有機材料，プラスチック材料に求められている。有機化合物特有の多様性を生かして，この要請に積極的に対応しつつある。

　プラスチック材料は有機物であり光反応性に富むので，従来よりレジストとしてリソグラフィに用いられているし，今後も超微細加工に重要な役割を演ずるであろう。さらに，未来の電磁波材料として光化学ホールバーニング，フォトクロミック材料，非線形光学材料などの研究が進められている。これらフォトンモードの変換機能材料はすでに実用化されているCD，プラスチック光ファイバー，プラスチックレンズなどとは異なった特徴を有する材料である。まず第1点として，新しい材料はその機能が分子に基づいていることである。第2点としては，高度の機能を実現するために，分子精密配列制御技術が最も重要な基盤技術となっていることである。結晶，LB膜，高分子鎖の配向など分子の集合状態での配列制御のみでなく，分散状態における配向と隣接分子との相互作用制御も必要であろう。第3点として，機能がπ電子に由来していることである。π電子を有する化合物の研究はKekule以来ぼう大な量になるが，π電子の移動，相互作用などを基本とする機能材料が現在注目されている。これと同じように電子の移動が可能なケイ素，ゲルマニウムなどのσ共役系を形成する材料にも大きな期待が集まっている。特にケイ素系材料では，炭素系高分子の限界を超えた材料の創出という観点から多くの研究がなされている。

---

*　Kyoji Kaeriyama　繊維高分子材料研究所

第3章　有機系電磁波材料

1.2 光反応材料
1.2.1 光反応の特徴

　プラスチックは紫外光からX線，γ線などにいたる電磁波により分解，あるいは架橋によってその物性が大きく変化する。特に，レーザー光の利用によって光反応の制御が極めて精密に行えるようになった。光反応の特徴は，(1)反応時間でみると，励起過程が極めて速く，迅速な反応のon−off が可能であり，反応時間が極めて短い。(2)反応場所からみると，ビームを波長の限界にまで絞れ，局所的に反応させることが可能になる，(3)反応温度からみると，光反応の過程の中で励起状態の生成までは速度が温度に依存しないので，反応プロセスの低温化が可能になる，(4)反応の選択性からみると，反応系にある特定の分子だけが吸収する波長の光を入力することにより，特定の分子だけを選択的に特定のエネルギー準位に励起させて反応を選択的に行うことができる。ハロゲン系のエキシマレーザーは 157〜350nm 領域の発振が可能であり，高強度，単色性，指向性，短パルス性などの特徴を生かして多くの化学反応に利用されている。(1)他の光源に較べて極めて高強度なので，励起活性種を高濃度に生成させることができ，また多光子吸収過程により高励起状態を生成できる。(2)単色性が高いので，特定のエネルギー準位に選択的に励起でき，副反応の抑制が可能になる。(3)指向性が強いので，局所的に反応物を励起することができる。また多重反射により光吸収の効率を高くすることができる。(4)短パルス性により，極めて短時間で反応を完結させて，励起状態にある活性種，生成物による光吸収を阻止することができるので，副反応の抑制が可能となる。

1.2.2 レジスト材料

　超微細加工の進歩は著しく，最小線幅が 0.5μm の16 MbDRAM が生産される勢いである。この進歩にはレジスト材料の機能向上が大きく貢献していることは論をまたない。ポジ型レジストは電磁波の照射により分解，可溶化するレジストで，被照射部が選択的に除去される。ネガ型レジストでは電磁波の照射により架橋が起こって不溶化し，未照射部分が除去される。レジストの解像度は波長が短くなるほど向上するので，利用する光も短波長側に移っている。ところが高圧水銀灯の出力はg線から真空紫外領域になると約百分の一に低下する。これを補うために化学増幅が考案された。通常のレジストの量子収率は 0.2〜0.3 であり，重合，解重合，触媒反応のような連鎖反応を利用して感度の向上を図るものである。このような系では，1個のフォトンで生成した活性種が連鎖的に多くの化学反応を誘起することになるので，量子収率が大幅に向上する。例えば，強酸のスルホニウム塩に電磁波を照射すると酸が生成し，その後で加熱するとポリマー（Ⅰ）が加水分解してポリヒドロキシスチレン（Ⅱ）となり，H^+ が再生して反応が連鎖的に進行する。（Ⅰ）は非極性溶媒に可溶であり，（Ⅱ）は極性溶媒に可溶であり，この溶解性の差を利用して1 mJ/cm² の感度で 0.5μm の解像度でパターンを作成できる。解像度の向上のためには波

1　概　　説

長の短い電磁波を用いた方が有利であり，電子線を用いた超微細加工が行われている。化学増幅は電子線レジストにも適用可能である。ノボラック系樹脂に酸発生剤の他に溶解防止剤にもなる増感剤として t-ブトキシカルボニル化クレゾール・フタレインを用いたポジ型電子線レジストでは0.15μmの超微細加工が実現した。このレジストでは溶解部と未溶解部のコントラストが強いために断面プロフィルがきれいなパターンを描くことができた。1 GbDRAMの開発が可能になる。

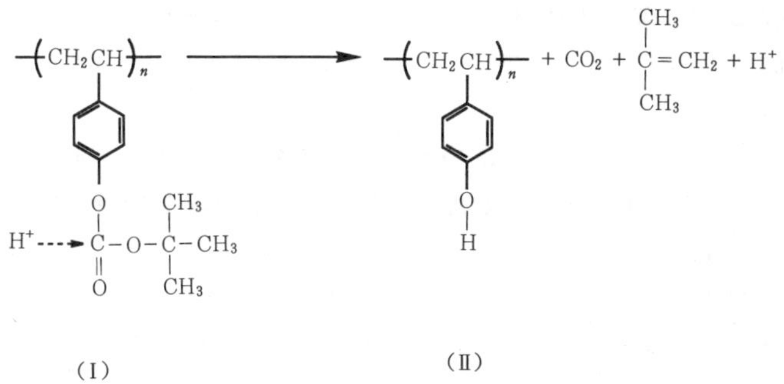

図1　化学増幅型レジスト

　シンクトロン放射光を利用したリソグラフィが研究されている。放射光は高輝度で指向性のよい白色光で，紫外からX線にかけての短波長領域が利用されている。この領域には人工光源がとびとびの波長領域にしかなく，単一の光源で全スペクトル領域を一様にカバーする白色光は全く存在しなかった。しかも従来の紫外・X線光源に比べると桁違いに明るい。シンクロトロン放射光施設は超大型の装置であるが，X線リソグラフィ用の小型光源加速器が石川播磨重工業などによって開発された。X線リソグラフィ用のマスクとレジスト材料の選択上5～10Åが最適波長とされているので，これらの産業用小型リングでは特性波長が10Å付近に設定されている。

1.2.3　エキシマレーザーによるアブレーション

　エキシマレーザーでは化学結合を直接切断できるエネルギーに相当する紫外領域の波長を発振できる。このような高強度のエキシマレーザーの短いパルスをプラスチック表面に照射するとプラズマ光と衝撃波を発生して被照射部分が瞬間的に分解，飛散する。レーザー光の吸収により電子励起状態の化学種がパルス幅内で高濃度に生成するので，励起種が周囲の分子へエネルギー緩和できないためにアブレーションが起こる。レーザーアブレーションは高強度光照射に特有の現象であり，レーザー発振波長におけるポリマーの吸光係数に依存するが，数10mJ/cm^2/パルスで

発現する。

紫外レーザーを用いたことにより，①任意の形状が高精度でエッチングができる，②位置制御が高精度で行える，③鋭い断面でエッチングできる，周辺部に損傷や歪みを残さない，④照射雰囲気を自由に選べる，などの特徴がある。この様子を写真1に難加工性のポリイミドのレーザーアブレーションについて示す。赤外レーザーであるCO_2ガスレーザー（10.6μm）では，フラグメントが完全に飛散していない。近赤外レーザーであるYAGレーザーでもエッジ部が乱れているのに対してKrFレーザー（248nm）ではきれいな貫通孔が開いている。

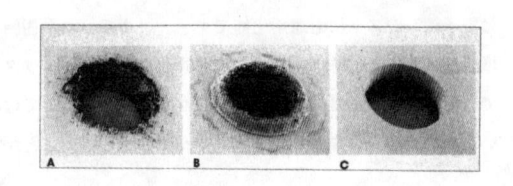

写真1 ポリイミドのレーザーアブレーション
（穴の直径 300μm）
a：YAGレーザー
b：CO_2ガスレーザー
c：KrFエキシマレーザー

レーザーアブレーション以外にも，エキシマレーザーを利用するとプラスチック表面に微細なマーキングが可能であり，テフロン表面などに効率よくマーキングが施すことができる。専用の機種も販売されている。

1.3 光情報記憶材料

1.3.1 ヒートモードからフォトンモードへ

CDの普及は，光記録の重要性を認識させるものであった。現在実用化されている光記録は，半導体レーザーを色素が吸収して温度が上昇するために局所的融解が起こり，その結果反射率が変化する現象を利用している。これは光エネルギーを熱エネルギーに変換するヒートモード記録である。この方法ではピットの大きさから記録密度に限界がある。そこで，フォトンモードによって，光の特性を生かして分子に情報を記憶させて高密度・多重記録を達成する研究が行われている。これに対応する材料としてPHB材料とフォトクロミック材料について記す。

1.3.2 光化学ホールバーニング（PHB）

PHBによる情報記憶方式が1978年に提案され，現在は国の研究プロジェクトの課題としても取り上げられている。PHBは無定形固体中に分散した色素分子のスペクトルに，レーザー光により波長幅の狭いホールを形成する現象であり，これを利用して情報記憶を行う。PHBでは波長多重記憶により高密度の光情報記憶（10^9〜10^{11}ビット/cm^2）が原理的に可能であるとされ，未来の情報記憶方式として研究がなされている。

高密度情報記憶としてPHBが実際に応用されるためには，(1)ホール形成の高温化とホールの

1 概　説

熱安定性，(2)読み出し光に対する安定性，(3)ホール形成の効率化，(4)書き込みと読み出しの高速化，(5)多重度の向上が重要な課題であるとされている。ＰＨＢ材料では色素（ホスト）とそれを分散する無定形固体（マトリックス）からなるが，記憶密度，感度，材料設計の多様性などからホストとして有機色素分子，マトリックスとして高分子を使用するのが有望と考えられている。ＰＨＢホール形成の高温化はＰＨＢの極めて重要な課題であり，ＰＨＢ提案当初はホール形成は液体ヘリウム温度でしか実現しないとされていたが，ホストとマトリックスの組み合わせによっては液体窒素温度以上でもホール形成が可能なことが分かった。この点ではテトラフェニルポルフィリン／高分子マトリックス系が先行している。イオン性ホルフィリン誘導体をポリビニルアルコール（ＰＶＡ）に分散した試料ではホストポリマー中に形成される水素結合の寄与により高温化が達成された。さらにこの系では図２に示すように，ＰＶＡを重水素化するとホール半値幅が，20〜84Ｋの温度範囲において30〜50％減少し，多重度が向上する。ホール半値幅と位相緩和時間とは逆比例の関係にあることから，マトリックスポリマーの重水素化は位相緩和を抑制すると考えられる。

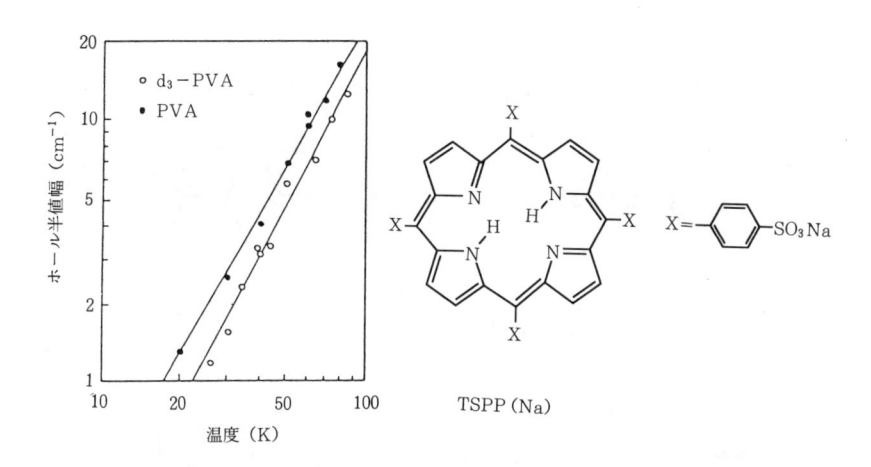

図２　ＴＳＰＰ（Ｎａ）－ＰＶＡ系におけるホール半値幅と温度の関係

1.3.3　フォトクロミック材料

フォトクロミズムは有機分子の可逆的光異性化により吸収スペクトルが変化する現象である。フォトクロミズムを利用した情報記憶では個々の分子の異性化が情報を記憶するので解像度が高

く，情報を書き込んだ後で現像処理を必要としない。光による電子励起から結合の組み替えに至るまでに熱的効果を伴わないことからフォトンモードといえる。

フォトクロミック材料における研究課題としては，次の項目を挙げることができる。

(1) 記憶の熱的安定性。通常フォトクロミック異性体の一方が熱的に不安定で，遮光下においてもより安定な方へと異性化して記憶が消滅するので，分子自体の設計により熱不可逆性を賦与する必要がある。

(2) 副反応の抑制。フォトクロミズムは化学反応であることから副反応によって繰り返し可能な回数が制限される。フルギド化合物は熱的安定性には優れているが，繰り返し可能回数は10^2程度しかなく，この点から実用化には向いていない。

(3) 吸収波長の適合性。吸収波長が半導体レーザーの発振波長領域にあることが必要である。その他に高速応答性，高分子媒体への分散性，高感度，非破壊読み出しなどである。

最近，これらの条件を充たす化合物として図3の化合物が入江によって見出された。この化合物は680nmに吸収極大を有し，吸収端は860nmに達しているので，半導体レーザー感受性を有する。この分子の閉環体への光変換率は60%以上あり，閉環体は80℃においても20時間開環体に戻ることはなかった。閉環/開環反応のサイクルは約3,000回可能であった。

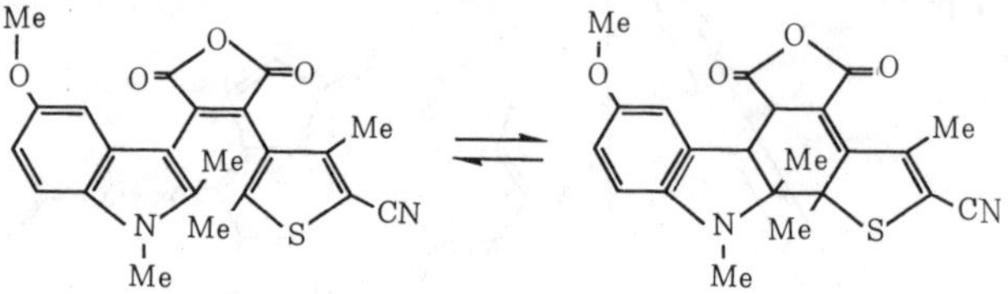

図3 高性能ホトクロミック分子

1.4 いろいろな材料

1.4.1 発光材料

注入型エレクトロルミネッセンス（EL）のセルが考案された。このセルは図4に示す構造を有する。アルミニウム／8-オキシキノリン錯体（右式）を発光層として駆動直流電圧10V以下で輝度1,000cd/m²で緑色を発光する。正孔注入層は

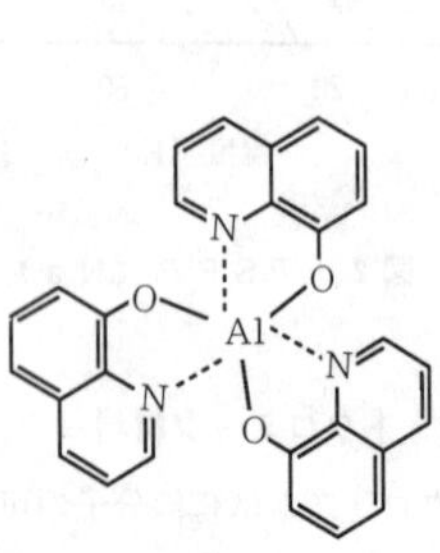

1　概　　説

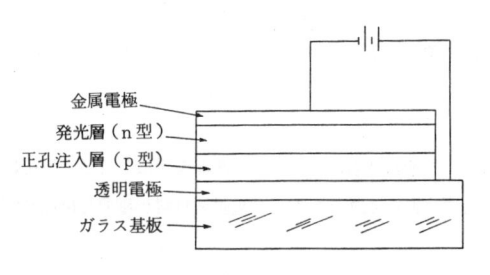

図4　有機材料薄膜ELセルの断面

ジアミンであり蛍光を示さない。ELのスペクトルはオキシキノリン錯体の蛍光とほぼ一致している。ジアミン層から正孔が注入され，Mg：Ag合金電極から注入された電子が発光層と正孔注入層の界面でエキシトンを形成後，発光するものと考えられている。

高分子系ではポリフェニレンビニレンのELがよく研究されている。ポリ(2,5-ヘプチルオキシ-1,4-フェニレンビニレン)（下式）を発光層としたELでは最高輝度60cd/m^{2}に達した。PPV系高分子は成膜性，電極との密着性，耐熱性に優れているので，有機材料の輝度低下の原因と考えられる結晶化やはく離といった問題点を克服できる。透明電極と有機発光層の間にポリ（チェニレンビニレン）層を入れたところ，ホール輸送層として有効であり，8-オキシキノリン錯体の輝度が4,600cd/m^{2}まで向上した。また，導電性ポリマー層を設けることによって発光が均一に行われる効果もあった。

1.4.2　ポリシラン

ポリシランでは極大吸収が鎖長の増大とともに低エネルギー側にシフトし，これはσ共役による現象として説明される。σ共役によりポリシラン主鎖上を電子が移動することからπ共役高分子に似た特性を示す。しかし，ポリシランに電子受容体をドーピングすると生成物が不安定になるので，導電性に関しては大きなブレークスルーが必要なのが現状である。光の関与する特性には非常に興味深いものがある。発光については，電子の遷移に運動量変化を伴わないことから発光効率が10%以上の高さに達する。また，シリコン高分子は一次元ポリシランから三次元シリコン結晶まで次元階層構造を持ち，紫外から赤外まで広いスペクトル領域をカバーしている。

非線形光学特性では，第三次非線形感受率がポリ（ジヘキシルシラン）で1.1×10^{-11}であり，可視領域に吸収を持たないポリマーとしては最高値である。

光電流の測定から正孔の室温における移動度が多くのポリシランで10^{-4}cm^2/V・sと求められ，

第3章　有機系電磁波材料

この値はポリビニルカルバゾールよりも3桁高い。また，ポリ（ジヘキシルシラン）などではサーモクロミズムを示し，主鎖コンフォメーションの変化によるものである。

1.5 おわりに

　レーザーと高エネルギー加速器技術という2つの武器を手にして21世紀は光技術の時代になろうとしているが，その中にあってプラスチック電磁波材料が重要な役割を演ずることは間違いない。

文　　献

1) 大森豊明編　21世紀の電磁波応用技術（1），日本機械工業連合会，1990年3月
2) 大森豊明編　21世紀の電磁波応用技術（2），日本機械工業連合会，1991年3月
3) 次世代産業基盤技術第1回光電子材料シンポジウム予稿集高分子素材センター，日本産業技術振興協会，1990年11月
4) 次世代産業基盤技術第2回光電子材料シンポジウム予稿集高分子素材センター，日本産業技術振興協会，1991年10月
5) 上田充，表面，**29**，534（1991）
6) 矢部明他，化学技術研究所報告，**84**，401（1989）
7) 堀江一之，繊維と工業，**47**，364（1991）
8) 鈴木博之，固体物理，**26**，45（1991）
9) 鈴木信雄，材料科学，**28**，8（1991）
10) 早瀬修三，材料科学，**28**，16（1991）
11) 大西敏博，工業材料，**40**，36（1992）

2 ゴム

田代啓一*

2.1 はじめに

電磁波材料としてゴムを主体としたものについて述べる前にゴムについての概略を記述する。

ゴムにもいろいろあるが,加硫ゴムというのが最も一般的であるのでこの特徴を述べると以下のようになる。

2.2 ゴムの基本特性

(a) ゴムの弾性としては以下の性質がある[1]。

①外力を加えると大変形を起こすが,外力を取り去ると短時間で復元する。
②変形の際に体積変化がほとんどない(ポアソン比がほぼ1/2程度である)。
③大伸長でない限り一定のひずみ(伸び)に対する応力は絶対温度に比例する。

(b) ゴムの分子構造上からみると以下のようである[1]。

①比較的自由に回転できる単結合を相当数含む長い鎖状分子からなる。
②鎖状分子間および分子内の2次結合力が弱い。
③鎖状分子のところどころで鎖状分子相互に1次結合による架橋が行われ全体として3次元の網目構造を作る。

以上の特徴でやはり弾性体として温度にも広範囲にわたって使用できることと合わせて今後もいろいろな面に応用できる一つの材料である。図1に温度依存性のモデル図[2]を示す。緩和弾性率を$E_r(t)$とすれば,ゴム状領域において(1)式で示される。

$$E_r(t) = \sigma(t)/\varepsilon = 3\rho RT/\overline{M}e(t) \qquad (1)$$

$\sigma(t)$:緩和時間 t における応力
ε :ひずみ
ρ :密度
R :ガス定数 (8.317×10^7 erg /mol・°K)
T :絶対温度
$\overline{M}e(t)$:からみ合い点間の平均分子量

この図1より低温では凍結領域になり分子運動が束縛されるので分子間相互作用力が高くなる。温度が上昇するとすべての分子と同じように運動が活発になり$\overline{M}e(t)$が大きくなるため$E_r(t)$は

---

* Keiichi Tashiro 横浜ゴム㈱ 複合商品事業部 エンジニアドプロダクツ技術部

小さくなりゴム状領域から流動領域へ移行する。分子構造上から鎖状分子の1次結合による架橋が行われて3次元構造になっているのでゴム状領域は高温側にシフトする。転移領域の変曲点の温度T_1はほぼガラス転移点T_gに近似され分子運動と密接な関係があることがわかる。

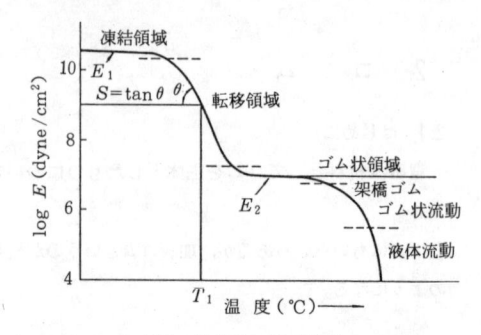

図1　高分子の弾性率：温度関係モデル図

2.3 ゴムの種類

一般の加硫ゴムについて，電磁波材料として使用する場合にもゴム単体の粘弾性体として使用するのはほとんどなく，これらゴムに導電材料等を混合して新しい電磁波材料として使用することになる。しかしこのときに主に使用目的等によりゴムの粘弾性の性能を基本にして適合するように対応する必要がある。物理的性質は導電材料を混合することによりかなり変わった特性になる例として図2[1]に示す。磁性ゴムの磁気特性と物理特性を示している。バリウムフェライトをゴムに混合量限界を入れた場合で，かたさは硬くなるが，引張強さや伸びはかなり減少してしまうことがわかる。

ゴムを基材として使うにもゴム自体の本来の特性は大幅に変わることはないので，次の項目により最適な条件を見出して基材とすればよい。

ゴム材としての優秀な性能を表1に示す。ゴムの種類は数多くあるが，大別すると天然ゴムと合成ゴムになる。合成ゴムの中で代表的なものは次に述べるようなものである。

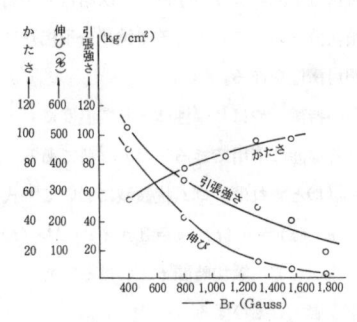

図2　磁性ゴムの磁気特性と物理特性

2.3.1 スチレンブタジエンゴム（SBR）

ブタジエンとスチレンの乳化重合による共重合体である。このSBRは一般用合成ゴムであり，天然ゴムと比較される。長所は1)品質が一定，2)耐老化性，耐熱性，耐油性，耐摩耗性が優れている，3)反応性が劣る，4)機械的せん断力による可塑性変化が少ない，5)充填剤を多量に使用しても物理的性能が変わらない，6)素練り作業が不用，また欠点は，7)弾性が小さくヒステリシス損失が大きくひずみによる発熱が大，8)引き裂きが弱い，9)架橋反応速度（加硫速度）が小さい，10)粘着性が小さく収縮性が大きい。

2 ゴム

表1 ゴムの特性と代表的ゴムの種類

特　性		特性の有無	左の特性のある代表的ゴム
耐　摩　耗　性		あり	SBR，NBR，CR，BR，ウレタンゴム
耐候性	耐　候　性	あり	IIR，EPDM，EPM，クロロスルホン化ポリエチレン　シリコーンゴム，アクリルゴム
	耐オゾン性	あり	IIR，CR，SBR，NR，NBR，EPDM，EPM，クロロスルホン化，ポリエチレン，シリコーンゴム
	耐　水　性	あり	IIR，BR，シリコーンゴム
耐熱性	耐　熱　性	あり	SBR，IIR，CR，BR，フッ素ゴム，EPM，EPDM，シリコーンゴム
	ぜい化温度（使用温度範囲）	広範囲	CR，フッ素ゴム
	難　燃　性	よい	CR，フッ素ゴム
耐薬品性	耐　薬　品　性	あり	NBR，IIR，CR，IR，フッ素ゴム，EPDM，EPM，クロロスルホン化ポリエチレン，シリコーンゴム，ウレタンゴム
	耐　酸　性	あり	CR，クロロスルホン化ポリエチレン，シリコーンゴム
	耐　油　性	あり	SBR，NBR，フッ素ゴム，シリコーンゴム，ウレタンゴム
反　ば　つ　弾　性		よい	CR，BR，シリコーンゴム，ウレタンゴム
き　裂　成　長		少ない	NBR
ガ　ス　透　過　性		なし	NBR，IIR
電　気　絶　縁　性		あり	IIR，EPDM，EPM，NR，クロロスルホン化ポリエリチレン，シリコーンゴム

2.3.2 アクリロニトリルブタジエンゴム（NBR）

　アクリロニトリルとブタジエンを共重合させて生成するゴムであり，一般にニトリルゴムと呼ばれている。特長は，1)引裂エネルギーがすぐれ，2)耐摩耗性が良く，3)反ばつ弾性があり，4)耐熱老化性，5)耐油性，6)耐薬品性が高い。

2.3.3 ブチルゴム（IIR）

　イソブチレンとイソプレンを液相低温イオン重合させたゴムである。特長は1)耐熱性，2)耐オゾン性，3)耐薬品性，4)耐老化性に優れ，5)電気絶縁性に優れ，6)気体を透過しにくい。また，分子構造上メチル基が主鎖を取り囲み回転をおさえるので，7)内部摩擦が大きく反ばつ弾性が最低であるので微振動を吸収するダンピング材として使われる。

2.3.4 クロロプレンゴム（CR）

クロロプレンモノマー（2-chloro-1,3-butadiene）を重合させて造るが，アセチレンまたはブタジエンを原料とする方法が工業化されている。このゴムは一般にはネオプレンと言われている。この特性は，天然ゴムやＳＢＲと比べてバランスのとれているゴムであり，1)特別に欠点がなく，2)耐老化性が優れ，3)難燃性である。4)溶剤に溶け金属にすぐれた接着性をもち，4)強度があり，6)弾性に富み，7)耐摩耗性，耐薬品性が良く，8)低温特性もよい。

2.3.5 ブタジエンゴム（ＢＲ）

ブタジエン分子の重合でつくるが，いろいろな触媒によりつくられている。高，低シスＢＲのミクロ構造は，シス１－４結合，トランス１－４結合，ビニル結合の重合体であり，低シスＢＲはジエンＮＦ35Ｒが主体である。特徴は，1)引張りに強く，2)広温度範囲ですぐれた弾性を保持する。シス含量の多いものほど発熱性は低い。3)耐摩耗性がよく，4)耐水性がよい。またＢＲ単体ではあまり使われなく，5)他のゴムとブレンドが可能でありいろいろな特性のゴムをブレンドでつくることができる。

2.3.6 イソプレンゴム（ＩＲ）

シス1,4 ポリイソプレンが合成され天然ゴムとほとんど同じ特性である。

2.3.7 フッ素ゴム

フッ化ビニリデンと，六フッ化プロピレンまたは三フッ化塩化エチレンの共重合体である。特長としては，1)耐熱性にすぐれ，2)耐液体性は最高の抵抗性があり油をはじめ燃料油，鉱酸，ベンゼン等にすぐれている。また3)耐炎性があり自己消火性を有する。

2.3.8 エチレンプロピレンゴム（ＥＰＭ，ＥＰＤＭ）

ＥＰＭはエチレンとプロピレンのランダム共重合したもので，ＥＰＤＭは不飽和結合をもった第３成分をエチレンとプロピレンとともに共重合させた三元共重合体である。特長は，1)耐候性があり，2)耐オゾン性にすぐれている。3)電気絶縁性もある。

2.3.9 クロロスルホン化ポリエチレン

ポリエチレンのエラストマー化したものであり，一般的にはハイパロンと呼ばれるものが代表的である。特長は1)耐候性，2)耐日光性，3)耐オゾン性，4)耐酸化性については各種ゴム中抜群である。また，5)耐熱性があり，6)低温から高温までの配合ができ，7)耐炎性があり自己消炎性を有する。8)耐薬品性，9)耐油性があり，10)アルカリにも酸にも強く，11)硫酸，硝酸クロム酸等にも耐える。

2.3.10 シリコーンゴム

ジメチルシロキサン単位を主成分とし，酸またはアルカリで加熱開環重合させてつくる。特長は1)耐熱性，2)耐寒性，3)圧縮永久ひずみがすぐれている。また，4)耐油性，5)耐溶剤性があり，

6)耐水性, 7)耐薬品性があり, 8)耐候性, 9)耐オゾン性もある。

2.3.11 ウレタンゴム (UR)

ポリマー辞典によると, イソシアナートをポリエステルまたはポリエーテルと反応させ, これをグリコールやアミンで架橋して得られるゴムと要約してある。特長は1)反ぱつ弾性, 2)耐摩耗性, 3)引裂き抵抗がすぐれている。また4)耐薬品性, 5)耐油性もある。

2.3.12 アクリルゴム (ACM, ANM)

アクリル酸アルキルエステルを主成分としたゴムで, 1)耐熱性, 2)耐油性にすぐれている。

この他にもいろいろな種類のゴムはあるが, 詳細についてはゴムの専門書を参照していただきたい。

今ここでゴム等について略称を使うのでここでそれらをまとめておく。

SBR：Styrene Butadiene Rubber　　HDPE：Heigh Pensity Polyethylene
NBR：Nitril Butadiene Rubber　　IIR：Butyl Rubber
CR：Chloroprene Rubber　　BR：Butadiene Rubber　　IR：Isoprene Rubber
EPM：Copolymer of Ethylene and Propylene
EPDM：Ethylene Propylene Terpolymer　　UR：Uletane Rubber
NR：Natural Rubber　　PVC：Poly Vinychloride　　PE：Polyethylene

2.4 導電性ゴム

2.4.1 導電性ゴムの分類

導電性ゴム (electroconductive rubber) は導電性高分子の分類の中の一つである。導電性の起因する現象は, ⓐ電子伝導とⓑイオン伝導の二つである。電子伝導には電子移動形の導電体と複合形の導電体とがある。後者の一つは, 金属やカーボンブラック等が比較的容易に混合しやすい高分子としてゴムがある。表2[3)]に導電性高分子の分類をまとめておく。ここでいう導電性ゴムとは金属やカーボンブラック等をゴムをバインダーにして導電性を示すもの（複合形導電体）に限定した。ゴムにカーボンブラックを加えることは, ゴムの弾性体として必要欠かせないものであり, 一般にゴムの補強剤として使われているが, カーボンブラックの種類も数多くあり導電性付与剤としては, ある程度限られてくる。

導電性をもったゴム（導電性ゴム）にするには導電性付与剤として表3に示すようなものがある。ゼロ次元的なものとして粒子状, 1次元的なものとして繊維状, 2次元的なものとしてフレーク状の充填剤がある。これらについては導電性付与剤の項2.4.2にて詳しく説明する。

第3章　有機系電磁波材料

表2　導電性高分子（広義）の分類

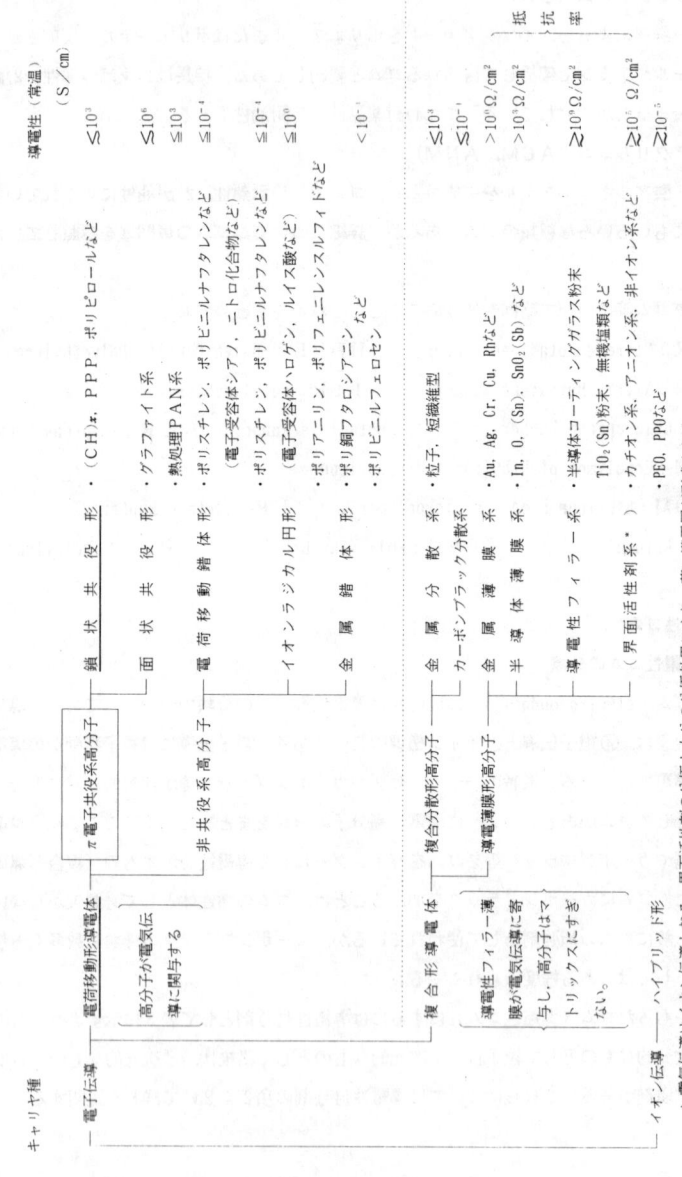

キャリヤ種	分類			例	導電性（常温）(S/cm)
電子伝導	電荷移動形導電体（高分子が電気伝導に関与する）	π電子共役系高分子	鎖状共役形	・(CH)x, PPP, ポリピロールなど	≲10³
			面状共役形	グラファイト系	≲10⁶
				熱処理PAN系	≲10³
		非共役系高分子	電荷移動錯体形	ポリスチレン, ポリビニルナフタレンなど（電子受容体アノン, ニトロ化合物など）	≲10⁻⁴
			イオンラジカル円形	ポリスチレン, ポリビニルナフタレンハロゲン, ルイス酸など	≲10⁻¹
			金属錯体形	ポリアニリン, ポリフタロシアニン, ポリフェニレンスルフィドなど	≲10⁰
				ポリ銅フタロシアニン, ポリビニルフェロセン など	<10⁻⁶
	複合形導電体（導電性フィラー薄膜が電気伝導に寄与し, 高分子はマトリックスにすぎない）	複合分散形高分子	金属分散系	粒子, 短繊維型	≲10⁻¹
			カーボンブラック分散系	Au, Ag, Cr, Cu, Rh など	>10¹⁰ Ω/cm² 抵抗率
		導電薄膜形高分子	金属薄膜系	In, O, (Sn), SnO₂(Sb) など	>10¹⁰ Ω/cm² 抵抗率
			半導体薄膜系	半導体コーティングガラス粉末 TiO₂(Sn)粉末, 無機塩類など	≳10¹⁰ Ω/cm²
イオン伝導――ハイブリッド形			導電性フィラー形（界面活性剤*）	カチオン系, アニオン系, 非イオン系など	≳10⁻¹ Ω/cm²
				PEO, PPOなど	≳10⁻⁵

* 電気伝導はイオン伝導となる。界面活性剤の分極と水分の分極の効果により, 薄い導電層が形成される。

2 ゴム

表3 ゴムと導電性ゴムの充填剤の比較

	ゴム充填剤	導電性フィラー
粒子状	カーボンブラック，グラファイト シリカ（ホワイトカーボン） 炭酸カルシウム，炭酸マグネシウム 硫酸バリウム クレー，タルク 酸化チタン，酸化亜鉛 加硫ゴム粉 他	導電性カーボンブラック グラファイト 銀・銅・ニッケル・ステンレス粉 酸化すず系 銅－銀・ニッケル－銀複合粉 銀コートガラスビーズ カーボンバルーン 他
繊維状	銅，ガラス繊維，炭素繊維 有機繊維（セルロース，合成繊維） 他	カーボン繊維　　　メタライズドガラス アルミニウム繊維　繊維 黄銅繊維　　　　　カーボンコートガラス 銅繊維　　　　　　繊維 ステンレス繊維　　メタライズドカーボン アルミニウムリボン　繊維（ニッケルメッキ 　　　　　　　　　炭素繊維等） 他
フレーク状	マイカ 二硫化モリブデン フェライト 他	アルミニウムフレーク ステンレスフレーク ニッケルフレーク フェライト 他

2.4.2 導電性物質（導電性付与剤）

ゴムに配混合して導電性を付与する物質として代表的なものはカーボンブラックである。この他にも導電性付与剤として表4[4]に示すようなものがある。カーボン系ではカーボンブラック，

表4 各種の導電性付与剤

系統	分類	種類	特徴
カーボン系	カーボンブラック	アセチレンブラック オイルファーネスブラック サーマルブラック チャンネルブラック 他	高純度，分散性良好 高導電性 低導電性，低コスト 低導電性，粒子径小，着色用 ・共通問題－黒色に限定される
	カーボンファイバ	PAN系 ピッチ系	導電性良好，コスト高い，加工性に問題 PANより低導電，低コスト
	グラファイト	天然グラファイト 人工グラファイト	産地により変動微粉化に難あり
金属系	金属微粉末 金属酸化物 金属フレーク 金属繊維	Ag, Cu, 合金 他 ZnO, SnO$_2$, In$_2$O$_3$, (CuI) Al Al, Ni, ステンレス	酸化変質の問題 Agは高価，明彩色化可能，導電性劣る
その他	ガラスビーズ カーボン	金属表面コート 金属メッキ	加工時の変質が問題

129

第3章　有機系電磁波材料

カーボンファイバ，グラファイトなどがあり，金属系では金属微粉末，金属箔や金属繊維などがある。表3に示すように，粒子状，繊維状やフレーク状のものの他に鉄，クロム，チタン，タングステン，コバルト，亜鉛，ニクロム，金属メッキされた粒子や酸化銀などもある。図3[5]に各種繊維を充填したときの体積抵抗を示している。銅繊維は少量でもかなり導電性を示すことがわかる。図4[6]にはステンレス繊維の添加時の量と周波数特性を示す。周波数が高くなると添加量によるシールド効果は差が出るが低周波では差はほとんどない。カーボンブラックの構造は図5[7]に示すように，炭素原子が六角網状の層平面が3～5層の相互間に，約3.5Å（黒鉛では3.35Å）の間隔を保ってほぼ平行に積み重なってできた結晶子によるモザイク構造よりなっている。この最終構成単位は，粒子の凝集体であるストラクチャーの形態で存在する。カーボンブラックをゴムに有効に混入させるには，①粒子の大きさ，②粒子の構造，③内部の結晶構造，④表面の性状の4条件が必要である。粒子径や表面の性状やストラクチャーの相関性をモデル化したのが図6[8]である。①の粒子の大きさは径で100～3,000Åまで変化させることが可能であり，導電性は粒径が小さいほど表面積が大きくなり，表面接触が増すので導電性を向上させる。②の粒子構造はアグリゲイト（1次凝集体）をつくるものが連鎖度を増すのでストラクチャーが大きくなり導電性が増加する。③の内部構造は粒子の内部抵抗のコントロールに影響し，構造がグラファイト化の進行とともに高い導電性を与える。④の表面の性状はカーボンブラックの表面の付

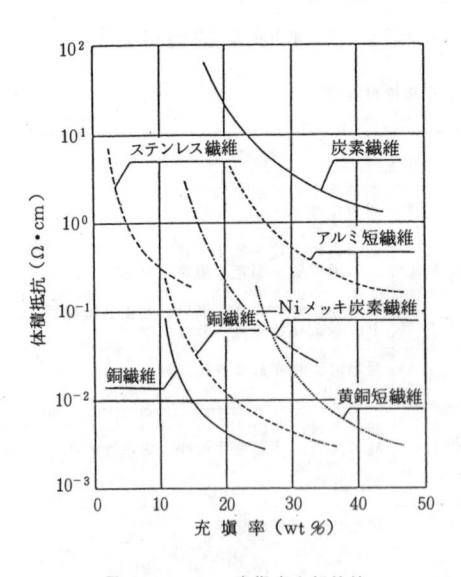

図3　フィラー充填率と抵抗値

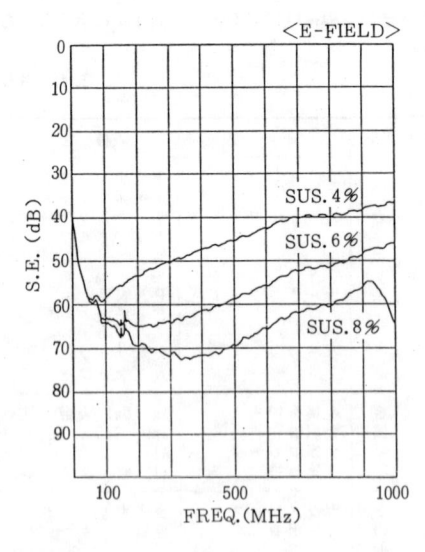

図4　ステンレス繊維の添加量とシールド効果

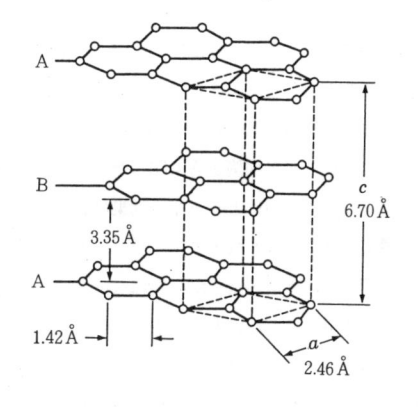

図5　黒鉛の結晶構造

図6　カーボンブラック粒子およびストラクチャーの概念モデル

着物を除去することにより電子を捕捉しやすくし導電性を上げることになる。カーボンブラックの種類は以下の如くである。

(ⅰ)チャンネルブラック：天然ガスをチャンネル鋼の底面に炎を接触させて取るので不完全燃焼である。

(ⅱ)ファーネスブラック：ガス，オイルやその混合物をファーネス（反応炉）の中で連続的に熱分解してつくる。

(ⅲ)サーマルブラック：天然ガスを分解炉に入れ，外部の熱源で断続的に熱分解してつくる。

(ⅳ)アセチレンブラック：アセチレンガスを熱分解法，電弧分解法，または爆発法などでつくる。

代表的な導電性カーボンブラックの物理特性を表5[9)]に示す。

表5　代表的な導電性カーボンブラックの物理特性

Item. No.	物　性	EC Black	Carbolacl. calcined at 900℃	Vulcan XC 72	Acetylene black	HAF (N 330)
1	N_2 表面積 $[m^2/g]$	929	753	180	70	110
2	DBP吸収 $[cm^3/100g]$	350	230	178	250	102
3	表面積（CTAB）$[m^2/g]$	480	367	86	78	105
4	粒径 $[nm]$	30	10	29	42	29
5	EM表面積 $[m^2/g]$	108	323	111	77	111
6	孔面積 $[Item\ 1-Item\ 3]$	449	386	94	0	5

2.5 シールド材としてのゴム

電磁波シールド材として考える場合,金属によるのが最も一般的であるが,いろいろな問題上から(重量,加工性,外観等)高分子材料に導電性物質を混合したものまたは表面に導電処理したものが使われている。2.4項ではゴム材料に導電性物質を混合したものについて述べた。これらのものが,電磁波シールド材として使われるためには,シールド理論からも明らかなように,(A)電界(ハイインピーダンス)の場に対しては導電率の良いものほどシールド効果は高いことが知られており,そのため銅や銀メッキ等は最良の導電付与剤と言われるのである。一方(B)磁界(ローインピーダンス)の場をシールドするには,導電率以外に透磁率が必要になってくる。

ゴムに金属等を混配合したものは,はるかに金属より導電率でも透磁率でも小さい値であるので使われ方は少ない。物理的にシールド材としてのゴムをベースにしたものは厚みがmm単位が最低のため,シールド効果を増すために厚くなるのでほとんど使われない。ただし,電磁波シールド材としての機能以外の機能と併用する場合は多方面に用途が開かれる。

例えば以下のような場合がある。

①振動防止とシールドの場合

ダンピング材(制振材)の性能をもたせたものに配合を変える。

②しゃ音性能のアップとシールドの場合

しゃ音材の上に積層することによる性能アップ

③防食とシールドの場合

防食性の増加および微小部分の補修が可能

④シール材の場合

溶接等のできないところの電磁波シール材としての性能アップ

⑤曲率面のあるところのシールドの場合

いろいろな形状の複雑なものへの対応が可能である。

また,ゴムの上に他の物質を加えることによりシールド効果をもたせたものもある。編み上げワイヤーメッシュはその一例である。母体のゴムには,シリコーンゴムやCRやゴムの発泡体等が使われ,メッシュには,モネル,アルミ合金,銀/真鍮(Ag/Br),スズ/銅/鉄(Sn/Cu/Fe)やスズ/リン青銅(Sn/Ph/Bz)等を使っている。これらは弾力性に富み,圧縮して使用は可能である。その他エラストメッシュやエラストクロス等もある。

2.6 電波吸収体としてのゴム

電波吸収体とは,入射してきた電波エネルギーを全部吸収して熱エネルギーに変換するものをいう。入射してきた電波が電波吸収体の表面で反射されない(反射係数を小さく,できれば0に

する)ように表面インピーダンス$\dot{Z}_0$を空気中と同じようにする必要がある。また,反射係数が小さく,かつ透過係数が小さいことが必要である。

表6[10]に電波吸収体と電磁波シールド材との比較を示す。この項ではゴムを使った電波吸収体に限って述べることにする。

表6 電波吸収体と電磁波シールド材の比較

	電波吸収体	電磁波シールド材
反射係数 $\dot{S}$	$\|\dot{S}\| \fallingdotseq 0$	$\|\dot{S}\| \fallingdotseq 1$
透過係数 $\dot{T}$	$\|\dot{T}\| \fallingdotseq 0$ ($\|\dot{S}\| < -20dB$)	$\|\dot{T}\| \fallingdotseq 0$ ($\|\dot{T}\| < -60dB$)
内部の電波吸収	全エネルギー吸収	ほとんどなし
周波数 f	$f > 30MHz$	$0 < f < 1GHz$
入射偏波特性	考慮する	考慮しない
波源からの距離	遠方,近傍	近傍
構 造	単層,多層	単板がほとんど
厚 さ	厚い	薄い

ゴムをベースに使った電波吸収体には,
①1/4λ型電波吸収体
②誘電型のゴムシート状電波吸収体
③磁性ゴムフェライト
等があるのでそれらについて述べる。

2.6.1　1/4λ型電波吸収体

図7[10]に示す構造で金属板を裏側にし,ある空間をもうけて表面に377Ωの面抵抗値をもつ抵抗体をつけたものである。377Ωとは自由空間の電波特性インピーダンスであり,ある空間とは波長の1/4の長さを必要とするため非常に狭帯域の電波吸収体である。1/4λの空間にはできるだけ空気層と同じまたは近い無損失誘電体(誘電率が1に近い)を使うことが商品形態上必要である。実際には発泡ウレタンや発泡スチロールのような軽量物である。この場合の反射係数は,(1)式で示される。

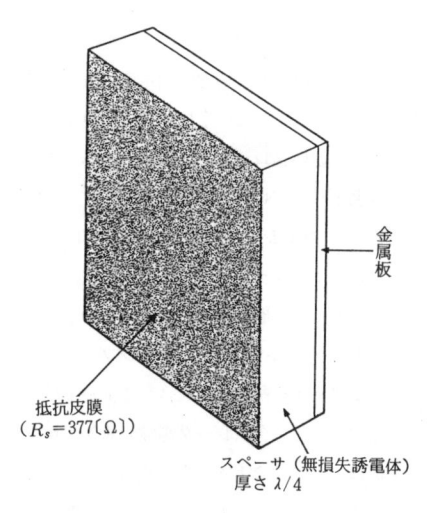

図7　λ/4形電波吸収体
(抵抗皮膜 $R_s = 377[\Omega]$, スペーサ(無損失誘電体)厚さ $\lambda/4$, 金属板)

$$\dot{S} = \frac{R_S - Z_0}{R_S + Z_0} \quad (1)$$

$\dot{S}$ ：反射係数

R_S ：表面抵抗値

Z_0 ：電波特性インピーダンス

　発泡ウレタンやスチロールの中間層もやはり誘電体のため，この内部波長λは自由空間の波長λ_0との間に次のような関係がある。

$$d = \frac{\lambda}{4} = \frac{\lambda_0}{4\sqrt{\varepsilon_r'}} \quad (2)$$

　これよりε_r（誘電率）の大きいものを使うことにより全体の厚みは薄くすることが可能である。設計上はこれで良いが，実際の商品化においては，抵抗膜は純抵抗値だけではないので，抵抗値に対して容量性のサセプタンスがある。これもキャパシティブのものとインダクティブのものがあり，キャパシティブ性のサセプタンスがあるものの方が$1/4\lambda$より小さく薄くできる。抵抗膜については特に耐候性を考えた場合には導電性ゴムシートと発泡スチロールの形態が最適である。図8にその構成を示す。この電波吸収体の施工においても定尺品（600×600程度）が取り付け可能の場合は良いが，大面積の対応には裏うち金属板に発泡スチロールの定厚さのものを接着または物理的固定をしその上にシート状のゴムを接着し最終的に物理的固定取付方法を併用すればよい。またこの上に耐候性が良く電波的に透明に近いクロロスルホン化ポリエチレン（商品名：ハイパロン）の塗装をする。

2.6.2　ゴムシート誘電型電波吸収体

　最もポピュラーに使われる高周波用電波吸収体であり，1層系のものや2層系のものがある。これは，ゴムベースにカーボンブラックやカーボンファイバー等を混配合してシート状にしたものである。今，レーダ電波障害対策用電波吸収体についての実験結果の報告[11]があるのでここに示す。カーボンブラックの種類をいろいろ変えてCRに混配合したものの体積抵抗率は図9[11]に示すとおりである。カーボンブラックは7種類のものでA～Gまで記号をつけている。表7[11]にこれらの違いを示す。

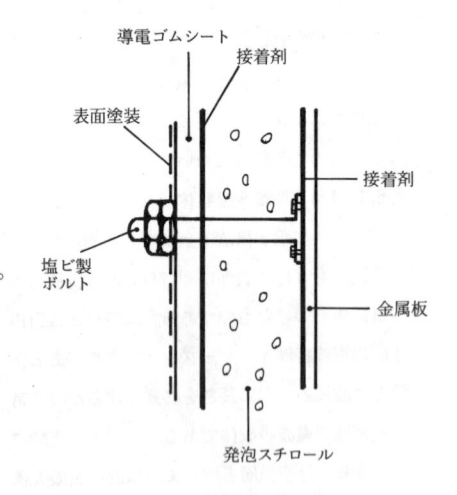

図8　$1/4\lambda$型電波吸収体の構成例

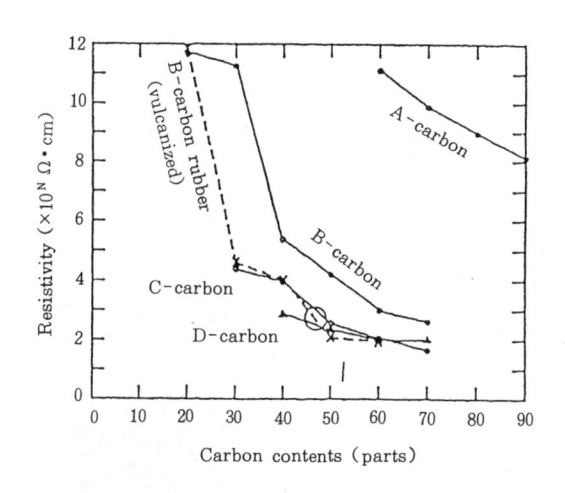

図9 ゴム・カーボンシートの体積抵抗率

表7 カーボンの違いによるシートの分類

カーボンブラック		ストラクチャー	体積抵抗率
種類	平均粒径		
Aカーボン	大	中	中
B 〃	小	中	大
C 〃	中	大	小
D 〃	小	中	小
E 〃	小	中	中
F 〃	小	小	中
G 〃	中	大	中

　ゴムにカーボンブラックを混配合してシート状にする製造過程は図10[11]に示す。このとき電波的にみた場合，圧延方向に平行な電界を当てたときと垂直の場合で反射特性が異なるので，平行をP，垂直をVとして測定した。

　各種カーボンブラックの誘電率を測定した結果は図11～図16[11]に示す。

第3章　有機系電磁波材料

① 図11のAカーボン配合系ゴムシートでは無反射曲線に達しないので電波吸収体はできない。
② 図12, 図13のBカーボン配合系ゴムシートではカーボンブラックの混合量を増せば無反射曲線に近づくがあまり増したくない。加硫したものは，約48パーツで交叉するので電波吸収体ができる。
③ 図14のCカーボン配合系ゴムシートでは40〜50パーツで無反射曲線と交叉しているので電波吸収体はできる。この場合シートの厚さは $d/\lambda_0 = 0.06$ より，9.4GHz（レーダ周波数）では約1.9mmとなる。
④ 図15のカーボン配合系ゴムシートでは無反射曲線と交叉しているので電波吸収体はできる。
　以上よりゴムカーボン系電波吸収体の商品形態としての構造は図17[11]

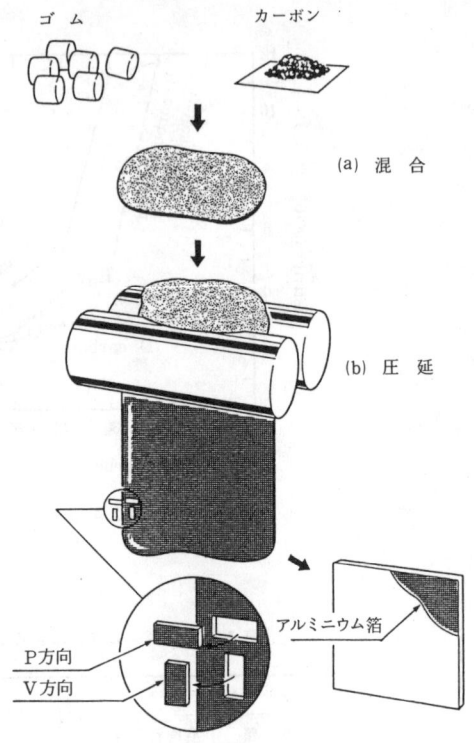

図10　ゴムカーボンシートの製造過程

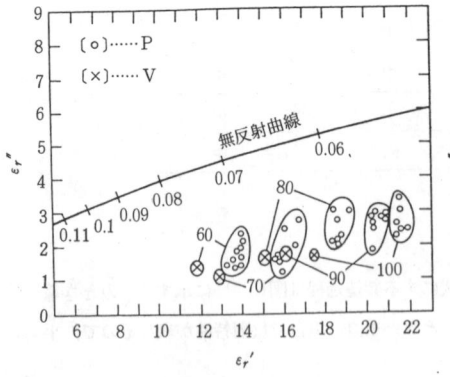

図11　Aカーボン配合系ゴムシートの複素比誘電率

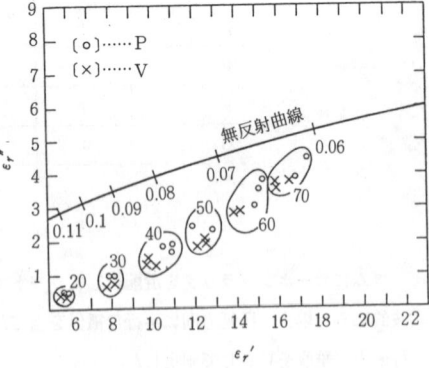

図12　Bカーボン配合系ゴムシートの複素比誘電率

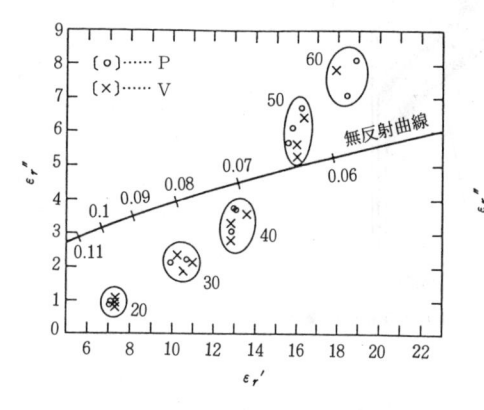

図13 Bカーボン配合系ゴムシート（加硫）の複素比誘電率

図14 Cカーボン配合系ゴムシートの複素比誘電率

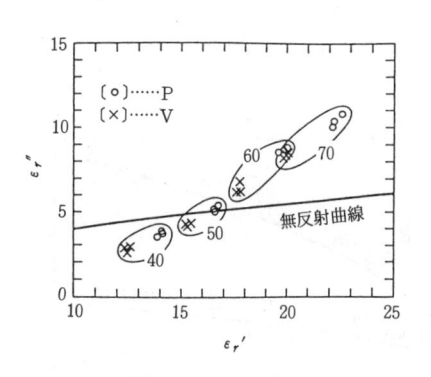

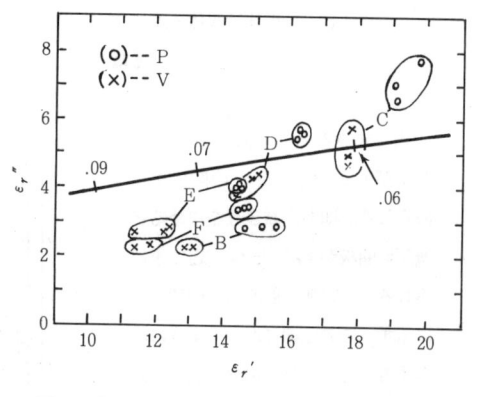

図15 Dカーボン配合系ゴムシートの複素比誘電率

図16 各種カーボン配合系ゴムシートの比較

に示すようなものである．この誘電型の電波吸収体の基本設計は，垂直入射に対する反射係数 $\dot{S}$ は，

$$\dot{S} = \frac{\frac{1}{\sqrt{\dot{\varepsilon}_r}} \tan h \left[j \frac{2\pi d}{\lambda_0} \sqrt{\dot{\varepsilon}_r} \right] - 1}{\frac{1}{\sqrt{\dot{\varepsilon}_r}} \tan h \left[j \frac{2\pi d}{\lambda_0} \sqrt{\dot{\varepsilon}_r} \right] + 1} \quad (3)[10]$$

第3章 有機系電磁波材料

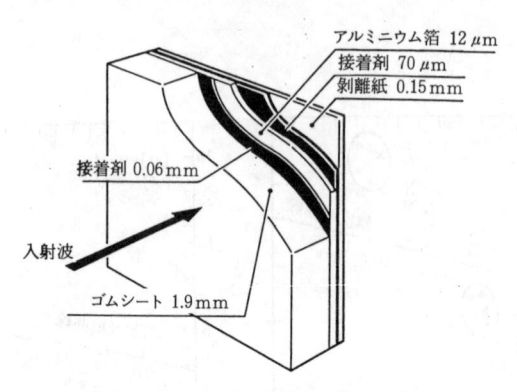

図17 ゴムカーボン系電波吸収体の構造

(図中ラベル: アルミニウム箔 12μm、接着剤 70μm、剥離紙 0.15mm、接着剤 0.06mm、入射波、ゴムシート 1.9mm)

$\dot{\varepsilon}_r$ ：電波吸収体の複素比誘電率

（$= \varepsilon_r{}' - j\varepsilon_r{}''$）

d ：電波吸収体の厚さ

λ_0 ：自由空間における電波の波長

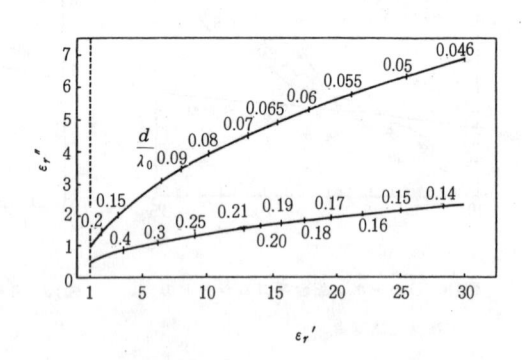

(3)式で表される。ここで$\dot{S}=0$として解くとε_rとdとの関係が求められる。即ち，減衰量を決めると無反射曲線が$\varepsilon_r{}'$と$\varepsilon_r{}''$とで求められる。この無反射曲線は図18[10]に示す。この曲線に近づくように配合することにより，電波吸収体が設計できるのである。これでつくった電波吸収体の吸収特性は図19[10]に示すような特性を示す。またこのタイプの電波吸収体は屋外での使用が

図18 垂直入射に対する無反射曲線

ほとんどであるので，サンシャインウェザーメーターによる促進耐候試験結果を図20[12]に示す。曝露時間を 3,000時間まで行ったが，曝露後の電波吸収特性の変化は見られない。

今までは主にレーダ波(9.4GHz)に対応したもので話を進めたが，高周波用としていろいろな周波数に対応できる電波吸収体がある。

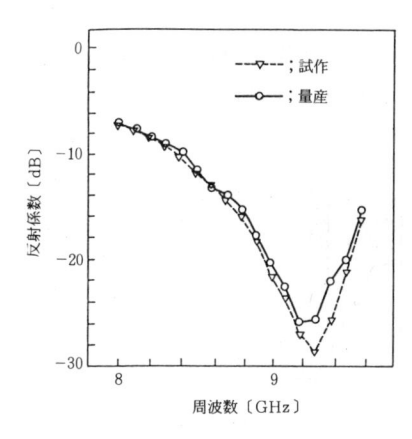

2 ゴ ム

図19 ゴムカーボン系電波吸収体の特性例

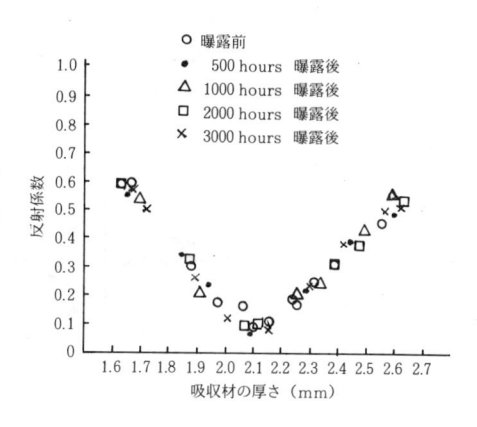

図20

例えばある中心周波数 f_0 の前後の特性を示しているNRをベースにした電波吸収体もある。これらはマイクロ波電波吸収体として軍需用途（レーダーカムフラージュ，航空機，ミサイル，ヘリコプター，無人遠隔操縦機，艦船，陸上車輛，シェルター等）をはじめ通信部門等に使われている。図21[13]に一例を示す。

2.6.3 カーボンファイバ混合ゴムシート

一般にカーボンファイバをゴムに混合すると，導電性カーボンブラックの場合と同じように，比誘電率は $\dot{\varepsilon}_r{}'$，$\dot{\varepsilon}_r{}''$ は共に増量により大きくなるのでより薄い電波吸収体をつくることが可能である。

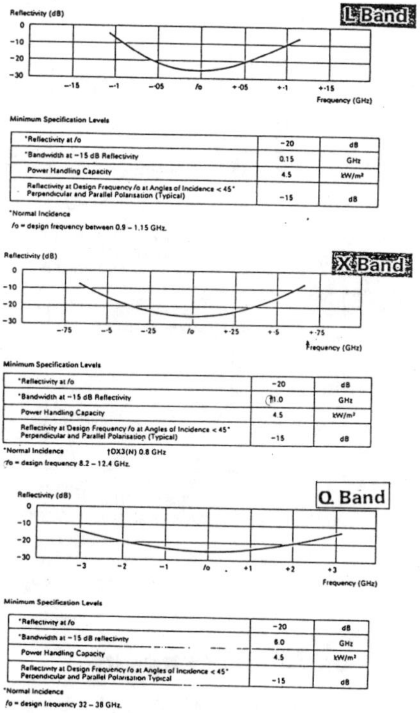

図21 ゴムシート状電波吸収体の特性例

139

2.6.4 2層ゴムシート型電波吸収体

従来のゴムフェライト電波吸収体は単層構造であったが，これを2層構造にして広帯域化にしたものもある。図22[14]にその基本構造を示す。またこれらの特性を図23[14]に示す。

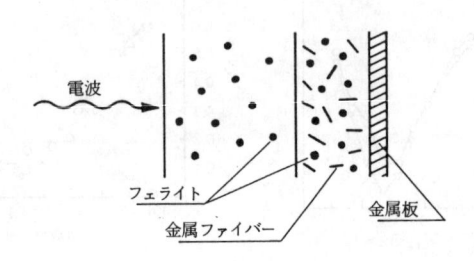

図22　2層構造

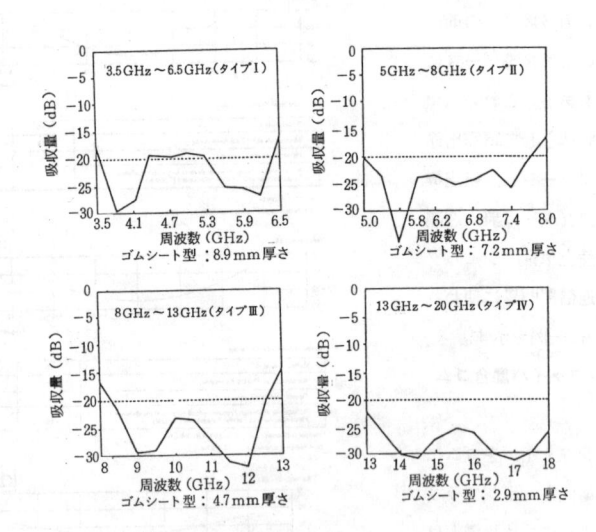

図23　2層構造の特性例

2.6.5 磁性ゴムフェライト電波吸収体

焼結フェライトまたは副生フェライトをゴムに混合し，シート状にすることによりでき上がる。これはゴムカーボン系電波吸収体と商品形態はほとんど一緒であるが，高周波用として使われ

る。フェライトを使うため，重量的にはカーボンの場合より不利になるが，フェライトを特殊加工したものを使うことにより広帯域タイプの電波吸収体をつくることができる。その例を表8[10]，図24[10] に示す。また，フェライトゴムは高周波では，電波収束効果もかなりあるため，電子レンジの電波漏洩防止用ガスケットとしても使用されている。すき間シールド用として，導電性ゴムとは全く異なった状態を示している例を図25[10] に示す。導電ゴムの場合は完全密閉状態の必要があったが，このガスケットは電波漏洩通路の半分程度でもよいことが言える。

表8 特殊フェライトを混合したゴムフェライト電波吸収体の特性

	フェライトの体積混合比（％）	厚さd〔mm〕	-20dB以下の周波数範囲〔GHZ〕	中心周波数f_0〔GHZ〕	$\Delta f/f_0$
①	32	2.4	8.9 – 11.2	9.8	23
②	37	2.0	10.5 – 17.2	15.0	45
③	37	1.8	16.2 – 17.5	17.0	7.7

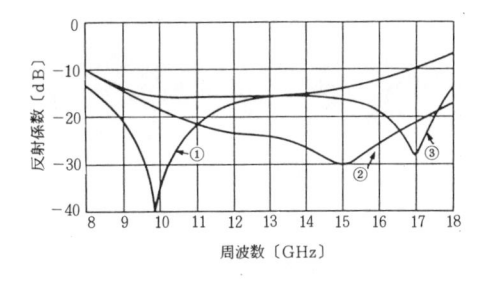

図24 新しい特殊フェライトを用いたゴムフェライト電波吸収体の特性例（広帯域タイプ）

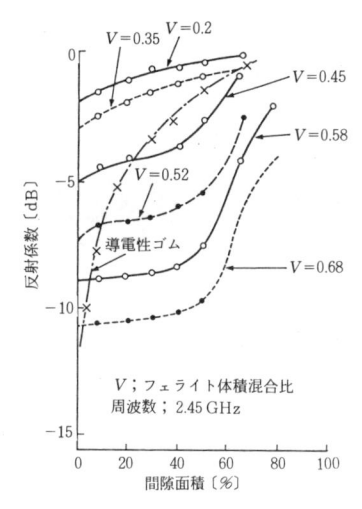

図25 ゴムフェライトの電波収束効果特性（間隙面積とシールド特性との関係）

文　献

1) 日本ゴム協会編：ゴム工業便覧＜新版＞
2) M. C. Shen, A. Eisenberg : *Rubber Chem. Technol.*, **43**, 95 (1970)
3) 石原　薫，田中祀捷："導電性高分子の電気事業への応用の可能性"電力中央研究所報告 調査報告185004
4) 浅田泰司：導電性カーボンブラックの基本特性，日本ゴム協会誌，**59**, 1 (1986)
5) 妹尾　明：導電性プラスチック，1990年版EMI, EMCユーザーズガイド，大成社
6) 宮下　進：導電性プラスチックコンパウンド，電子技術1989-11，臨時増刊号
7) カーボンブラック協会編：カーボンブラック便覧，図書出版社
8) Schweitzer, Goodrich : *Rubber Age*, **55**, 469 (1944)
9) A. Voet, *et al.* : *Rubber Chem. Technol.*, **50**, 736 (1977)
10) 清水康敬他編集：電磁波の吸収と遮蔽，日経技術図書㈱
11) 清水康敬，西方敦博，鈴木松一：ゴム・カーボンシートによるレーダ電波障害対策用吸収体，電子通信学会論文誌 **J68-B** No.8(昭和60年)
12) 横浜ゴム㈱："船舶レーダ用電波吸収体"，技術資料
13) PLESSEY社：Data Sheetより，大陽工業㈱カタログより
14) 乾，畠山，原田，葭内："電波吸収体"，NEC技報，**37**, No.9 (1984)

3 塩化ビニリデン

工藤 敏夫*

3.1 屋外用電波吸収体と塩化ビニリデン

屋外で使用される電波吸収体として，古くは潜水艦の潜望鏡・シュノーケルの，レーダ電波に対する反射防止に始まり，今日では長径間橋梁による船舶レーダの偽像防止，マイクロ波通信用アンテナの指向性改善，ビルなどの高層建築物によるテレビ電波のゴースト防止，等々にその発展が見られる[1]。

一般に，電波吸収体の具備すべき特性として，
・使用周波数範囲が広いこと
・厚さが薄いこと
・偏波特性に優れていること
・軽量であること
・強度があること
・難燃性であること
・耐候性に優れていること
などが挙げられる[2]。

とりわけ屋外で使用される電波吸収体では，耐候性のなかでも耐紫外線性，耐水性，耐カビ細菌性，耐害虫性が要求されるほか，近年では大気汚染に起因する酸性雨などにも長期間晒される，といった苛酷な自然環境を考慮して，その素材・製法を吟味・選択する必要がある。

本節では，このような屋外用電波吸収体を構成するのに最適な耐候性を有する高分子材料として，塩化ビニリデンを取り上げ，これを素材としたマイクロ波帯用超軽量薄型電波吸収体（以下，ＦＰシリーズ電波吸収体*）への適用例を紹介する。

（＊　三菱電線工業㈱の商品名）

3.2 塩化ビニリデン系合成繊維の特性

塩化ビニリデン系合成繊維は，塩化ビニリデンを主成分とする共重合物を原料として製造された合成繊維であり，わが国では旭化成工業㈱はサラン®，呉羽化学工業㈱はクレハロン®の商品名で製造している[3],[4]。主成分は両者とも塩化ビニリデンであり，塩化ビニルと共重合させて加工性の改良をはかっている。

塩化ビニリデン系合成繊維は，前記共重合体から溶融紡糸法によって製造される。

＊　Toshio Kudo　三菱電線工業㈱　機器部品事業部　技術部　開発グループ

以下，塩化ビニリデン系合成繊維の代表的特性と用途例を，サラン®を例にとり紹介する[5]。

① 化学薬品に対する抵抗が大きい

濃度の高い酸，アルカリにも耐え，油脂類やたいていの有機溶剤に対しても抵抗性が大であり，もちろん海水などによっても侵されない。

② カビ細菌などに侵されない

湿気の多いところや，湿気に晒されるような条件下でも安心して使用できる。

③ 吸水性がない

吸水性は 0.1%以下でほとんどなく，したがって水の影響による繊維の性質の変化はほとんどない。

④ 弾性回復がよい

弾性回復率は約95%であり，後述のロック形状保持に適している。

⑤ 難燃性である

溶融点以上に熱せられると分解して黒化するが，自ら燃焼を支えないから火源をとれば直ちに消火する。

3.3 塩化ビニリデン系電波吸収体の構造と特性

3.3.1 構造と製造方法

塩化ビニリデンを用いたFPシリーズ電波吸収体では，骨格となる基本構造体として，前項の塩化ビニリデン系合成繊維をロック形状に加工成形したものを使用している。

ロックとは，動植物繊維・合成繊維などをスプリング状にカール加工（捲縮）し，これらを結合剤で被覆結合したもので，その繊維の形状が羊などの捲毛に似ていることから，英語でLOCKと呼ばれるようになったと言う[6]。古くはベッドのクッション材として，また最近では空調用フィルタなどに，その空間率の大きさ，弾性復元性を利用した用途に広範囲に使用されている。

このロック形状を電波吸収体に応用したのは，1940年代後半の米国海軍研究所(U.S. Naval Research Laboratories)が最初であり[7]，当時のロック材料には，ホースヘアーと呼ばれる馬の尻尾の毛と，椰子の樹皮からなる天然繊維を，ゴム引きの導電塗料で被覆結合したものであったと言う。

FPシリーズ電波吸収体は，ロック形状に加工した塩化ビニリデン系合成繊維に，耐候性バインダーをベースとする特殊導電塗料を，均一，強固，かつ化学的に接着塗布したもので，特殊導電塗料に含まれるカーボン，黒鉛の存在によって，耐紫外線性が一段と改善されている。

通常のロックの製造方法では，その厚さ方向のカサ密度は，ほぼ一定になる。このような一定密度型ロックの基本構造体に導電塗料を塗布して電波吸収体を構成した場合（塗布実験によれば，

表面電気抵抗値は数kΩ程度），電波吸収体の表面（電波入射面）での電波の反射が，ある一定のレベル以下には下がらず，また，電波吸収体内部に透過する入射波と，電波吸収体裏面側の金属板から反射する反射波の位相関係によって，電波吸収体の厚さに関係する周波数間隔で反射減衰量特性にハンプ(Hump)が生じ，好ましくないと言う難点がある。

　ＦＰシリーズ電波吸収体では，この問題を解決するために，基本構造体となるロックの製造方法を工夫して，ロックのカサ密度が図1に示すように電波入射面側が粗く，内部にいくほど密になるように構成した独特の密度勾配型構造としている。この密度勾配型ロック基本構造体に導電塗料を塗布して得られるＦＰシリーズ電波吸収体の厚さ方向の電気抵抗値は，電波入射面側（粗・密度側）が数10kΩで，内部にいくほど下がり，その裏面側（密・密度側）では100Ω程度にまで低くなるような傾斜特性を持つ。

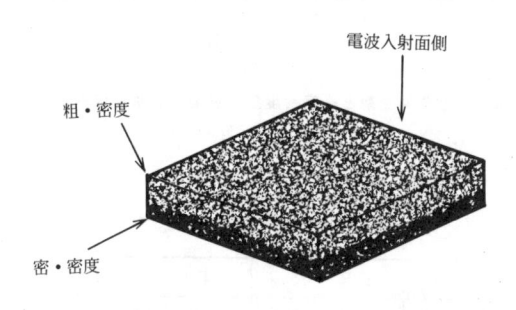

図1　ＦＰシリーズ電波吸収体の密度勾配型構造

　このような密度勾配型電波吸収体に電波が入射した時，電波吸収体表面の電気抵抗値が数10kΩと高いことから，入射界面での電波の反射が低く抑えられ，しかも，内部にいくにつれて電気抵抗値が下がるので，徐々に電波の減衰が大きくなり，結果として広い周波数帯域にわたり，効率よく電波を吸収することが可能となる。

　図2は，上記の傾向を調べるために，3～4GHz帯における密度勾配型（ＦＰシリーズ電波吸収体）と一定密度型の，反射減衰量の周波数特性を実測した例である。

　ＦＰシリーズ電波吸収体の一般仕様を表1に，外観を写真1に，それぞれ示す。

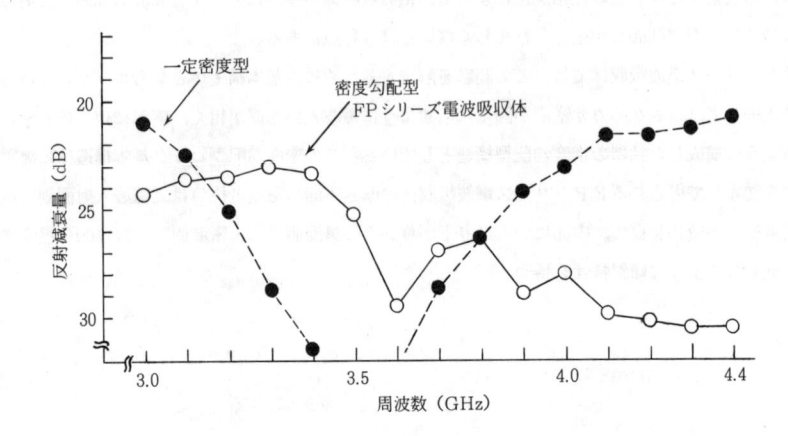

図2 密度勾配型と一定密度型の反射減衰量周波数特性

表1　FPシリーズ電波吸収体の一般仕様

項　　目	FP−0.5	FP−1	FP−2
厚　さ　　（mm）	10（標準）	20（標準）	40（標準）
使用周波数帯域（GHz）	8〜40	6〜40	3〜40
反射減衰量　（dB）	≧20	≧20	≧20
シートサイズ　（mm）	1,000×1,000	1,000×1,000	1,000×1,000
重　量　（kg/m²）	1.4	2.0	3.5
最大使用温度　（℃）	90		
難燃性	難燃性		
標準色	黒　色		

3　塩化ビニリデン

写真1　FPシリーズ電波吸収体の外観

3.3.2　塩化ビニリデン系電波吸収体の特性
(1)　斜入射特性

電波吸収体に斜方向から入射する電波に対する反射減衰量は，垂直方向から入射する場合に比し，一般に劣化する。

　FPシリーズ電波吸収体は，前項で述べた密度勾配型という構造上の特徴から，斜入射に対しても良好な反射減衰量特性を示す。図3は，11GHz帯におけるFPシリーズ電波吸収体の斜入射特性を，図4の測定系で評価した結果である。同図から，入射角が約50度まで，ほとんど反射減衰量の劣化がなく，良好な斜入射特性を有していることがわかる。

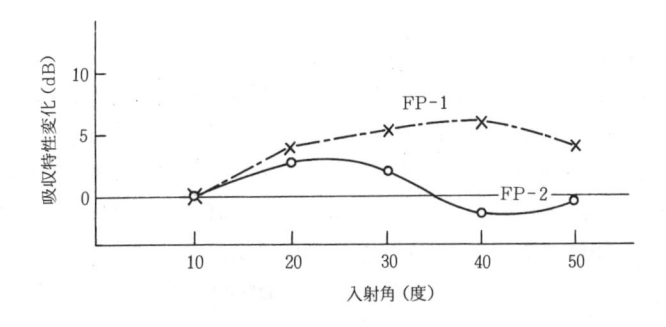

図3　FPシリーズ電波吸収体の斜入射特性(at 11GHz帯)

第3章　有機系電磁波材料

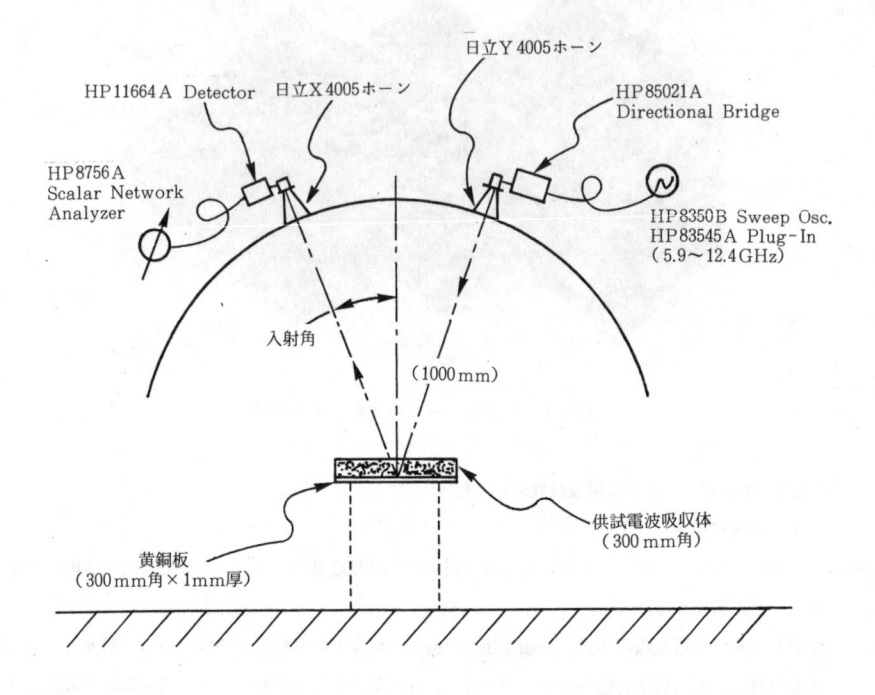

図4　反射減衰量測定系

(2) **含水時特性**

　屋外で使用される電波吸収体では，降雨などによって電波吸収体の表面，あるいは内部にまで水分が付着，含水する場合が考えられる。

　図5は，この時の状態を模擬するために，図4の測定系において入射角度を10度に固定し，市水（水道水）を噴霧した時のFPシリーズ電波吸収体の反射減衰量特性を調べた結果である。

　同図から，飽和状態まで水を含んだ時でも反射減衰量の劣化は僅少であり，実用上の問題はないことがわかる。無論，FPシリーズ電波吸収体自体には吸水性がないので，乾くと元の特性に復帰する。

3 塩化ビニリデン

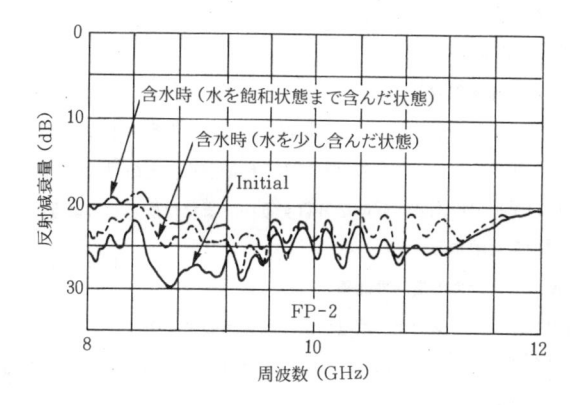

図5 ＦＰシリーズ電波吸収体の含水時特性(at 11GHz帯)

(3) 耐候性

JIS A 1415「プラスチック建築材料の促進暴露試験方法」に準拠し，サンシャイン型ウエザーオメータにより，ＦＰシリーズ電波吸収体の1,000時間暴露前後の表面電気抵抗値と引張り強さの変化を評価した。結果を表2に示すが，両特性ともに初期値とほとんど変化なく，優れた耐候性を有していることがわかる。これは，前述した塩化ビニリデン系合成繊維自体の耐候性に加え，特殊導電塗料に含まれるカーボン，黒鉛の紫外線に対する防御効果も大きく寄与しているものと推測される。

表2 ＦＰシリーズ電波吸収体の耐候性試験結果

試験項目		暴露時間（時間）				
		初期値	200	400	700	1,000
抵抗値	絶対値(kΩ)	3.18	3.32	2.95	3.05	3.25
	残率(％)	100	104	92.8	95.9	102
引張り強さ	絶対値(kgf)	28.9	32.7	30.9	29.5	30.9
	残率(％)	100	113	107	102	107

（試料サイズ：20mm厚×50mm幅×100mm長）

第 3 章　有機系電磁波材料

3.4　塩化ビニリデン系電波吸収体の用途例
3.4.1　屋外用電波吸収体として
(1) 屋外における電波環境の改善

屋外アンテナ測定サイトでの近隣の建物，鉄塔などからの不要反射電波レベルの低減，また，船舶レーダでの自船の甲板やマストからの反射による偽像防止などの目的で，反射体となるそれらの一部分，あるいは全部分に電波吸収体を装着するか，または衝立式のように可搬・移動型として，良好な電波環境を実現する。

(2) マイクロ波帯用アンテナの指向性改善

マイクロ波通信用パラボラアンテナ，家庭および商業用衛星放送送受信用パラボラアンテナ，などのサイドローブを低減させるために，パラボラ反射鏡の外周辺に電波吸収体を貼り付けて，指向性の改善を行う[8]（写真2）。

写真2　衛星放送受信用アンテナ反射鏡に取付けたFPシリーズ電波吸収体

3.4.2　一般用電波吸収体として
(1) 簡易型電波暗室

マイクロ波帯での送受信機やアンテナの特性測定用，その他，マイクロ波に対して敏感な素子・材料を扱い，加工，保管する工場・研究所などで，既存のシールドルームや実験室の壁，床，天井に電波吸収体を貼り付けて，簡易型電波暗室を実現する（写真3）。

3 塩化ビニリデン

写真3 室内の壁・天井に貼り付けられるFPシリーズ電波吸収体

(2) その他

以上のほかに,工業用マイクロ波加熱装置（例えばセラミック,陶磁器などの乾燥炉）からの漏洩電波対策を行う,などが考えられる。

文　　献

1) 関　康雄,電波吸収体と電波暗室,（株）シーエムシー,p.5 (1985)
2) 清水康敬ほか,電磁波の吸収と遮蔽,日経技術図書（株）,p.130 (1989)
3) 改訂新版プラスチックハンドブック,朝倉書店,p.429 (1988)
4) プラスチック技術協会ほか編,プラスチック読本,p.102 (1987)
5) 旭化成工業（株）,塩化ビニリデン系合成繊維サラン®－製造・性質・用途－ (1982)
6) 旭化成工業（株）,サランロックカタログ
7) Emerson & Cuming社, Technical Bulletin 8-2-1
8) Jim Carick et al., 'Stick-on' dish-edge absorbers reduce TI, Private Cable August/September, p. 40 (1987)

4 アクリル・ナイロン繊維

高橋正至[*1]，山本勝次[*2]，加藤昇[*3]

4.1 はじめに

　近年，無機系材料，有機系材料との境界が材料研究の発達に伴い，曖昧になっている。電磁波シールド材料などの資料に導電性プラスチックと言う材料がよく紹介されているが，我々の開発した電磁波材料"サンダーロン®繊維"もアクリル・ナイロンなどの有機合成繊維に無機化合物を結合させることで，繊維表面に導電性を付与するために，導電性プラスチックとも言えるが，もう少し広い視野で考えると，主材料と補助材料を複合化することにより，導電性や赤外線吸収その他の機能を生みだす機能材料[1]の範疇に入るのではないかと思われる。また，電磁波材料としてのグレードを上げるために金属を被覆した"サンダーロン®スーパー"も製造している。

4.2 サンダーロン®繊維の製造および物性

　製造工程として，ナイロン・アクリルなどの合成繊維に前処理を行い無機化合物を化学的に結合させて，後処理により固着させる。この処理はナイロン・アクリル繊維に限定されず，例えば，

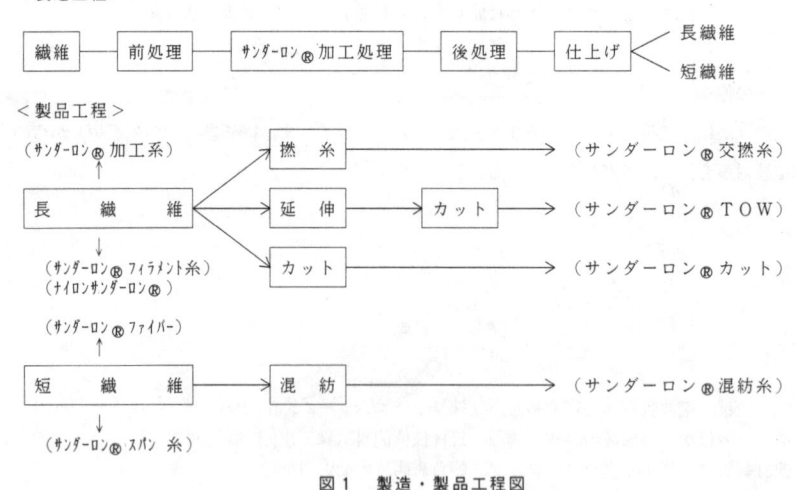

図1　製造・製品工程図

[*1] Masashi Takahashi　日本蚕毛染色㈱　サンダーロン事業部
[*2] Katsuji Yamamoto　日本蚕毛染色㈱　サンダーロン事業部
[*3] Noboru Kato　日本蚕毛染色㈱　サンダーロン事業部

4 アクリル・ナイロン繊維

毛，絹，ガラス繊維，モダアクリルなどにも加工することが可能である。製造・製品工程を図1に示す。

製品工程についてもプラスチック材料と定義した場合，フィルム，板状，チップ状，粒状などの幅広い基材に対して加工は可能である。図1に示す繊維状のあらゆる製品用途，他プラスチック材料への練り込みにも応用できる材料である。

サンダーロン®繊維の一般的物性を表1に示す。この物性値は通常繊維と変化はなく，アクリルやナイロン繊維比抵抗値がだいたい$10^{14}\Omega\cdot cm$以上と高いが，サンダーロン®繊維は$10^{-1}\sim10^{-2}\Omega\cdot cm$と他の導電性電磁波材料の金属に近い導電性を示している。また物性面からみて，柔軟性，加工性，軽量化など優れた特徴を有している。

表1 サンダーロン®繊維の一般的物性

物　性	サンダーロン®			ナイロン サンダーロン®	サンダーロン® II
	ステープル	加工糸	フィラメント糸		
強　度　(g/d)	3.0〜3.2	2.8〜3.0	3.0〜3.6	4.0〜4.5	4.0〜5.0
伸　度　(％)	42.0〜44.0	22.0〜24.0	13.0〜16.0	25.0〜30.0	14.0〜16.0
比　重	1.18	1.18	1.18	1.16	1.18
水分率　(％)	2.0	2.0	2.0	4.5	2.0
軟化点　(℃)	190〜240	190〜240	190〜240	180	——
比抵抗($\Omega\cdot cm$)	$10^{-1}\sim10^{-2}$	$10^{-1}\sim10^{-2}$	$10^{-1}\sim10^{-2}$	$10^{-1}\sim10^{-2}$	$10^{-1}\sim10^{-2}$

4.3 サンダーロン®繊維と静電気障害

L.S.I.の高機能化は，産業用ロボットおよびOA機器の汎用化を促し，ノイズ耐性の低い多ピン化した，L.S.I.が実用化されている現状において，静電気障害（EOS／ESD）に起因する電磁ノイズによる誤動作，半導体デバイスの破壊現象などのトラブルが発生している。広範囲の電磁波の中で静電気放電周波は一般には50kHz〜1GHzと言われており，電波雑音でありトラブル発生率の高い電磁波である。

サンダーロン®繊維の周波数とシールド効果の測定例を図2に示す。

シールド材の効果は一般的には10dB〜30dBあれば効果ありとされているので，図中，試料No.4，No.5は全波長帯域において大きな効果が認められる。図中にて観察できるように500kHz〜10MHzの波長域において減衰率が非常に良好である。この測定結果と除電能力との相関が得られないかと考えて，サンダーロン®繊維混入フィルムにて静電気除去性能についての実験を試みた。

第3章　有機系電磁波材料

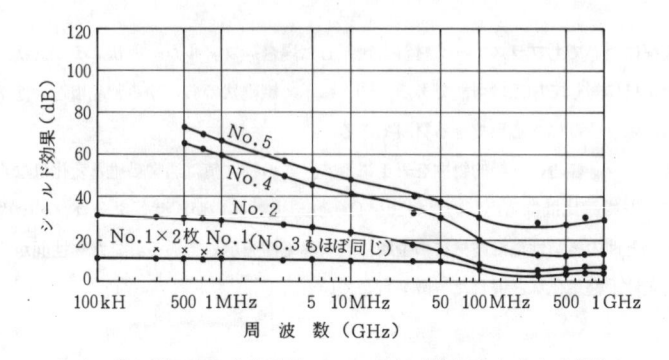

```
シールド効果 (dB)
120
100
 80   No.5
 60   No.4
 40   No.2
 20   No.1×2枚  No.1 (No.3もほぼ同じ)
  0
  100kH  500  1MHz   5  10MHz  50  100MHz  500  1GHz
                       周 波 数（GHz）
```

No. 1　サンダーロンをタテ11mm，ヨコ14mm間隔に入れたタテ編地
No. 2　サンダーロンをタテ3mm，ヨコ3mm間隔に入れたタテ編地
No. 3　サンダーロンをタテ9mm，ヨコ9mm間隔に入れた織物
No. 4　厚さ0.14mm，目付38g/m²のサンダーロン100％の不織布
No. 5　厚さ1.2mm，目付200g/m²のサンダーロン100％のフェルト

図2　シールド効果と周波数（サンダーロン® 繊維）

4.3.1　実験方法

除電性能を比較するために各種フィルム容器と樹脂板を摩擦し，
　a）摩擦帯電電荷量を各種フィルム容器と樹脂板両方について測定する。
　b）帯電電荷の減衰特性を同じフィルム容器と樹脂板両方について測定する。
またフィルム容器の除電性能の評価は帯電した樹脂板を各種フィルム容器の中に入れ，60秒後の除電効果を測定した結果を表2に示す。

表2　除電効果測定結果

	導電性フィルム容器の種類	表面抵抗 $\Omega/\square \mathrm{cm}^2$	摩擦帯電量 フィルム容器	摩擦帯電量 プラスチック板	除電後の電荷量
帯防止電剤	ポリエチレン＋有機性液状静電物質	10^{12}	$+100\mathrm{V}\sim200\mathrm{V}$	$(-)10,000\mathrm{V}$	$(-)10,000\mathrm{V}$
	ポリオレフィン＋非帯電性物質	10^9以上	$+100\mathrm{V}\sim200\mathrm{V}$	$(-) 8,000\mathrm{V}$	$(-) 6,000\mathrm{V}$
導電性物質	クラフト紙＋カーボンブラック	2×10^5	$+100\mathrm{V}\sim200\mathrm{V}$	$(-)10,000\mathrm{V}$	$(-)10,000\mathrm{V}$
	ポリエチレン＋炭素繊維	3×10^3	$+100\mathrm{V}\sim200\mathrm{V}$	$(-)10,000\mathrm{V}$	$(-)10,000\mathrm{V}$
	ポリエステル＋カーボンブラック	2×10^5	$+ 20\mathrm{V}\sim 30\mathrm{V}$	$(-)10,000\mathrm{V}$	$(-) 4,000\mathrm{V}$
	ポリエステル＋サンダーロン	2×10^5	$+ 20\mathrm{V}\sim 30\mathrm{V}$	$(-) 4,000\mathrm{V}$	$(-) 100\mathrm{V}$

　＊　除電後の電荷量は各フィルム容器に入れて60秒後に測定
＊＊　プラスチック板をフィルム容器と摩擦した時に発生した電荷でフィルム容器には（＋），プラスチック板には（－）が発生した。

4.3.2 実験結果

フィルムに帯電防止剤で処理したものおよび導電性物質を入れたもの全てフィルム容器には，ほとんど帯電しない。また減衰特性も良い。しかし保護すべき容器中の樹脂板には，（－）1万ボルトにも帯電し，その減衰特性も悪い。サンダーロン®繊維混入フィルムは容器はいずれも良好な減衰特性を示している。このことは帯電しない材料にて電子部品機器を保護した場合，電磁波ノイズを制御するのは，サンダーロン®繊維混入フィルムが最適であると言える。この実験および周波数と減衰率の図表から静電気放電域によるシールド効果は，表面抵抗値のみに依存するのではなく，シールド材表面形状が，材質機能に影響するのではないかと思われる。

なお，この実験に使用したフィルムは静電気シールドバックとして，IC，IC実装基板などの静電気やホコリを嫌う製品の包装材料として用途展開されている。その特長としては，導電性が良好である。内・外層の導電差によりファラディー・ケージを作り，摩擦帯電しない。発塵性が少なく，耐久性に優れている。透明で内容物の確認が容易である。フィルムの多重化，複合化が可能である。

4.4 1／4λ型電波吸収体

不要輻射対策やレーダ電波のカムフラジュなど軍事的な要望から野外電波技術の研究が半世紀前より盛んに行われており，その障害防止として，電磁波エネルギーを吸収，吸収に伴って反射波および透過を低減させる電波吸収体が広く用いられている。

電波吸収体材料としては，磁気損失による吸収能力や耐久性に優れたフェライトにゴムまたは樹脂を混入した複合フェライトが数多く使用されている。この複合フェライトは広帯域で薄い吸収体を作成することができるが，重いと言う欠点がある。完全反射体（金属面）の前面に1／4波長離して自由空間インピーダンス（377Ω）に等しい抵抗面を作成，この抵抗面にサンダーロン®繊維を抵抗布として用いた場合，軽量で柔軟性があり，また従来制御が困難であった抵抗膜の面抵抗値を，容易に制御できる優れた吸収体が作成される[2]。

サンダーロン®繊維の加工方法を変化させることにより，繊維表面抵抗値を33kΩ/m，67kΩ/m，114kΩ/mなどに制御できる。抵抗布として，サンダーロン®繊維を経・緯同間隔で格子柄に織込み，間隔幅を数mm程度の単位にて変化させることにより面抵抗を制御できる。この抵抗布を1／4λ離れた位置に固定するためのスペーサーとして発泡スチロールを使いスペーサー厚味を変える。すなわち，導電性，面抵抗値，スペーサー厚味を変えることにより，電波吸収特性への影響を検討することができる。

橋本ら[3]の測定による反射量の周波数特性を図3，図4に示す。

図3は，異なる抵抗値のサンダーロン®繊維を用いた抵抗布の面抵抗の周波数特性を調べた。

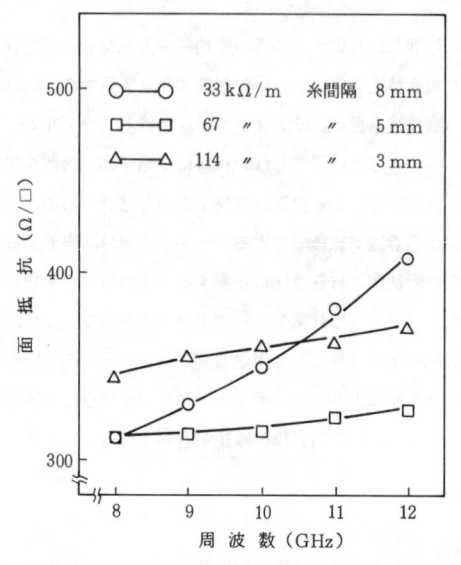

図3 異なる抵抗値の導電性繊維を用いた抵抗布の面抵抗の周波数特性

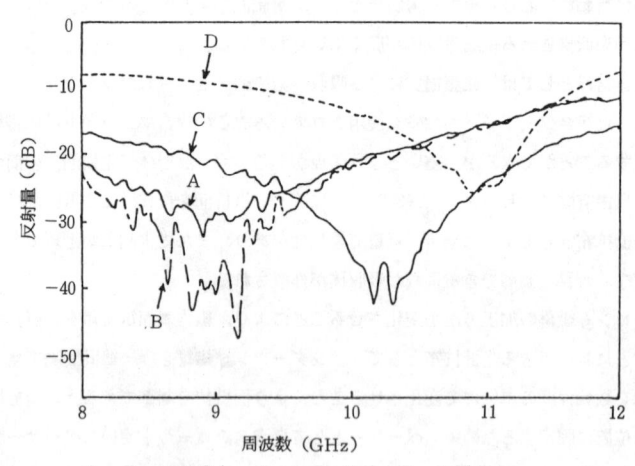

図4 抵抗値の異なる導電性繊維からなる1/4λ型吸収体の反射量の周波数特性

A : R＝114kΩ/m, d＝3mm, スペーサーの厚さ8mm
B : R＝109kΩ/m, d＝3.5mm, スペーサーの厚さ8mm
C : R＝67kΩ/m, d＝5.5mm, スペーサーの厚さ8mm
D : R＝33kΩ/m, d＝6mm, スペーサーの厚さ9mm

この結果より，低抵抗のサンダーロン®繊維からなる抵抗布は周波数による面抵抗の変化が大きいことが解る[3]。図4は，異なる抵抗値のサンダーロン®繊維，間隔幅およびスペーサー厚味からなる1／4λ型吸収体の反射量と周波数特性を調べた。この結果，サンダーロン®繊維の導電性および繊維間隔を調節することにより8GHz～12 GHzにおいて，安定な電波吸収特性を持つ1／4λ型吸収体が得られる。また通常5 kg～9 kg/m²の重さを持つ吸収体が500g/m²と言う軽量体とすることができる。

4.5 赤外線吸収効果

ガラス・プリズムの透過限界まで0.7～2.5μmを赤外線領域の中で，近赤外線部と区分されているが[4]，古くから透過性や可視光線と異なった反射率を示す特長を利用して，鉱物資源，森林資源，農作物の暗視管による探査，証券類の偽造検査や鑑定に，この波長領域の応用開発が行われている。サンダーロン®繊維について，島津マルチパーパス自記分光光度計（ＭＰＳ－5000）を用いて800～2500nm波長の反射率曲線を図5に示す。

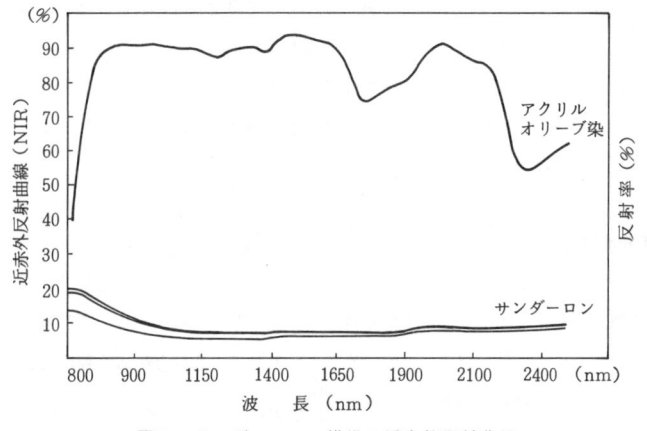

図5 サンダーロン®繊維の近赤外反射曲線

サンダーロン®繊維と参考のためにサンダーロンと同色に染色したアクリル繊維を同チャートにて測定する。測定結果では，800～900 nm，20％以下，900～2500nmにおいては10％以下の反射率を示している。現在，透過率をも測定中だが，可視光線での反射率，吸収率の関係から考えて，良好な近赤外線吸収繊維であると思われる。

上記の吸収差が赤外線フィルムにて撮影することにより，どのように変化するか実験して見る

左：オリーブ染色したアクリル
右：サンダーロン
写真1　赤外線フィルムで撮影

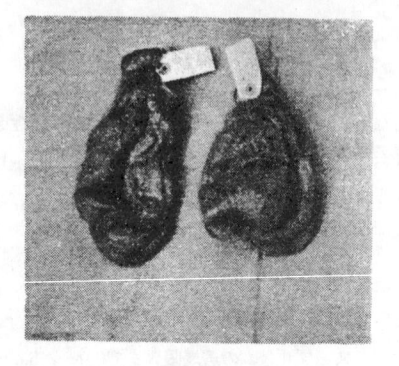

左右は写真1に同じ
写真2　普通フィルムで撮影

と，写真1は，右がサンダーロン®繊維，左がオリーブ色（サンダーロンの色相）に染色したアクリル繊維である。反射率曲線の上，下の差が白色と黒色との差になって出ている。写真2は，同じものを普通のカラー，フィルムにて撮影したもので可視光線においては差が少なくないが，赤外線波長領域では大変差があることを示している。

この特長を利用することにより色々な用途展開が考えられる。すなわち，偽装網やシート，証券や重要書類の紙質，フィルム，プレートなど，また熱作用の観点から，サッポータ，肌着，健康シーツなどの応用が考えられる。

4.6　遠赤外線放射

赤外線コタツに代表されるように，赤い，暖かいということから遠赤外線の利用としては熱作用による加熱，断熱，冷却が第一に考えられるが，他にセンサー利用による写真，リモートコントロール，温度測定，パワー測定などや分光学として分光分析など幅広い利用分野がある。この項は，主に熱作用について述べることにする。

最近，特に注目されているのが常温域での遠赤外線放射による熱効果と非熱作用であり，活性化を生みだす材料として遠赤外線セラミック微粒子が開発されている。

しかし繊維と微粒子との関連から，混合紡糸，交撚，バインダーによる混合，コーティングなどの応用技術により改良されているが，耐久性，風合いなどの問題点は解決されていないのが現状である。サンダーロン®繊維はセラミック微粒子混合ではないが，ナイロン細デニールサンダーロン®繊維にて，パンストを作成，測定温度45℃±1℃において遠赤外線放射率曲線を測定，その結果を図6に示す。

4 アクリル・ナイロン繊維

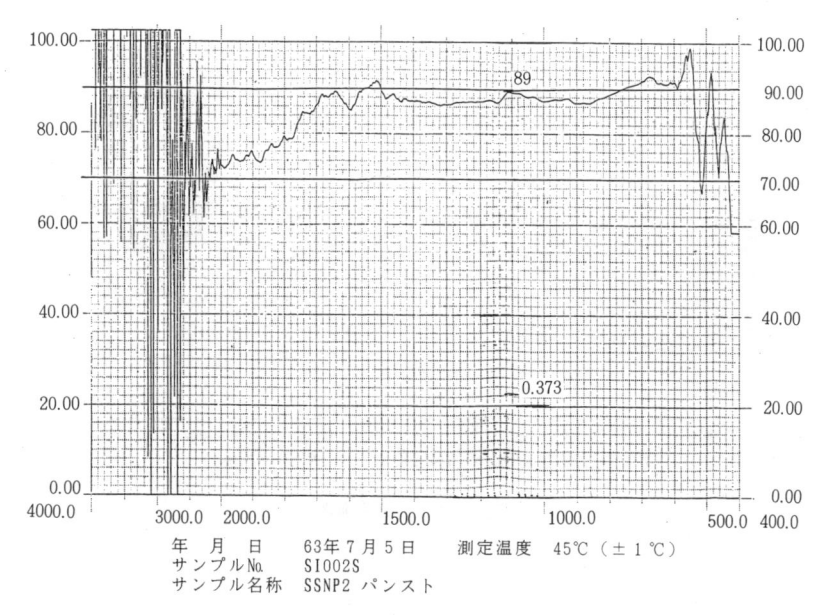

図6 遠赤外線放射率曲線

年月日　63年7月5日　　測定温度　45℃（±1℃）
サンプルNo.　SI002S
サンプル名称　SSNP2 パンスト

　測定波長範囲は 2.5～25μm であり，9μm 波長において89％の放射率を示している。柔らかく肌ざわりの良い耐久性に優れた，遠赤外線放射材料と言える。
　遠赤外線放射効果と繊維製品の常温域における熱作用，すなわち保温との関係は従来よりサーモグラフィーや血流効果測定などにより研究されているが，一長一短があり，評価方法として確立されていないのが現状である。
　サンダーロン®繊維の保温性，蓄熱性について調べるため，レフランプ5500°Kを用いて，繊維製品表面温度を測定する実験を行った。保温，蓄熱には繊維製品色相および繊維表面形態が非常に大きく影響するため，色相を繊維生成と黒色に染色したものを対象製品とする。また同条件，同素材にて不織布を作成して実験試料として用いた。実験結果を図7に示す。
　結果より，黒と白による色相，温度変化は1℃程度であったが，サンダーロン®繊維と黒色染試料では，4.5℃の差があり，10％混試料においても3.5℃の差がある。いずれも照射温度より高い温度を示している。遠赤外線放射が熱作用として，繊維製品の保温・蓄熱効果との関連は，サンダーロン®繊維の遠赤外線放射率曲線測定結果と繊維製品表面温度測定実験により，一考察として評価できるのではないかと思われる。なお詳細な相関については，今後の系統だった実験，測定によって検討する必要がある。

159

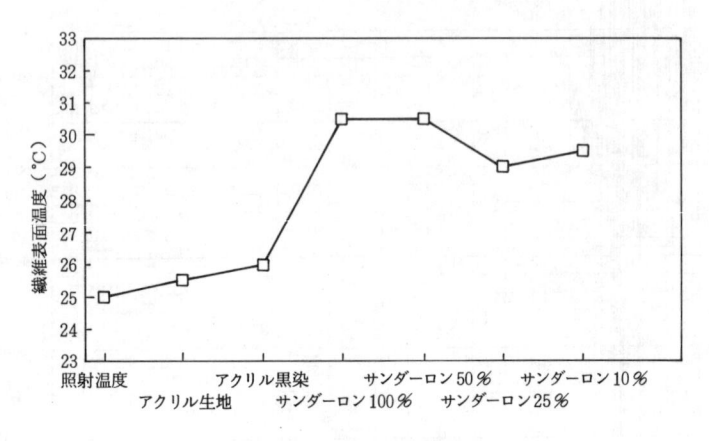

図7 繊維表面温度測定

4.7 サンダーロン®スーパー

現在進展する情報化社会の中で，通信機器，OA機器，大型コンピューター機器の普及は目覚ましいものがある。一方では，これらの情報処理装置が発生する無線周波のエネルギーが相互の電子機器に障害を与え，誤動作を起こす要因となっている。ここに電子装置の機能を乱さない適合性のある電磁環境を保つためのEMI対策が講じられ，わが国においてもよく，"VCCI"（情報処理装置等電磁障害自主規制協議会）と呼ばれる。自主規制が発足し，電磁環境改善への認識が深まっている。このような動きに，いち早く対応するため，数年前より，サンダーロン®繊維の導電性をさらに高めた電気メッキ加工による金属化技術を確立し，電磁波シールド効果に優れた繊維を開発，製品化している。繊維素材としては，アクリル，ナイロン，ビニロン，ガラス繊維などがあり，当社では「サンダーロン®スーパー」と称して，電磁波シールド材料，電気材料などとして数多くの製品展開を図っている。

4.7.1 サンダーロン®スーパーの特長

a) 優れた導電性能
比抵抗値 $10^{-3} \sim 10^{-4} \Omega \cdot cm$

b) 電磁シールド性に優れている（図8）。

c) 比重が$1.4 \sim 1.6 g/cm^3$で通常の有機繊維とあまり差がない。

d) 糸状で汎用性があり，任意の編・織物が可能，また他の繊維と複合が容易で幅広い用途展開ができる。

4　アクリル・ナイロン繊維

e) 繊維をカット（5～10mm）することにより，他高分子材料，紙などにミックスが可能また不織布などにも展開ができる。

f) 耐熱，難燃を要求される分野に，ガラス繊維が応用され，特に建材関係の防炎対策材料として展開ができる。

4.7.2　サンダーロン®スーパーの物性
表3に示す。

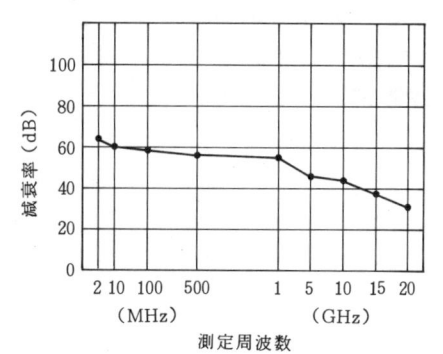

試料：アクリル繊維生地　生駒電波測定所　測定
図8　サンダーロン®スーパーのシールド効果

表3　サンダーロン®スーパーの物性

強　　　　度	3.2g／d
比　　　　重	1.4～1.6g／cm^3
電気比抵抗値	1～3×10^{-4}Ω・cm
軟　化　点	190～240 ℃

＊　原糸はアクリル繊維

4.7.3　サンダーロン®スーパーの主な用途・商品展開
a) 電磁波シールド材（シールド用建材，電線被覆材，電子機器用ハウジング，医療機器）
b) ノイズ防止材料，電磁波防護衣料，IC包装，容器材料
c) 電磁波反射材（衛星放送用パラボラアンテナ，業務用パラボラアンテナ，レーダ反射材）
d) 電磁気材料（センサー材料，電極材料）

以上，列記したが，発展する電磁環境社会において，サンダーロン®スーパーの持つ，金属的な導電性，柔軟で，汎用性に富んだ基質を生かした応用展開が考えられる。

4.8　その他
有機合成繊維による電磁波材料としてサンダーロン®繊維とサンダーロン®スーパーについて，波長域や周波数域の区分により，機能や特長を解説してきたが，電磁波工学の無限的な範囲の広さに気がつき，理科年表に記載されている電磁波と周波数の図表を見ると，周波数10^3 ～10^{23}Hz

まで記してあった。10^{20}の範囲である。有機合成繊維と無機化合物の組み合わせ材料で，数多くの特質と機能を見出したが，まだまだ完成された物でなく，研究を重ねることにより，新しい機能や構造改良が可能だと思われる。特にサンダーロン®スーパーの機能については，一部分のみである，鋭意研究により，グレードの高い電磁波材料として展開していくことを考えている。

文　献

1) 大森豊明，"80年代に開花する機能材料"「えんじにあ」，No. 100（1979）
2) 市原，石野，清水，電子通信学会"導電性繊維との混織布帛を用いた軽量電波吸収体"，MW83-52（1983年9月）
3) 橋本，市原，石野，清水，電子通信学会，"導電性繊維電波吸収体の実用化に関する検討"，EMCJ86-63（1986年10月）
4) 化学大辞典（共立出版編）

5 紫外線カット繊維

坂本　光*

5.1 電磁波と繊維

　日本の繊維産業は今日成熟期にあり，欧米やNIES・アセアン諸国との競合の中で生産要素技術のハイテク化，繊維化技術と加工技術のハイブリッド化，あるいは高品位商品の開発などにより世界的な競争に対処している。

　生産品種も従来の天然繊維や化学繊維の他に，超極細繊維や新規嵩高繊維などの高感性素材と共に超強力繊維，耐熱性繊維，難燃性繊維などの高機能繊維が開発されてきた。それらの中に，電磁波を利用した繊維として表1に示すようにフォトクロミック繊維，蓄熱性繊維，遠赤外線放射繊維，玉虫調発色繊維，電磁波シールド繊維などがある。これらの繊維は，電磁波の中でも主として紫外線から赤外線の領域を利用している。紫外線は高分子の光合成や蛍光・燐光現象の利用，可視光線は視覚的な発色効果を，また赤外線は温熱効果を利用している。しかしこれらの繊

表1　電磁波と機能素材

電磁波	波長	対応素材	《具体的製造法》
ガンマ線			
-----	10^{-2}nm		
X線		X線遮蔽繊維	鉛繊維
-----	10nm		$BaSO_4$添加
紫外線		UVカット繊維 フォトクロミック繊維 蓄光性繊維	セラミック練り込み 感光色素利用 蓄光顔料利用
-----	400nm		
可視光線		高発色性繊維 玉虫調発色繊維 太陽熱吸収繊維 熱線カット繊維 近赤外線放射繊維	ミクロレータ 極薄多層構造 セラミック練込み セラミック練込み セラミック練込み
-----	780nm		
赤外線		遠赤外線放射繊維	セラミック練込み
サブミリ波			
ミリ波			
-----	1mm(10^6nm)		
マイクロ波			
-----	1m (10^9nm)	電磁波遮蔽繊維	導電性繊維 金属繊維
ラジオ波			

---

*　Hikaru Sakamoto　㈱クラレ　玉島工場　エステル開発部

維は歴史も比較的浅いため，いくつかの問題を持っている。例えば通称・蓄熱繊維は太陽熱を吸収して暖かくなる原理なので，蓄熱性が低く，繊維が黒いため汎用性に欠け，熱源の制約などがある。また遠赤外線放射繊維は，常温域での遠赤外効果を説明する理論が十分でないなどの問題がある。しかし現在これらの問題に対して，解決へ向けての精力的な検討がなされている。

紫外線カット繊維も紫外線という電磁波の特性を利用した素材の一つである。

紫外線は可視光線と同じように，吸収，反射および透過の3つの性質を有している。また，光の波長とエネルギーは反比例するので，波長が短い紫外線が赤外線や可視光線に比べてエネルギーレベルが高い。

各電磁波のエネルギーレベルを表2に示すが，可視光線や赤外線は分子の振動・回転運動に作用し，最後は熱となる。したがってこれらの光線を吸収した物は発熱するので暖かく感じる。逆に可視光線や赤外線からなる太陽光を遮蔽すると涼しく感じることになる。

紫外線は生物の細胞を構成する分子の原子間結合エネルギー（例：C-H 99, C-C83kcal/mol）と同じレベルにあるので，物質の構成分子を合成する働きと共に破壊する作用もする。このため紫外線の増加は地球上に棲息する生物に強く悪影響することになる。

表2 電磁波エネルギーと分子結合エネルギーの関係

電磁波				結合エネルギー（kcal/mol）
区分		波長(nm)	E (kcal/mol)	
X線		10	2,858	$C=O(191)$
紫外線	真空紫外	200	143	$C=C(141)$
	紫外線C	290	99	$O-H(110)$
	紫外線B	320	89	$C-H(98), N-H(92)$
	紫外線A	400	71	C-O(77) C-C(85),S-H(87) ⇒ S-H(87),C-C(85) C-O(77)
可視光線		780	37	$C-N(64)$
赤外線	近赤外線	1400	20	$C-S(64)$
	遠赤外線	1 nm	0.03	$O-O(33)$
マイクロ波				

5.2 紫外線と人間

46億年前に地球が誕生して以来，紫外線との長いかかわりあいの中から生物が誕生し，進化して今日の地球生物圏を形成してきた。

5 紫外線カット繊維

当初は強烈な太陽紫外線が地表に降り注ぎ，生物の生存を阻止していたが，約37億年前に紫外線の届かない海の中で最初の原生植物が誕生した。そしてそれらの植物の炭酸同化作用や炭酸ガスの光分解によって，大気中に徐々に酸素が増加し，その一部が光反応によってオゾンに変化した。オゾンが紫外線を吸収するので，地表に届く紫外線量が減少して約4億年前には陸上にも生物が棲息できるようになった。紫外線の減少と酸素に富んだ環境は生物の進化と品種の増大を促した[1]。

約400万年前に誕生した人類は，最初は熱帯森林で紫外線を避けて生活をしていた。やがて広野に進出して北に向かった人種は紫外線の少ない環境なので皮膚中のメラニン形成能が発達せずに白い肌をしている。一方太陽光の強い地域に住んだ人種はメラニン形成能が発達して黒い肌となった。したがって米国やオーストラリアに移住した白人は太陽紫外線から人体を防御する機能が低いため皮膚がんという問題が生じている。このように紫外線は地球上の生物と密接な関係にあるので，太陽紫外線を遮っているオゾン層濃度の変化は重大な関心事である。

しかし1982年に南極昭和基地でオゾン層濃度の減少する現象が忠鉢らによって観測され，1984年に国際学会で発表された。そして1985年にはオゾンホールの存在が英国のFarmanによってNature誌に発表されて世界的に大きなインパクトを与えた[2]。この現象はNASAによって確認され，映像化されて発表された。また，フロンがオゾン層破壊に強くかかわっていることが判明し，各国ともフロンの生産および使用の中止に向かって急ピッチで対策がとられている（表3参照）。

表3 オゾン層破壊問題の経過

1960代・米ソ両国による水素爆弾の大気実験によるオゾン層破壊が問題になった。
1971年・成層圏を飛行する超音速旅客機の排ガスによってオゾンを減少させるとのマクドナルド教授の警告が出され論争となった。
1974年・米国のローランド教授とモリーナ博士が，フロンによるオゾン層減少の可能性を指摘。
1978年・米国はフロンの噴射剤およびフロン使用エアゾール製品製造禁止。
1982年・南極昭和基地でオゾン層濃度の減少を忠鉢らが発見。
1985年・国連環境計画（UNEP）の外交会議で「オゾン層保護のためのウィーン条約」を採択。
　　　・英国のFarmanらによって"オゾンホール"現象がNature誌に発表されて，世界に大きな反響を与えた。
1986年・NASAが過去のデータを基にオゾンホールを映像化して発表。
1987年・国連環境計画の外交会議で，ウィーン条約に基づいた具体的な規則（フロン生産50％削減）を決めた「オゾン層を破壊する物質に関するモントリオール議定書」を採択。
1988年・日本で「オゾン層保護法」公布。
1989年・モントリオール議定書発効。
　　　・特定のフロンの今世紀末全廃を内容とするヘルシンキ宣言を採択。
　　　・特定のフロンの製造・輸入の世界的規制。
1990年・特定のフロン等の2000年全廃を含む規制強化および途上国に対する資金援助等を内容とするモントリオール議定書改正案を採決。
1991年・日本で「オゾン層保護法」改正。
　　　・環境庁が「90年の世界のオゾン層監視結果報告」をまとめた。
1992年・米国は特定フロンを1995年までに全廃する意向を表明。

オゾン層濃度が減少すると，太陽光から地表に到達する紫外線がより短波長領域まで拡がり，紫外線量も増大するので，人間を含む地球上の全生物へ重大な影響を及ぼすことが予測され，大きな社会問題となっている。例えば日本付近ではオゾン濃度が１％減少すると，紫外線量は 1.7〜1.9 %増加する[3]。

また紫外線の増加は高分子化合物の光劣化を促進するので，繊維のみならずプラスチックなどのすべての有機材料の耐光性の低下を招くことになり，対策が必要になってくる。

オゾン層破壊による紫外線の増加問題以外にも，酸性雨や河川水の汚染（水道水の殺菌用塩素濃度増加）などの問題があり，生物への影響以外にも繊維製品の染色堅牢度低下などを招来する懸念がある。

5.3 太陽紫外線

5.3.1 太陽光と紫外線

地球上の紫外線の主要な供給源は太陽光線である。太陽から放射された光はオゾン，水蒸気，炭酸ガスなどの吸収を受けながら，図１[4]のように波長域が 290〜2500nmに分布した光として地表に到達している。

表４　太陽紫外線

Ⅰ．太陽紫外線量［夏，晴，正午頃］

項目	効果
1．エネルギー量	・太陽全エネルギー量の６％
2．照射強度	・40〜70W/m²
3．照射量	・140〜250kJ/m²/hr

Ⅱ．地表照射量に影響する要因

項目	効果
1．季節（年間）	・月別は５〜８月が多いが，１日当たりでは６月の晴天日が最大 ・夏季は冬季の２〜３倍 ・太陽が天頂に近いほど多い
2．時間（日内）	・１日内では10〜14時が多く，１日量の50〜70％を占める
3．場所①緯度 　　　②日本の南北 　　　③高度（海抜） 　　　④木陰	・赤道付近に多く，高緯度ほど少ない ・那覇は北海道・旭川の約1.4倍 ・１km高くなるごとに紫外線量は10〜20％増加 ・木陰は日当り場所の約18％
4．天候	・曇り：晴天の約1/2(1/3〜4/5) 　雨天：晴天の約1/6(0 〜1/3)
5．各種物体の反射率	・雪：70〜90％，芝生：１％，コンクリート：６％
6．ガラス透過率	・紫外線Aは透過，Bは遮蔽 　窓：57％，自動車：20％

5 紫外線カット繊維

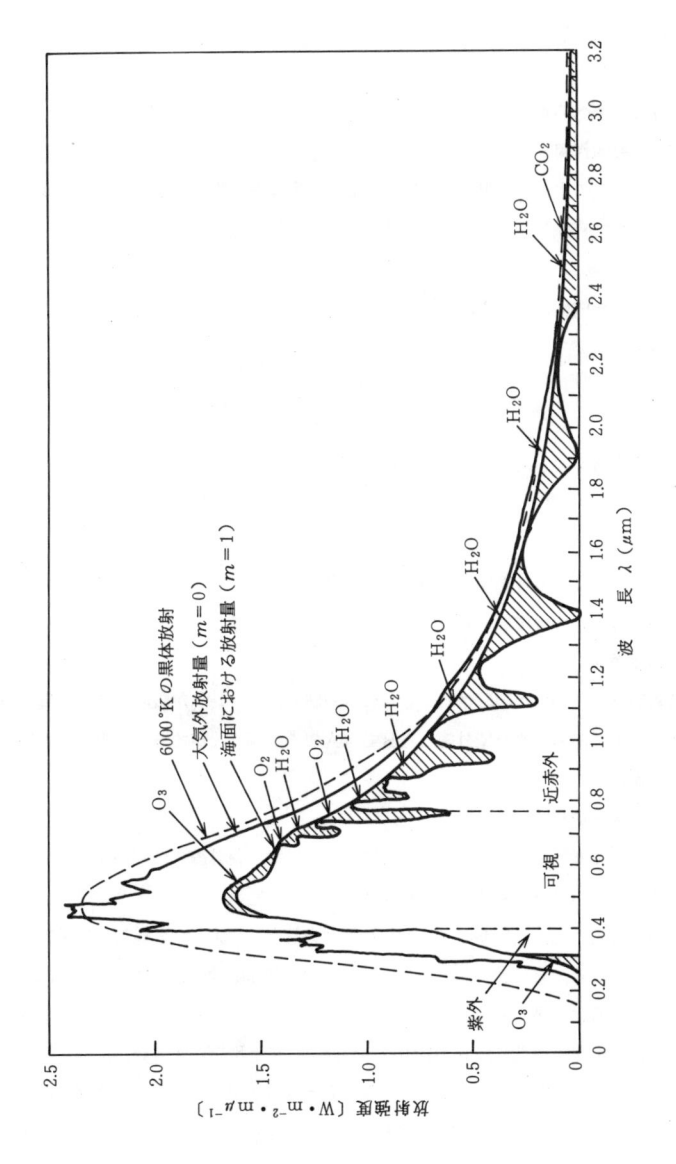

図1 太陽光放射強度の波長分布
（斜線の部分が吸収された量である）

太陽光は表4に示すような紫外線特性を有しており，時期・場所などで地表の照射量が大幅に変化する[5]。

雪面は紫外線を強く反射するので，スキーや雪山登山で日焼けしやすい。またガラスは紫外線Bをカットするが，紫外線Aは透過するので要注意。

5.3.2 紫外線の生物への影響

(1) 生物への一般的作用

太陽紫外線は地球上の生命体の誕生を始めとして，あらゆる生物に大きな影響を及ぼしてきた。紫外線は生物にとって有益な作用と有害な作用があって，その主なものは次の通り。

A．有益作用
① ビタミンDの合成促進とくる病の抑制
② 消毒・殺菌作用
③ 光合成

B．有害作用
① 皮膚障害：皮膚炎，がん，色素性乾皮症
② 白内障
③ 免疫機能低下
④ 海の生物への影響：紫外線増加→植物プランクトン減少→魚貝類減少
⑤ 植物への影響：紫外線増加→光合成，成長，開花への影響

(2) 皮膚への浸透性[6]

紫外線は角質層で60〜80％が吸収され，さらに有棘層では6〜18％が吸収されて，真皮内に侵入するのは10〜20％である。また紫外線AとBではAの方が深く浸透する。一方，可視光線や近赤外線は皮下組織にまで到達する。

(3) 日焼け（日光皮膚炎）[7]

紫外線障害の中で日常的で最も関心の強い日焼けについて，紫外線との関係を考えてみる。

日焼けは炎天下に皮膚を曝した時，皮膚が赤くなったり，(紅斑，sunburn，サンバーン)，肌が黒くなったり（色素沈着，suntan，サンタン）した状態を言う。一方，紫外線は生物学的な作用効果から，A(400〜320nm)，B(320〜290nm)およびC(290〜200nm；地表には届かない)に分類され，各々が表5に示すように作用する。

太陽光の中で305nm付近の紫外線Bが日焼け等の障害に最も影響が大きいが，紫外線Aによる障害も少なくないので，必要以上の紫外線の被曝は避ける方が望ましい。またオゾン層破壊による紫外線Cの地表への到達は重大な関心事である。

5 紫外線カット繊維

表5 太陽紫外線の皮膚への作用

紫外線の区分	特徴	しわ	しみそばかす	肌あれ	日焼け		
					紅斑	即時黒化	遅延黒化
紫外線A(UV-A)	①作用力は弱いが量はBの10倍多く,徐々に作用する ②皮膚の深部まで侵入し,真皮内の線維質を変質させる ③UV-Bの作用を増強する	○	○	△	△	○	△
紫外線B(UV-B)	①作用力が強く,急激に炎症を起こす ②主に表皮層で作用し,皮膚細胞に損傷を与える ③真皮内の線維質を変質させる	△	○	○	○	×	○

○:影響大　△:中　×:なし

5.3.3 オゾン層破壊と太陽紫外線の現況[8]

オゾン層破壊とそれに伴う紫外線の増加により,皮膚がん増加の恐怖が欧米やオーストラリアを中心として世界的に現実味が増してきている。

欧州では,この冬のオゾン量が,例年より10～20%も減少して過去最低になった。

北半球,特にカナダ上空ではオゾン層破壊物質が激増していて,カナダでは週1回警報を流し始めており,紫外線の多い日に子供をあまり外に出さないように警告している。

ニュージランドでは夏の間,肌を焼いてもよい時間を発表している。

UNEP(トルバ国連環境計画)の報告書によれば,オゾンの10%減少で皮膚ガンが26%増え,白内障による失明が毎年世界で160～175万人増えるとしている。また,紫外線による免疫低下は有色人種にも起きるという。

最近,南極のオゾンホールの下では,紫外線が植物プランクトンの増殖を6～12%抑えるとの説が出された。この場合,海の炭酸ガス吸収力が低下するので,大気中の炭酸ガスの減少が小さくなり,地球温暖化を進めることになる。

5.4 紫外線遮蔽繊維製品

5.4.1 要求特性

紫外線カット繊維製品は,太陽光に敏感な皮膚の人が春夏季に着用する条件に適応した布帛である必要から,次の4項目が要求特性として挙げられる。

① 紫外線遮蔽性に優れていること
② 太陽光の下での着用感に優れていること
③ 皮膚への安全性が高いこと

④ 取り扱いが容易で，耐久性に優れていること

5.4.2 繊維製品製造法

紫外線カット繊維製品を生産する一般的な方法としては，繊維素材を改質する方法と布帛を後加工する方法に大別されるが，主な具体策としては次の4つがある（表6参照）。

表6 紫外線遮蔽繊維製品の製造法とその特徴

素材	方法	紫外線遮蔽性	着用感	安全性	備考
紫外線遮蔽性繊維	1.紫外線遮蔽性ポリマーの採用 2.紫外線遮蔽物質練込み ・有機化合物：ベンゾトリアゾール系，パラアミノ安息香酸系等 ・無機化合物：酸化亜鉛，酸化チタン，酸化鉄，タルク等	1.優れた紫外線遮蔽能 2.ポリマー改質なので優れた耐久性を有している 3.通常の製品と同じように取り扱い（洗濯，アイロン）ができる	1.ポリマーや練込み剤の選択によって，可視光線〜近赤外線の反射増加または熱伝導性の低下により太陽光遮熱性の向上が期待できる	1.遮蔽剤のポリマーからの溶出や剥離による人体への移行がなく，安全性が高い 2.無機化合物練込みは安全性が高く，光安定性も良好なので，このタイプは皮膚にやさしい	・PET繊維は他素材に比較し基本的に紫外線遮蔽能が優れている
紫外線吸収剤・蛍光増白剤処理布帛	1.紫外線吸収剤または蛍光増白剤による繊維または布帛の仕上処理 2.加工剤は上記の遮蔽剤や通常の仕上剤	1.紫外線遮蔽性は向上 2.耐久性がやや劣る；耐光性，洗濯堅牢度など	1.遮熱効果は期待できない 2.風合などの変化は比較的少ない	1.安全性の高い紫外線吸収剤や蛍光剤の選択要 2.紫外線多量被曝後の安全性確認要	・紙おむつ，幼児服（米国）には蛍光剤使用禁止 ・演色性が懸念される
紫外線遮蔽剤コーティング布帛	1.紫外線遮蔽剤をバインダー樹脂と共に布帛にコーティングする 2.紫外線遮蔽剤は上記の成分を利用する	1.紫外線遮蔽性あり 2.耐久性がやや劣る；洗濯，屈曲および摩擦堅牢度など 3.紫外線吸収性のよいバインダー樹脂の選択要	1.着用感が劣る；通常布目が詰るので直射光を遮断するが通気性が低下して，着用時蒸し暑くなる 2.一般に風合いがやや硬い	1.安全性の高い紫外線吸収剤や蛍光剤の選択，および紫外線多量被曝後の安全性の確認要 2.コーティング剤の安全性確認要	
布帛仕様	1.色相：濃色，黒色	1.紫外線を吸収し遮蔽性あり	1.太陽熱を吸収して布帛温度の上昇大で，着用時暑く感じる	1.皮膚刺激性のない染料選択要	・ファッション性に劣る ・春夏用衣料には適さない
	2.高密度：分割極細繊維の使用，構成糸本数増加	2.紫外線の透過空間（隙間）減少による遮蔽性あり	2.太陽光を遮断するが通気性が低いので，着用時蒸し暑い	2.特に問題ない	
	3.厚い生地	3.紫外線の吸収・拡散および隙間減少による遮蔽性あり	3.通気性が低いので蒸し暑い	3.特に問題ない	

① 紫外線遮蔽性能を有する繊維の使用
② 紫外線吸収剤や蛍光増白剤で布帛を処理
③ 紫外線遮蔽剤を布帛にコーティング
④ 遮蔽性の優れた布帛仕様

単に紫外線のみをカットするのであれば，いずれの方法でも可能である。しかし上記の要求特性を満足させるには，表6に示すように紫外線を吸収または反射する成分と，可視光線や赤外線を反射する成分をポリマー中に練り込む方法が最も望ましい。

5.4.3 繊維ポリマー

紫外線をよく吸収または反射し，汎用性のあるポリマーが繊維用として望ましい。各種繊維素材の紫外線反射および透過曲線（図2参照）から，素材間の紫外線カット性を比較すると次の通

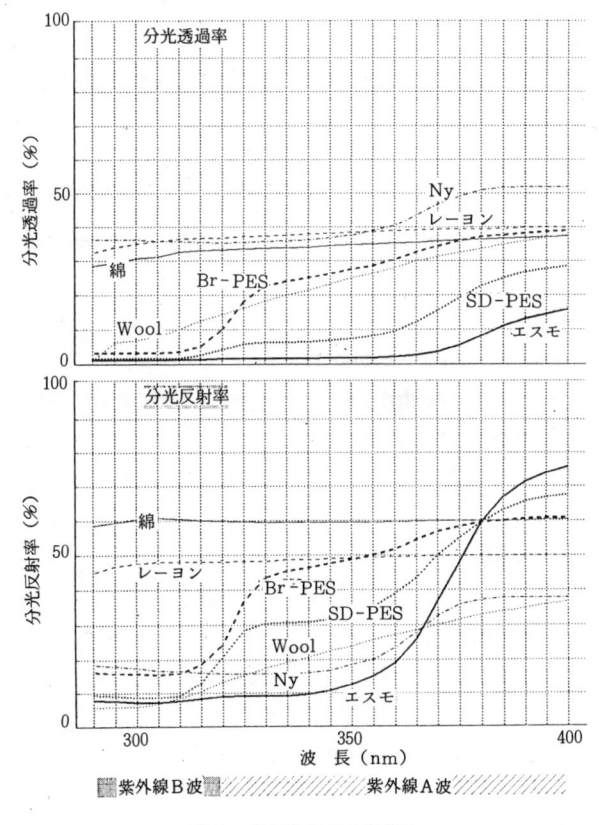

図2　各種布帛の分光特性

り；
　紫外線カット性；（大）ＰＥＴ＞ウール＞綿，ナイロン，レーヨン
　この結果より，繊維用ポリマーとしては芳香族ポリエステル化合物（例；ＰＥＴ）が適している。

5.4.4　紫外線カット性成分
　紫外線カット性成分としては，紫外線吸収力または反射力が大で，耐久性と安全性の高い成分を選択することが必要である。
① 　紫外線吸収成分：（有機系）ベンゾトリアゾール系，パラアミノ安息香酸系，ベンゾフェノン系，ウロカニン酸
　　　　　　　　　（無機系）酸化チタン，酸化亜鉛，酸化鉄，
② 　紫外線反射成分：タルク，カオリン，炭酸カルシウム

5.4.5　布帛仕様
　布帛仕様はカバリング性の高い布帛設計ほど紫外線カット性が大きい。要素項目とそれらの相対的な効果は次の通り；
① 　ステープル＞フィラメント　　② 　加工糸（嵩高，毛羽）＞フラットヤーン　　③ 　細い繊維＞太い　　④ 　異型断面（特に偏平）＞丸断面　　⑤ 　濃色＞淡色　∥　黒色＞白色
⑥ 　厚い生地＞薄い　　⑦ 　高密度＞低密度　　⑧ 　織物＞編物　　⑨ 　織編物の組織

5.5　紫外線・熱線遮蔽ポリエステル繊維
5.5.1　紫外線・熱線遮蔽ポリエステル繊維とは
　クラレが長年の機能性研究成果と微粒子を高分子に添加して繊維を改質する技術の結合によって開発し紫外線と輻射熱をカットするポリエステル繊維が「エスモ」繊維である。
　「エスモ」の開発コンセプトは；
① 　優れた紫外線カット性
② 　日光下での快適な着用感
③ 　皮膚安全性
④ 　イージーケア性と耐久性

である。これを具現化するために「エスモ」は紫外線を吸収し，可視光線や赤外線を反射するセラミックス微粒子をＰＥＴに練込んだ繊維である。フィラメントタイプの「エスモＦ」はセラミックス高練り込みＰＥＴを芯成分にした芯鞘複合繊維で，性能のアップと工程通過性の向上を図っている。さらに繊維断面を特殊異型（偏平8葉など）にしたり，布帛仕様の設計を適性にして，紫外線カット性を向上させている。

5 紫外線カット繊維

したがって，「エスモ」布帛は人体を太陽紫外線から守り，太陽熱を遮断する機能を有するので，着用感として，"涼しくて，日焼けが少ない"という優れた特徴を発揮する。

ポリマータイプとしては，レギュラータイプ，高性能タイプ，染色性改良タイプ，抗ピルタイプなどを生産または開発中である。また，セラミックスの練込みによる工程通過性（ポリマーフィルター詰り，紡糸時の糸切れ，部品の摩耗）や品質（強伸度，耐光性など）の低下がないように，成分や生産条件に工夫している。さらに，微粒子の添加は布帛にドライ感とドレープ感を与えている。

5.5.2 分光特性

「エスモ」繊維を使用した布帛の分光反射および透過特性は図3，図4に示すように可視部〜近赤外部では反射特性が高く，紫外部では吸収特性が高い。

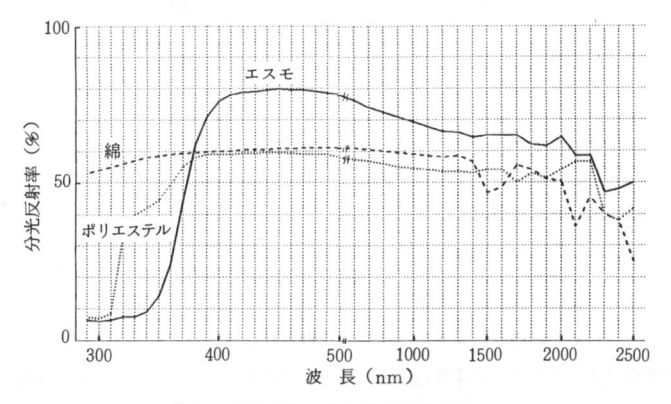

図3 「エスモ」の分光反射率曲線

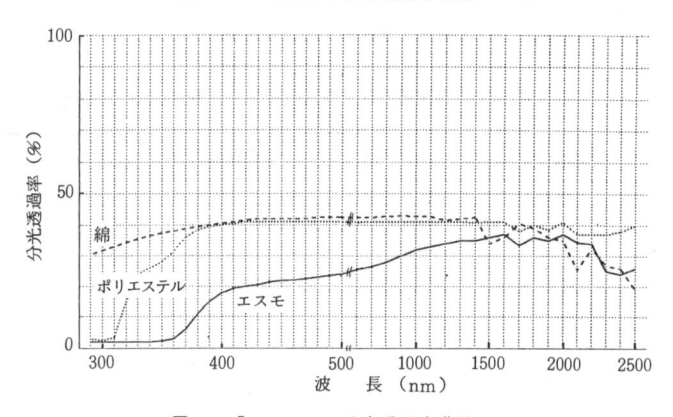

図4 「エスモ」の分光透過率曲線

173

5.5.3 紫外線カット性能

布帛の紫外線カット性能を評価するために，50cm上方に設けた紫外線ランプ（フナコシ（株）製ELC4000）から紫外線を試料に所定時間照射し，試料直下に取付けた紫外線センサー（東レテクノ製：日焼けセンサーSUV-T）で透過紫外線量Aを測定し，同時に試料のない状態で紫外線量Bを測定して（A/B）×100 から紫外線透過率（％）を算出した。

その結果，表7に示すように「エスモ」使い布帛は他素材品に比べて優れた紫外線遮蔽性を有しており，夏用衣料の主素材である木綿布帛の透過率（30.2％）に比べて，「エスモ」布帛の透過率(2.1％)はその約15分の1である。

表7 各種素材使い布帛の紫外線透過率

試料				光源：太陽光			UVランプ
素材	布帛組織	目付(g/m^2)	UV透過量（$J/cm^2 \cdot hr$）		UV透過率（％）	UV透過率（％）
			サンプル	ブランク		
"エスモ"	平織	98.2	0.3	14.4	2.1	4.4
ポリエステル	平織	97.0	2.3	18.6	12.4	22.4
木綿	平織	99.7	7.1	23.5	30.2	37.5

5.5.4 UVAおよびUVBカット性

「エスモ」のUVB透過率は表8に示すように他素材より低く，UV（A＋B）でも，「エスモ」白色布帛は通常ポリエステル濃色品と同等で優れたカット性を有している。布帛の全紫外線平均透過率は 4.0％で，紫外線A域が 5.0％，B域が 1.4％であり，特に紫外線B域に対して高いカット性を有している。また，分光光度計と太陽光の透過率は良い対応をしている。

表8 各種布帛の紫外線Aおよび紫外線B透過率
（単位：％）

試料（布帛）		分光光度計による紫外線透過率			太陽光下での紫外線透過率
原綿	色調	UVA	UVB	UV・（A＋B）	
"エスモ"	白	5.0	1.4	4.0	2.6
ポリエステル	白	22.3	4.5	17.5	13.5
〃	黒	2.1	1.8	2.0	1.2
〃	紫	11.0	1.9	8.5	7.4
木綿	白	35.7	31.4	34.5	30.2

5.5.5 耐久性

「エスモ」布帛は繰り返し洗濯による紫外線カット性や形態の変化は特に認められない。また，耐光性も通常の用途では特に問題にならない。

5.5.6 紫外線カット性に影響する素材要因

布帛の紫外線カット性に影響する素材要因としては次の事項が挙げられる；
① 素材中のセラミックス添加量　② 繊維断面形状　③ 繊維のバルキー性/捲縮性
④ 繊維の色相・明度　⑤ 繊度　⑥ 蛍光剤または紫外線吸収剤有無　⑦ 繊維ポリマー

したがって「エスモ」商品はそれぞれの用途に適応した素材作りから布帛設計まで実施している。

5.5.7 着用テスト

「エスモ」とレギュラーポリエステルの各織物を半身ずつ使用したワイシャツを作成し，素肌に直接着用して6月の晴れた日に屋外で作業や運動をした。その結果は表9に示すように，累計約11時間で「エスモ」シャツの方が日焼けが少なく，明確な有意差が認められ，累計51時間でさらに著しい差が生じた。

表9　着用テスト

使用生地		日焼けの程度	
使用素材	紫外線透過率（％）	11hr着用	51hr着用
"エスモ"	2.1	○	△
通常ポリエステル	12.4	○～△	×

［備考］：日焼け　○ ←→ ×
　　　　　　　　なし　　あり

5.5.8 性能基準

性能基準の目安として，晴れた夏の日にゴルフを1ラウンド競技した場合に日焼けするのを防ぐために必要なウェアの紫外線遮蔽能を算出した。

＜想定条件＞
・太陽紫外線照射量　：18J/cm²/hr
・人体（肩部）被曝量：照射量の60％
・日本人の最小紅斑量：7 J/cm²
・被曝（競技）時間　：5 hr

上記の条件で，次式から衣服の紫外線透過許容限界量を算出した。

$$\frac{紫外線上限}{透過率（\%）} = \frac{最小紅斑量 \times 安全係数 \times 100}{紫外線照射量 \times 被曝率 \times 時間} = \frac{7\ (J/cm^2) \times 0.8 \times 100}{18(J/cm^2 \cdot hr) \times 0.6^{9)} \times 5\ (hr)} = 10.4\%$$

上記の条件はテニス，ゲートボール，一般用途にも適用できるので，「エスモ」衣服の性能基準として紫外線透過率10%以下（カット率90%以上）に設定している。

また衣服以外についても，用途に適合した紫外線カット性能基準作りに努めている。

紫外線カット率90%は理論的にはUVケア化粧品で使用されるSPF10（日本人対象）に相当し，日焼け防止性能の目安とされる一つのレベルである。

5.5.9 太陽光遮熱特性

(1) 布帛の遮熱性能

「エスモ」布帛は可視部および近赤外線での反射率が高いので（図3参照），太陽光を強く反射して熱線をカットする。そこで，図3の分光反射曲線と図1の太陽光エネルギー分布曲線から布帛の太陽光反射率を算出してみると，綿の平均反射率59%に対して「エスモ」は69.4%で，10%も平均反射率が高い結果が得られた。この10%の差に相当する太陽熱は少なくともカットされることになる。

遮熱性能の実測には，断熱材で囲まれた凹部（深さ1cm）の上面にサンプルを置き，底部に黒体塗料を塗ったケント紙で覆った温度センサーを配置した装置を作成して用いた。そこで太陽光に曝露した時の布帛内温度を測定した結果，「エスモ」布帛はレギュラーポリエステルや綿より6〜8℃も低く，優れた遮熱性を示した（図5参照）。

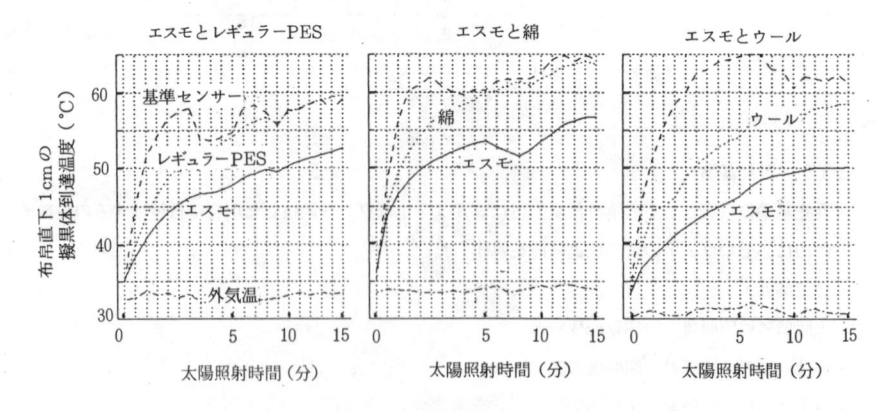

図5 エスモと各種布帛の太陽光遮熱性（一対比較法）

(2) 着用テスト

「エスモ」とレギュラーポリエステルの各織物の腕抜きを腕部に着用して，日光に曝した時の衣内温度を測定した。日光曝露開始時からの皮膚温度の上昇は，「エスモ」の方が 0.4℃も低く，また腕抜き内空間温度の上昇も「エスモ」製の方が 1.3℃も低く，太陽光に対する優れた遮熱性能が認められた。

ゴルフウェアやブラウスの実着用でも，多くの人から"涼しい"との評価を受けている。

5.6 紫外線・熱線遮蔽ポリエステル繊維
5.6.1 ブランド
① 一般向け　　：エスモ
② 衣料向け
　・パコニア　：ブラウスなどの婦人服全般
　・UVX　　：スポーツウェア全般
　・クラサーモ：ユニフォーム，作業服全般
③ 海外向け　　：SUNFIT

5.6.2 他のUVカット布帛との比較

表6で示したように，「エスモ」使い布帛は優れた紫外線カット性の他に，①涼感，②安全性，③イージーケア性，④耐久性等の特徴も併わせ持っているので，他のUVカット商品では得られ難い総合力は春夏用素材として最適である。

5.6.3 衣料以外の用途
(1) 帽子

綿製帽子の紫外線透過率が12.8%に対して，「エスモ」製帽子は 0.7%であった。また，帽子中央部内温も，「エスモ」帽子は綿帽子に比べて約2℃も低かった。これは"涼しく，日焼けも少ない"ことを示唆している。

(2) 日傘

「エスモ」使用日傘の紫外線透過率は 6.0%で，綿製品の16.4%に対して優れた紫外線カット性を示した。また傘地を通過する直射日射量も木綿の約80%で，優れた熱カット性を示した。これは，"日照りや日焼けが少ない"ことを示唆している。

ただし，傘地の場合は，生地密度を上げたりあるいは色を濃くしてやれば，ファッション性の低下はあるが遮蔽性はかなり向上する。

(3) カーテン

「エスモ」使用のドレープカーテンは，同規格の他素材品に比べて紫外線をより多くカットす

るので，畳やカーペットの日光変色が他素材品より少ないことが期待される。

(4) 日焼け防止手袋

日差しの強い日のドライブやテニスあるいはゲートボールなどで手や腕が日焼けするのを防ぐのに，「エスモ」使いの（ロング）手袋が他素材品より薄くても，白くても紫外線カット性を維持できるので有効である。

5.7 おわりに

単に紫外線をカットするだけの機能であれば，濃色生地や紫外線遮蔽剤処理布帛あるいは厚地や高密度布帛の使用によって可能である。しかし紫外線カット性がウェアに要求されるのは，強い日差しの下で着用された時に，日焼けをしないで快適に着用できることである。そのようなウェアに必要な基本性能（涼感，イージーケア，安全性，耐久性）を兼備している点に「エスモ」の特徴がある。

ところで，地球環境や社会生活動態が急激に変化しているが，それらに対応した新しい繊維素材や商品のニーズが高まり，多くの開発がなされていくものと思われる。

また，電磁波に関連した繊維素材や繊維商品についてもまだ多くの課題が残されているし，さらには新規分野の開拓も今後積極的に進められていくものと推測される。

文　献

1) 気象庁・オゾン層保護検討会編，オゾン層を守る，日本放送出版 p.29 (1989)
2) J. Farman *et al.*, *Nature*, **315**, 207 (1985)
3) 日経産業新聞 (1991.8.9)
4) 日本太陽エネルギー学会編，太陽エネルギー読本，オーム社，p.10 (1975)
5) 気象庁編，理科年表，丸善，p.262 (1991)，佐藤吉昭，臨床スポーツ医学，2，No.4，375 (1985)，福田実ほか，皮紀，**82**，551 (1987)
6) 高瀬ほか，基本皮膚科学Ⅱ，医歯薬出版，p.396 (1972)
7) 堀尾武，香粧会誌，**13**，219 (1989)，山村恵彦，聖マリアンナ医科大学雑誌，**18**，1 (1990)，芋川玄爾ほか，製薬工場，**6**，No.9，902 (1986)
8) 朝日新聞 (1992.4.11)
9) 井川正治ほか，第14回　人間－熱環境系シンポジウム報告書，p.135 (1990)

6 光ファイバー

島田勝彦*

6.1 はじめに

1970年のコーニング社による伝送損失20dB/km という単一モード光ファイバーが発表されたことが契機となって光ファイバーおよび光ファイバー通信が着目されるようになった。光ファイバーは従来の銅線同軸ケーブルに比較して，細径で軽量，かつ低伝送損失，広帯域であるため，大容量の信号伝送媒体として非常に優れたものであり，多種多様な応用展開が拡がっている。

その中でプラスチック光ファイバー(Plastic(s) Optical Feber, POF) は，石英光ファイバーに比較して，光の伝送損失は大きいものの，大口径，高開口数で，可とう性に優れ，加工がしやすく，さらに可視光を用いることから，取り扱いが非常に容易であり，光源LEDを含めたシステム価格が安いなどの特徴を有する。したがって，コストと取り扱いやすさが重要となる短距離光通信分野に最適の素材である。ここでは，POFの高性能化技術および最新のPOFの説明を中心に，一般的なPOFの構造，材料，用途について簡単に説明する。

6.2 POFの構造

一般に光ファイバーは，内部の屈折率分布構造に応じて次の二つのタイプに分類できる（図1）。

(1) ステップインデックス型(Step Index, SI型)

(2) グレイデッドインデックス型(Graded Index, GI型)

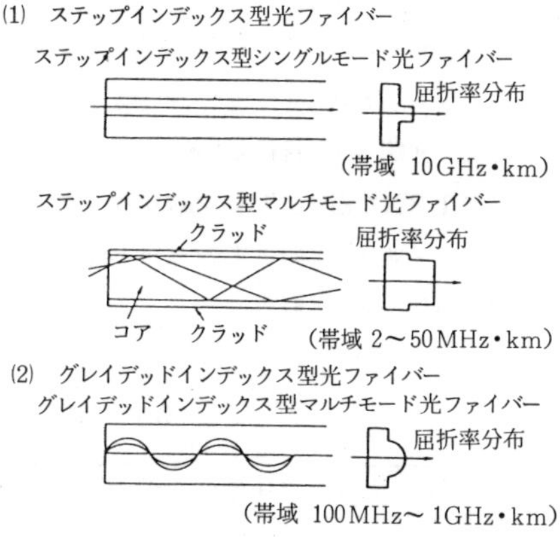

SI型光ファイバーはコア成分の外周をコア成分よりも低い屈折率のクラッド成分でおおった二層構造からなり，入射光はその界面で全反射を繰り返しながら光を伝搬する。また，SI型光ファイバーの中でコアの直径を数μmとしたものは，光ファイバー内の光の伝搬モードが1つしか存在せず，シングルモード（Single Mode, SM）光ファイバーと称され大容量の光信

(1) ステップインデックス型光ファイバー
ステップインデックス型シングルモード光ファイバー
（帯域 10GHz·km）

ステップインデックス型マルチモード光ファイバー
（帯域 2〜50MHz·km）

(2) グレイデッドインデックス型光ファイバー
グレイデッドインデックス型マルチモード光ファイバー
（帯域 100MHz〜1GHz·km）

図1 光ファイバーの屈折率分布構造

---

* Katsuhiko Shimada 三菱レイヨン㈱ 中央研究所

号伝送を可能とする。ＳＩ型ファイバーの中で芯の直径が大きいものは，マルチモード（Multi Mode, MM）光ファイバーと称され，比較的小容量の信号伝送および単純な導光体として使用する分野に適正がある。

ＧＩ型光ファイバーは屈折率が光ファイバーの中心から外側に向かって放物線状に低下する屈折率分布を有するものである。このタイプの光ファイバーはMM光ファイバーであっても，光信号伝送容量がＳＩ型MM光ファイバーよりも大幅に大きいため，ＳＭ光ファイバーを補完して光通信用途に最も広く用いられている。

ＰＯＦにおいて，現在まで製品化されたものは，すべてＳＩ型MM光ファイバーである。その構造は最も一般的なものとしては，ポリメタクリル酸メチル（PMMA）のコアの周りに5～20μmの薄いフッ素系ポリマーをクラッドとして被覆した二層構造である。

6.3 ＰＯＦ材料

ＰＯＦは前述のとおり，コアとクラッドから構成されているが，光ファイバーとして機能するためには，コア材，クラッド材ともに透明性が高いことが必要である。

ＰＯＦ材料として使用する可能性のある代表的透明プラスチックを表1に示す。これらの中で，比較的高い屈折率を有し，優れた光学特性，機械特性および成型加工性を有するPMMAをコア材とするＰＯＦが最も一般に普及している。ポリカーボネート（ＰＣ）をコア材とするＰＯＦも種々開発されているが，その光線透過率が小さいため伝送損失の大きなものとなる。しかし，そのガラス転移温度が 140～150 ℃とPMMAに比較して40℃程度高いため，耐熱光ファイバーコア材として興味のある材料である。ポリトリフルオロエチルメタクリレート，ポリジメチルシロキサン，ＴＰＸなどは屈折率が低いため，鞘材としての可能性がある。また，最近パーフルオロ構造を有する非晶性透明ポリマーがDuPont社，旭硝子（株）より相次いで開発され，ＰＯＦ鞘材としての展開が期待される。それらポリマーの諸物性を表2に示す。

表1 代表的透明プラスチック[2]

プラスチック	屈折率(np)	密度
ポリメチルメタクリレート（ＰＭＭＡ）	1.490	1.19
ポリスチレン（ＰＳｔ）	1.590	1.06
ポリ（ビスフェノールＡ）カーボネート[1]	1.586	1.20
４－メチルペンテン－１（ＴＰＸ）	1.467	0.83
ジエチレングリコールビスアリルカーボネート[2]	1.498	1.32
エチレン/酢酸ビニル（25％）共重合体	1.484	0.95
ポリジメチルシロキサン	1.404	0.98
ポリトリフルオロエチルメタクリレート	1.417	1.43

注 (1) 略：ポリカーボネート
　　(2) ＰＰＧ社：ＣＲ－39

表2　パーフルオロ構造を有する透明ポリマーの物性

	テフロンAF1600[1] （DuPont）	サイトップ[2] （旭硝子）
光線透過率（％）	＞95	95
屈折率	1.31	1.34
ガラス転移温度（℃）	160	108
吸水率（％）	＜0.01	＜0.01

(1) '89 10月高分子討論会講演より
(2) 技術資料より

6.4　POFの特性

　POFの特性についての詳細は，最近，種々の成書が刊行されている[1),2)]。ここでは，工業化レベルにおいて，製造，市販されているPMMAをコアとするPOFの一般物性を表3に示す。またエスカエクストラの代表的な伝送損失の波長特性を図2に示す。

表3　市販PMMAコアプラスチック光ファイバーの特性

			商標	スーパーエスカ	エスカエクストラ	クロホン＊ OE1040[1]	パイファックス＊ PIR140[1]	ルミナス＊ TCグレード	PF,PG グレード＊
			メーカー	三菱レイヨン	三菱レイヨン	デュポン	デュポン	旭化成	東レ
組成	芯材			PMMA	PMMA	PMMA	重水素化PMMA	PMMA	PMMA
	鞘材			フッ素ポリマー	フッ素ポリマー	フッ素ポリマー	フッ素ポリマー	フッ素ポリマー	フッ素ポリマー
光学特性	開口数			0.5	0.47	0.53	0.53	0.47	0.5
	受光角（θ_c）			60	56	64	64	56	60
	伝送損失[2] （dB/km）			140～220	120～200	500～600	270	125	140～180

注　(1) 三菱レイヨン（株）がデュポン社より技術資産を買い取り。
　　(2) 測定波長：650nm
　　＊　カタログデータ

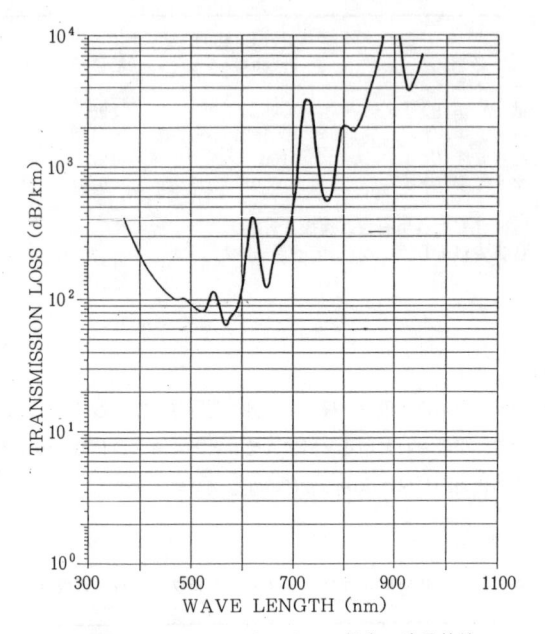

図2　エスカ・エクストラの損失−波長特性

6.5　POFの高性能化技術

POFの伝送損失要因は表4のように整理され，材料固有の損失と製造技術などの外的要因による損失とに大別される。

表4　POFの損失要因

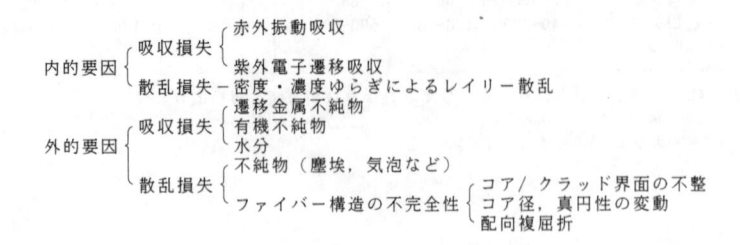

```
              ┌ 吸収損失 ┌ 赤外振動吸収
内的要因 ─────┤         └ 紫外電子遷移吸収
              └ 散乱損失 ─ 密度・濃度ゆらぎによるレイリー散乱

              ┌ 吸収損失 ┌ 遷移金属不純物
              │         │ 有機不純物
外的要因 ─────┤         └ 水分
              │          ┌ 不純物（塵埃，気泡など）      ┌ コア/クラッド界面の不整
              └ 散乱損失 ┤                               │ コア径，真円性の変動
                         └ ファイバー構造の不完全性 ─────┤ 配向複屈折
```

6.5.1 固有吸収損失

材料固有の吸収損失としては,赤外領域での分子振動吸収と紫外領域での電子遷移吸収が存在する。一般に有機ポリマーはその構成要素中にC-H結合を有しており,その基準振動が比較的短波長側にあるために,その高調波吸収は可視光域に現れる。例えば,PMMAの場合,図3のように分子振動吸収と損失が関係づけられる。また,紫外領域の吸収としてはエステル基に基づく$n \to \pi$遷移を主因とする電子遷移吸収が存在する。戒能らはPMMAについて,波長と吸収との相関性を次のような式で示した[3]。

$$\alpha_c = 1.58 \times 10^{-12} \exp(1.15 \times 10^4 / \lambda)$$

したがって,図3に示すようにPMMAをコアとするPOFは567nmと650nmに低損失の窓を有することがわかる。

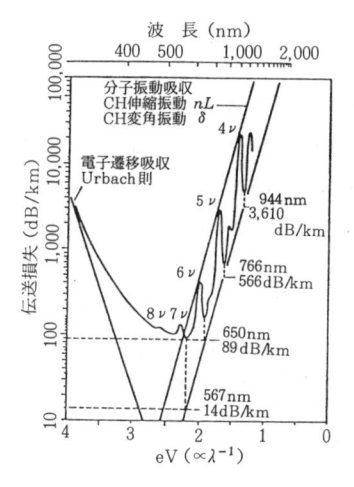

図3 吸収による損失

6.5.2 固有散乱損失

材料固有の散乱損失としては,レイリー散乱が支配的である。この散乱は,等方性密度ゆらぎと異方性密度ゆらぎに基づく散乱の和として表される。構成要素中に分極率異方性の大きいベンゼン環を有するPC,ポリスチレン(PSt)は異方性密度ゆらぎが大きく,固有散乱損失は大きくなる。また,Clausius-Mossottiの光散乱理論によると,レイリー散乱は波長の4乗分の1に比較して増加する。したがって,短波長側ほどその影響が大きい。

表5にPMMA,PStをコアとするPOFの限界損失を示す。PMMAコア光ファイバー

表5 PMMA,PStコアPOFの限界損失

(単位:dB/km)

コア材料	PMMA			PS		
波長 要因	516	568	650	580	624	672
全 損 失	57	55	128	138	129	114
分子振動吸収	11	17	96	4	22	24
電子遷移吸収	0			11	4	2
レイリー散乱	26	18	10	78	58	43
構造不完全性損失		20			45	
損 失 限 界	37	35	106	93	84	69

では波長568nm において35dB/km の伝送損失が達成可能と考えられる[4]。しかし,波長568nm 近くにおいて使用可能な高輝度発光素子(LED, LD)が現状では存在せず,POFの伝送可能距離を伸ばすには,伝送損失の低減化とともに,POFから見ればより高輝度な発光素子を開発することが重要となる。

6.5.3 外的要因に基づく損失

外的要因に基づく損失は,ポリマーの重合,光ファイバーへの紡糸という形態付与の過程で,種々の吸収・散乱損失が発生することに起因する。これらは,製造プロセス,条件を考え直すことにより,大幅に減らすことが可能である。低損失なPOFを製造するために重要なことは,装置腐食などによるポリマーへの金属の混入を極力抑えること,着色性不純物の生成を抑えるため,モノマー,重合助剤等の吟味,化学的精製と重合条件の選定,プロセス全体の低温化,異物混入の防止,異物発生の防止,芯,鞘複合繊維形成に起因する界面不整,コア径の変動などである。

遷移金属の混入に基づく吸収損失を表6に示すが,これよりppb オーダーの金属混入が大きな損失増加になることがわかる[5]。

表6 10dB/kmの吸収損失を与える遷移金属量

波 長	Co	Cr	Mn	Fe	Cu	Ni
630nm	2	10	200	500	30	70
850nm	*	*	*	120	30	30

(注) 単位 ppb, * >ppm

異物の混入,発生を抑えるためには,モノマー,助剤の徹底的ろ過は当然であるが,モノマー精製から紡糸に至る全プロセスを密関系とすることが極めて重要である[6]。また,個々の装置においては,配管内面の面粗度を極力鏡面とすること,配管は急激な曲げ部をなくすこと,摺動部等において発生する異物は積極的に系外へ排出すること[7]など,細心の注意が必要である。

繊維形成に起因する構造の不完全性に起因する損失を低減するには,ポリマーの流動性と賦型条件の適正化,高度なノズル設計,また,芯,鞘の密着性の向上等が重要となる。

以上の点を考慮し,工業化されたPMMAコア光ファイバーは,その伝送損失が 120〜140dB/km(650nm,入射NA=0.1)(エスカエクストラ,三菱レイヨン社製)と限界損失に近い値を示している。

6.6 耐熱性POF

PMMAをコアとするPOFはコア材の熱変形温度から85〜90℃が使用限界である。自動車な

どの移動体内通信の市場を開拓するための，耐熱性POFでは，ポリカーボネート（PC）あるいは熱硬化性樹脂が用いられている。表7に現在，市販されているPCをコアとするPOFの特性をまとめる。

表7 PCコア耐熱POFの特性

| | 三菱レイヨン | | 帝人化成 | 出光石油化学 | 富士通 | 旭化成 |
	PHグレード	FHグレード				
伝送損失 （dB/km）	1000	600	870〜950	560	800	<700
耐熱損失増加 （dB/km）	<100 (135℃2000h)	<200 (125℃2000h)	30 (130℃24h)	〜200 (120℃100h)	— (125℃耐熱)	— (125℃耐熱)
熱収縮率 （%）	0 (135℃)	0.2 (125℃)	0.33 (130℃)	0.8 (135℃)	—	—
許容入射角 （°）	128	97	62	—	75	—

（各社カタログデータより）

三菱レイヨンでは，最近PCをコア材として135℃の耐熱性を有するPOFを開発した。その伝送損失の波長特性を図4に示す。

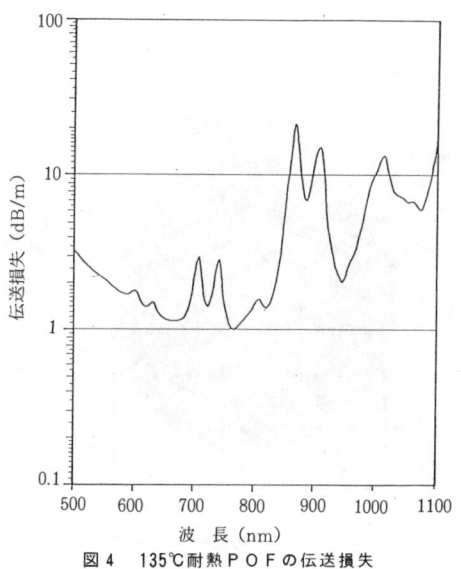

図4 135℃耐熱POFの伝送損失

6.7 高伝送帯域POF

高度情報化時代が到来し，情報量が増大してくると，今後POFにおいても高帯域化が重要になると考えられる。

POFの伝送帯域を広げる試みとして，GI型POFの研究が小池ら（慶応大）により成されている。その方法はランダム共重合による界面ゲル共重合法と称されており，混合モノマーの分子サイズ，ホモポリマーの屈折率，共重合反応性比等を巧みにコントロールすることにより，半径方向に屈折率分布を有するプリフォーム・ロッドを作成し，熱延伸した後，POFとしている。伝送損失193dB/kmと市販POFとほとんど変わらず，伝送帯域は546MHz・kmと市販POFの約90倍のものが実験的にではあるが得られており今後の発展が期待される[8]。

6.8 プラスチック・イメージ・ファイバー（PIF）

従来より，多数本の極細光ファイバーを束ねた像伝送体（イメージ・ファイバー）が開発され，内視鏡等に使用されているが，その材料は多成分ガラス，石英系のものであり，折れ易い，柔軟性が不十分である等の問題点が指摘されており，プラスチック・イメージ・ファイバー（PIF）の開発が望まれていた。三菱レイヨンでは，コア材にPMMA，クラッド材に特殊フッ素系樹脂を用い，最近，直径10μm以下の極細POFを約3,000本重ねた構造のPIFを開発した[9]。その断面写真を，写真1，写真2に示す。PIFの特徴はガラス系IFに比べて，その優れた柔軟性，耐屈曲性，明るい画像，解像力にある。PIFは石英系IFに比べ，弾性率が1/10以下で

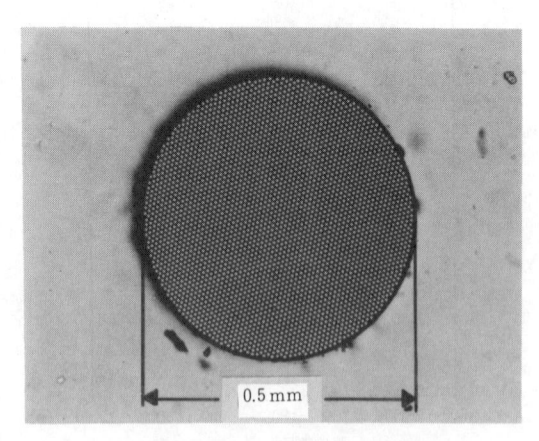

写真1　PIFの断面（全体図）

6 光ファイバー

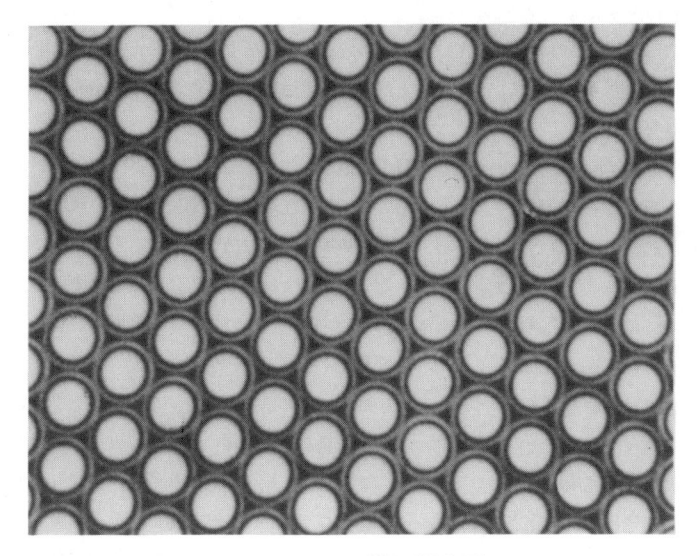

写真2　PIFの断面（拡大図）

あり，極めて柔軟性に富んでいる．また，画像の明るさEは，

$$E \propto F \times K_c$$

で表される．ここで，Fは，PIFを構成するPOFの性能指数，K_cはファイバ断面中の芯の面積占有率である．K_cが同じ場合には，PIFの明るさはFに比例する．性能指数Fは

$$F = (NA)^2 \times 10^{(-\alpha l/10)}$$

で表される．ここで，NAは開口数，αは伝送損失，lはファイバ長である．

　PIFは伝送損失が600dB/kmと大きいもの，開口数が0.5 と大きいため，図5に示すように，長さが数m以下の単尺の場合には他の素材のIFよりFが大きく明るい画像となる．医療用の内視鏡の長さが通常2～3m以内であることを考慮すると，PIFはその画像伝送体として十分な明るさを有していることが分かる．

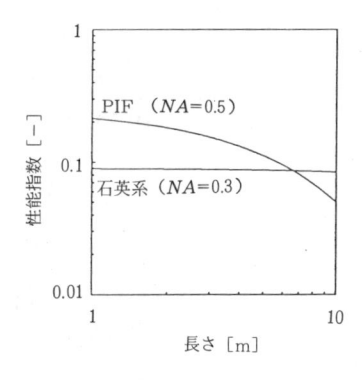

図5　PIFの長さと性能指数

6.9 POFの用途展開

POFの応用範囲は多岐にわたっているが，機能として分類すると，①光信号伝送用途，②画像伝送用途，③装飾・ディスプレイ用途，となる。各用途について代表的な用途例を紹介する。

6.9.1 光信号伝送用途

POFはその伝送損失が大きいため短距離の通信を目的とするが，コア径，開口数が大きいことから発光，受光素子との結合を容易にすること，可視光域に伝送損失の少ない領域があり，伝送状態が目で確認できること，光ファイバの端面処理が容易で扱いやすいこと，振動に強いことなどの利点から自動車などの移動体内通信，電子機器内・機器間通信に応用されている。特に，自動車においては安全で快適なドライビングのため，エレクトロニクスの発展は目覚ましく，ワイヤーハーネスは複雑，肥大化し，それらの軽量化，省スペース化のため光ファイバ通信が成されている。図6は自動車内光ファイバコードの配置図であり，ドアロック・パワーウィンド・パワーシート，シートヒーターの制御を行っている。また，新幹線の客室内に設けてある列車内情報装置の制御等にも実用化されている。また，オーディオ間のデジタル通信，パソコン・プリンター間の情報伝送にも実用化されている。また，光ファイバセンサーもこの分類に属し，非接触で物体の有無，表面状態等を検知する目的で産業機械，工程検査などに広く応用されている。図7に光電スイッチ型光ファイバセンサーの例を示す。光ファイバの曲がりによる伝送損失増加を利用した圧力センサー，可とう性に優れ，折れにくいという特徴を生かした血液中のpHセンサーなどの生体センサーへの利用も広く考察されている。

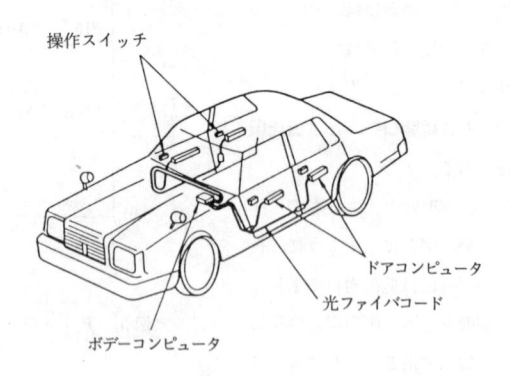

図6 自動車内光ファイバーコードの配置図

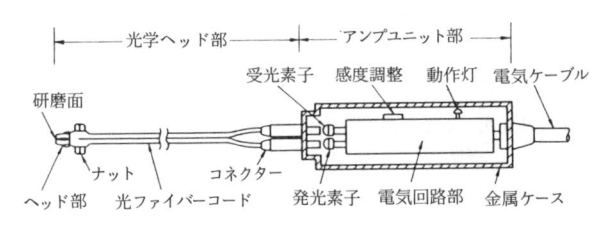

図7 光電スイッチ型光ファイバーセンサー

6.9.2 画像伝送用途

　光ファイバーを積層し，両端の位置を規則正しく対応させると，画像伝送用のイメージガイドとなり，下水道内の欠損などの点検，調査に利用される。前出したPIFもこの用途に属し，その柔軟性，折れないこと，低価格等の利点から内視鏡等に展開が図られている。

6.9.3 装飾・ディスプレイ用途

　POFによるディスプレイは古くから実用化されており，一つの市場を形成している。ここでは，側面を粗面加工してもそのタフネスが低下しないという特徴を生かしたオプチカル・リボンについて紹介する。図8に示すように，面光源として用いられ，自動車内オーディオなどに応用されている。

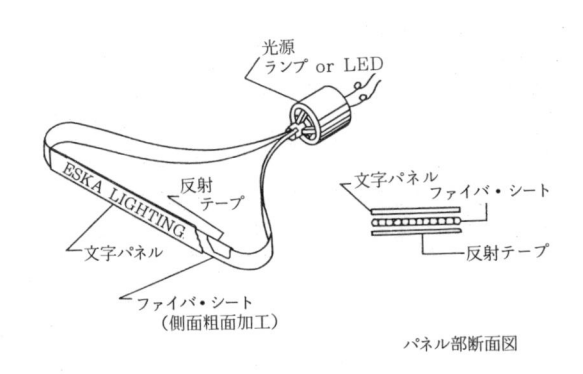

図8 エスカ・オプチカルリボン

6.10 今後の展開

POFはその取り扱いやすさが市場で認知され,その用途を広げつつある。特にセンサー用途は従来困難であった場所へのセンシングが可能となり,工業・医療分野などへますます展開されつつある。用途の拡大と共に,POF自体のより一層の高性能化,信頼性向上が要望されており,今後も新材料の開発が不可欠であると考えられる。

文　献

1)　井手文雄他:光学材料,プラスチック光ファイバー,共立出版(1987)
2)　川久保宏之:プラスチック光ファイバー,冬樹社(1989)
3)　戒能俊邦:高分子論文集,**42**(2),257(1985)
4)　戒能俊邦:繊維と工業,**42**(4),113(1986)
5)　宮下　忠他:研究実用化報告,**22**(9),2467(1973)
6)　寺田　拡:日本化学会技術賞受賞講演(1986.4)
7)　特開昭58-132533
8)　小池康博他:高分子学会予稿集,**40**(3),498(1991)
8)　鈴木文男:繊維と工業,**47**(6),340(1991)

第4章　電磁波用接着・シーリング材

永田宏二*

1　はじめに

　接着剤およびシーリング材は現在のところほとんどが有機高分子材料で構成されている。接着のプロセスは接着剤の被着材表面へのぬれ，拡がり，固化（化学反応の場合，硬化）と生起した接着の変形，破壊などの素過程がある。現時点でみる限り接着における電磁波の利用は，ぬれ（接着性）を改善するための被着材の表面処理（紫外線），接着剤の固化または硬化反応への利用（紫外線，可視光線，赤外線）といった接着を生起させる技術が中心である。得られた接着の電磁波を透過，伝送，または遮蔽するなどの機能は当該接着剤またはシーリング材固有の特性である。したがって，ここでは反応機構の機能と接着層の機能を分けて電磁波の利用技術を実用面に絞って略述する。非破壊検査における利用はここでは割愛する。

2　電磁波を硬化反応に利用する

2.1　紫外線硬化形接着剤

　実用的には 200〜400nm 範囲の紫外線照射によって短時間に硬化する，無溶剤液状化学反応形接着剤である。主成分としてアクリレート系，チオール系，エポキシ系，シリコーン系などが市販されているが，アクリレート系が主流である。主成分である重合性オリゴマーに，反応性希釈剤（モノマー類），光重合開始剤，増感剤，改質剤などを加えた1液性透明接着剤で，用途に応じて多くのグレードがある（表1）[1]。硬化反応はラジカル重合形が主で，紫外線照射により光重合開始剤が（場合によっては増感剤の助けを借りて）分解してラジカルを発生，このラジカルがアクリレートの二重結合を攻撃し重合が進行する[2]（図1）。

　紫外線硬化形接着剤のメリットは1液性無溶剤であることから微量塗付，自動化に適し，常温短時間硬化できることにある。反面，デメリットとして紫外線照射装置が必要，紫外線を透過するガラスや透明プラスチックの接着に限定されることがあげられる。そこで嫌気硬化性（金属イオンの存在），熱硬化性（熱硬化触媒の存在），湿気硬化性（空気中の湿気）などの機能を追加

---

　*　Hiroji Nagata　セメダイン㈱　接着相談センター

第4章 電磁波用接着・シーリング材

表1 紫外線硬化形接着剤の種類と性能[1]

分類	オリゴマー		光開始剤	長所	短所
ラジカル重合型	不飽和ポリエステル		ベンゾインアルキルエーテル	安価 厚膜美観	硬化速度 脆性，密着性
	アクリレート系	エポキシアクリレート	ベンゾインエーテル類 ベンゾフェノン/アミン系 アセトフェノン類 チオキサントン系	硬度，金属密着性	耐候性，可撓性
		ウレタンアクリレート		可撓性，密着性 耐候性，光沢	硬度
		ポリエステルアクリレート		分子量の幅大	可撓性
		アルキッドアクリレート		顔料分散性	耐候性，耐熱性
		シリコーンアクリレート		耐熱性，密着性	耐アルカリ性
ラジカル付加型	ポリエン/ポリチオール系 スピラン樹脂系		ベンゾフェノン系	強靱，耐候性 酸素障害小	悪臭，高価
カチオン重合型	エポキシ樹脂		ルイス酸ジアゾニウム塩 ルイス酸スルフォニウム塩 ルイス酸ヨードニウム塩	密着性，硬度の幅大 酸素障害なし	厚膜に不適 2液性

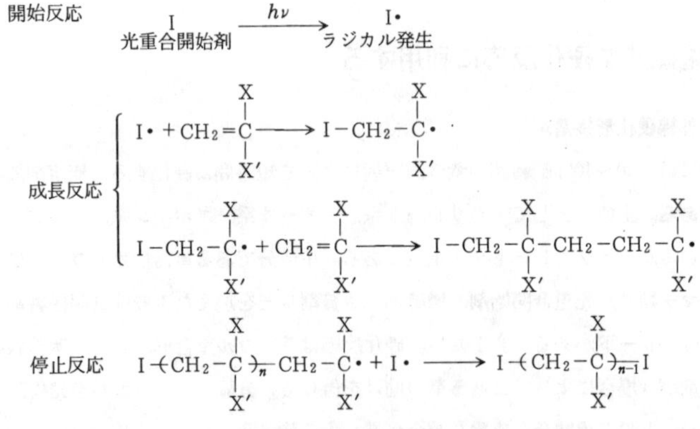

$$開始反応 \quad \underset{光重合開始剤}{I} \xrightarrow{h\nu} \underset{ラジカル発生}{I\cdot}$$

$$成長反応 \begin{cases} I\cdot + CH_2=\underset{X'}{\overset{X}{C}} \longrightarrow I-CH_2-\underset{X'}{\overset{X}{C}}\cdot \\ \\ I-CH_2-\underset{X'}{\overset{X}{C}}\cdot + CH_2=\underset{X'}{\overset{X}{C}} \longrightarrow I-CH_2-\underset{X'}{\overset{X}{C}}-CH_2-\underset{X'}{\overset{X}{C}}\cdot \end{cases}$$

$$停止反応 \quad I\text{-}(CH_2\text{-}\underset{X'}{\overset{X}{C}})_n\text{-}CH_2\text{-}\underset{X'}{\overset{X}{C}}\cdot + I\cdot \longrightarrow I\text{-}(CH_2\text{-}\underset{X'}{\overset{X}{C}})_{n+1}\text{-}I$$

図1 紫外線硬化樹脂の反応機構

することによって(dual cure)紫外線硬化形接着剤の利用幅を広げることが行われた[3]。プライマーによって硬化性を付与することもできる。これらの機能複合によって金属の接着や面接着が可能となったが応用面では光学レンズ，プリズム，ガラス工芸品，電子部品の光学系の接着，液晶セルの封止など透明材料の接着例が多い。特殊例では光ファイバ用として屈折率を1.45から

1.59の範囲で，0.05の精度で制御できるフッ素化エポキシ，あるいはフッ素化エポキシ(メタ)アクリレートを主成分とする紫外線硬化形接着剤がＮＴＴによって開発されている[4]。接着剤と光ファイバの接合部で起きる反射によってノイズが発生することを解消し，耐久性も優れるという。

2.2 可視光線硬化形接着剤

歯科，美容（マニキュア）業界の紫外線硬化樹脂から可視光硬化系へのニーズ変化に合わせて，工業用接着剤への展開が図られている。組成的には紫外線硬化系と同様に，変性アクリレートオリゴマーとアクリレートモノマーを主体としたラジカル重合系で，光重合開始剤として，例えばcamphor-quinone（図2）を使用する[5]。400〜500nmの波長をランプからフィルターを通して照射し，接着剤を硬化させる。開発段階として考えられている接着剤の物理的性質は表2のようである。

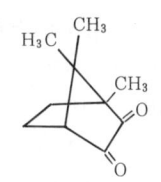

d, l -camphorquinone

図2 光重合開始剤 camphorquinoneの化学構造

表2 可視光線硬化形接着剤の物理的性質（目標）

未硬化接着剤	
外観	無色透明からアンバー半透明の範囲
粘度	2Pa・s ―チクソトロピックスペースト
密度	1〜1.10
臭	マイルド
引火点	95℃以上
硬化速度	20〜120秒
毒性，皮膚刺激性	低い
保存性	1年
硬化接着剤	
屈折率	1.48〜1.52
間隙充てん	3.2〜7.6mm
使用温度範囲	−54°〜204 ℃
引張りせん断接着強さ	14〜20MPa
伸び	2〜5％
アウトガス	190℃以上
用途により絶縁耐力，耐湿性が必要	

アイ・シー・アイ・ジャパンは1988年，可視光硬化樹脂（ＬＣＲ）を用いた接着剤シリーズを本格発売した[6]。芳香族メタクリルオリゴマーを主成分とし，光重合開始剤を入れたもので470nmの青色光を当てると1分以内に硬化する。紫外線より波長が長いため約10mmの深部硬化が可能。代表グレードの「ＬＣＲ000」は粘度（25℃）60Pa・s，硬化物のガラス転移点106℃，硬化収縮

率1.64％である。もちろん人体に対して安全である。電子光学部品やセラミックスの接着に向くという。

アーデルは可視光硬化形光学用高屈折率接着剤を「オプトクレーブＨＶ２」の製品名で発表した[7]。屈折率1.63と他の光学用接着剤より大幅に高く，接着強さ，耐熱水性にも優れる。Ｈｅ－Ｎｅレーザや半導体レーザを用いた光導波を安全に歩留まりよく作製できるという。

2.3 赤外線硬化形接着剤

赤外線の作用効果のうち加熱，乾燥を接着剤に応用するもので，近年長波長の遠赤外線の利用が増加している。小形部品の接着・シールへの応用が量産品を中心に効果を上げている。昇温速度が速く，作業サイクルの短縮が図れ，電力消費も必要最小限で済むことから評価されている。使用される接着剤，シール材はほとんどが１液性エポキシ樹脂系接着剤である。硬化機構は付加重合によるため硬化時のガス発生がなく，収縮も小さく圧締を要しないか軽微で済む，接着力が大きいなどの特性を有するからである。１液性加熱硬化形とするためには潜在性硬化剤を配合しておく。一般的にはジシアンジアミド，イミダゾール化合物，有機酸ヒドラジド，ジアミノマレオニトリル，メラミンおよび誘導体，ポリアミン塩などから選択された不溶性硬化剤粒子が，加熱によりエポキシ樹脂に溶解して硬化が開始される。接着剤，シール材の硬化条件は80～120 ℃，30～120 分の範囲が多く，遠赤外線加熱の場合は個別の製品について条件設定する必要があろう。接着剤やシール材は配合組成物であり，製品ごとに吸収スペクトルが異なるからである。

２液性常温硬化形エポキシ樹脂接着剤の場合でも硬化時間短縮のため加熱することがよく行われる。条件設定は１液タイプの場合と同様である。

3 電磁波を透過・伝送する

高分子材料は電磁波に対して透明であることを利用して，パラボラアンテナやレドームの建造に接着剤を使用する例はあるが，多くの場合は光学用途である。

光学用接着剤；光学系に使用される接着剤は，透明性とともに屈折率が被着材であるガラスやプラスチックに限りなく近いことや，線膨張率差の小さいことが要求される。２液性エポキシ樹脂系光学用接着剤は接着性，耐熱性，耐寒性に優れ，'短波長領域の光透過率が高く，屈折率は1.53～1.57の範囲にある。規格（表３）では可視光透過率を98.5％以上としているが紫外領域は不明であった。最近，200～600nm の波長領域における光学用接着剤の透過率と放射線損傷を調べた結果[8]によれば，エポキシ系の場合，290nm程度まで透過率およそ90％を保持する（0 rad）が，10^7 rad 積分線量に対する短波長側の性能劣化を無視できないことが示された。

194

表3　光学用液状接着剤の品質特性

(ASTM　D2851*)

試験項目	試験条件	要求値
揮発分	外径95mmのペトリ皿の底に10gの接着剤（硬化剤または触媒を含む）を採取，メーカー説明書により硬化させたのち105℃で恒量まで保持する．	0.05%以下
粘度	ASTM D 1084(接着剤の粘度試験方法)	（当事者間協定を除く）当事者間協定による
色	白金－コバルト（Pt-Co）標準液と比較（液の作り方と比較方法は原規格参照）	白金－コバルト標準液No.300以下
清浄性（異物）	孔径 5.0～10.0μm のろ膜でろ過，着色し読取り顕微鏡で粒径測定．高粘度試料は溶剤で希釈してろ過する．	接着剤100ml 中10～ 100μm の異物粒子は5個以下で 100μm 以上の異物を含まないこと．または接着剤100ml を硬化させるのに必要な触媒中の異物は10～ 100μm の粒子で2個以内．
屈折率	ASTM D 542（透明有機プラスチックの屈折率試験方法）	当事者間協定による．
安定性	57±1.1℃，168h，または当事者間協定条件	粘度変化率20%以下で固形物生成なし
透過率	ASTM E 308(CIE 1931 システムにおけるスペクトロメトリーと色表示，推せん法)	可視光透過率98.5%以上
環境試験	透過率試験合格の合わせガラスを使用 ①38℃20h 浸水　②-54℃20h ③71℃,150%RH20h ④FSNo.601のMethod 7311 で20h 促進曝露（スプレーなし）	はく離1mm以下で周辺の半分以下であること
接着強さ	環境試験後の合わせガラス（ガラスタブレット）を用い，ASTM D 897による．ASTM D 897（接着接合の引張り特性試験方法）による金属－ガラスでは約141kgf/cm² を示すような室温硬化接着剤を用いてタブレットを金属に接着するとよい．	14.1kgf/cm² 以上，または当事者間協定値

*　LIQUID OPTICAL ADHESIVE, Standard Specification for

エポキシ系以外では前記紫外線硬化形アクリル系（屈折率1.51～1.53），フッ素化エポキシ系（同1.45～1.59），可視光硬化系（同1.63）のほか2液性RTVシリコーンがあり，目的，使用条件，作業性などに応じて使い分けられる．

4　電磁波をシールドする

デジタル機器の電磁波障害対策として各種の方式が開発されている．接着剤は，例えば電波暗室のフェライトタイルを構体に取り付けるように，電磁波シールド材料を接着する通常の用途のほかに放射性ノイズを遮蔽（シールド）する接着剤，シーリング材がある．

4.1　導電性接着剤

電磁波シールドには体積抵抗率が$10^{-3}\Omega\cdot cm$以下の高い導電性が要求される．このため樹脂バ

第4章 電磁波用接着・シーリング材

インダーに導電性フィラーを高充てんした組成となる。樹脂としては一般にエポキシ樹脂が，用途によってアクリル系，ウレタン系，高耐熱用途にはポリイミドが使われる。導電性フィラーは金属粉が中心でAu，Pt，Pd，Ag，Cu，Niなどがよく知られているが，Ag，Cu，Ni，AgめっきCuの利用が多い。フィラーの接触による導通機構をとるため，フィラー含有量が高いほど体積抵抗率は低くなるが，相対的に接着性能，作業性が低下するため最適な組成で配合される。エポキシ樹脂系導電性接着剤では硬化剤や反応性希釈剤の選択，フィラーの酸化防止などが技術ポイントといえよう。

4.2 電磁波シールド用シーラント

各種シールドルーム施設（EMI測定施設，電波暗室，医療施設など）の継目や接合部に生じる電磁波のもれを防ぐためのペースト状弾性シーラントが開発された[9]。東京材料（株）から発売される「エミクリンS」で，シールドガラスのシーラント，アース材として，シールドルームの開口部およびコーナー部のシールと亀裂の補修用シーラントとして，またハウジング関係の接着シールなどの用途が示唆されている。

Ag系特殊フィラーを配合した湿気硬化形1液性弾性シーラントで，1/3ℓカートリッジ入り，硬化後の硬さはHs 27(JIS K 6301)とゴム弾性体であり，体積抵抗率は約 $5.0\times10^{-3}\Omega-cm$ 。金属，プラスチックなど幅広い被着材を接着できるという。電磁波シールド効果を図3に示す。広帯域(0.1～1000 MHz)で60dB以上の電界シールド性能を有している。

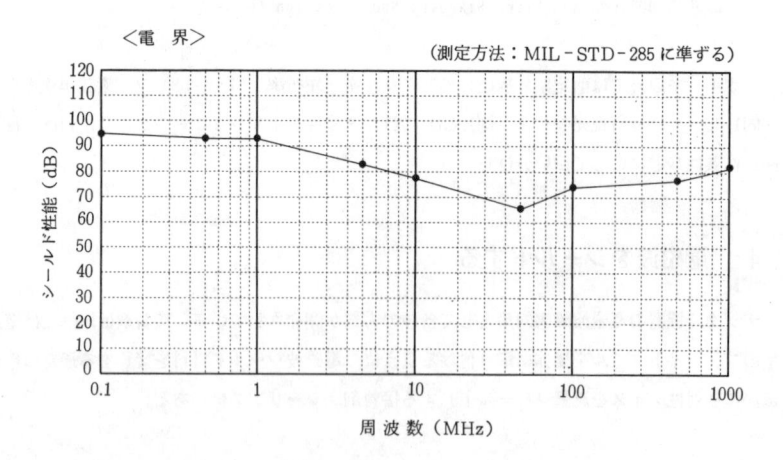

図3 電磁波シールド用接着，シーリング材の特性(EMICLEAN S)

4.3 導電性粘着テープ

コネクタケーブル，スイッチングトランス，ハウジングなどのシールド用に金属箔粘着テープが発売されている。金属メッシュをプラスチックフィルムで積層し，裏側が見えるようにした粘着シートもある。導電性粘着剤を用いて金属箔と被着材間に導通をとるタイプなど種類は多い。

5 電磁波を接着性改善に利用する

5.1 短波長紫外線によるプラスチックの表面改質

材料表面に紫外線を照射することによるクリーニング効果は知られているがプラスチック，特に難接着性のPE，PPといったポリオレフィンに対して積極的に接着性を改善するための技術が開発されている[10),11)]。この場合に使用する照射光源は 254nmより短波長の光のエネルギーが全照射エネルギーの85％以上を占める低圧水銀ランプ（セン特殊光源ＳＵＶ110,110W）である。波長が短いほどエネルギーは高く，これが光化学変化を起こすのに有効であり，かつ赤外線をほとんど含まないため高分子材料の変形，融解を起こさないことに特徴がある。ちなみに低圧水銀ランプの主波長である 253.7nmと184.9nmのエネルギーは，それぞれ4.9 eV(113 kcal/mol)と6.7 eV(155kcal/mol)で，かなり多くの分子結合を解離する可能性がある。

この短波長の紫外線照射によりプラスチック表面の分子結合が切断され，生成したラジカルに空気中の酸素が結合し，過酸化物構造を経てカルボニル基，カルボキシル基，水酸基などを生成して極性表面になる。これが接着性に寄与する。

ポリオレフィンは結晶性の飽和炭化水素骨格を主鎖とするため表面エネルギーは低い。このため短波長紫外線照射による表面改質は長時間を要するなど実用的でない。そこで紫外線吸収溶剤との併用法が考案された。芳香族炭化水素，ハロゲン化炭化水素などをポリオフィレンに接触させ（浸漬），短波長紫外線を照射する方法である。長瀬チバと日本石油化学はこの方法の基本特許をもつ工業技術院・製品科学研究所からライセンスを受け，ポリプロピレンの新グレードとエポキシ系接着剤を開発した[13)]。軟鋼板と処理ポリプロピレンのせん断接着強さで100kgf/cm^{2}を実現している。もちろん無処理では強度ゼロである。表面に浸透した溶剤が紫外線により分解しラジカルを発生，このラジカルがポリプロピレン表面からHを引き抜き，生じたC・に紫外線で分解されたO$_2$からのO・が結合してC＝Oを形成，表面が活性化したものと説明されている。

6 おわりに

接着剤・シーリング材における電磁波材料としての特性を硬化反応，機能材料，表面改質技術として略述した。研究段階では多くの試みがあるとみられるので今後に期待したい。接着を分解（破壊）させる電磁波技術があってもよいと筆者は考えている。

文　　献

1) 総合技術センター編,「ＵＶ・ＥＢ硬化技術」, p.230
2) 日比野哲, ほか；工業材料'91/7月別冊, p.86
3) 石井信雄, 接着の技術, 8(2) 20 (1989)
4) 村田則夫, ファインケミカル, 1990 (6) 5, シーエムシー
5) C. Bluestein, M. S. Cohen, *Adhesive Age*, **29**(9) 42 (1986)
6) 日経ニューマテリアル, 1988年11月28日号, p.37
7) 日経ニューマテリアル, 1991年12月16日号, p.106
8) M. Kobayshi *et al.*, KEK Internal 91-1, "Transmittance and Radiation-Resistivity of Optical Glues", National Laboratory for High Energy Physics, 1991
9) セメダインカタログ, EMICLEAN S
10) 加藤浩一郎：ジョイテック, **6**(7) 30 (1990)
11) 松本好家：ジョイテック, **7**(8) 104 (1991)
12) 日経ニューマテリアル, 1991年9月2日号, p.73

第5章　電磁波防護服

刀祢正士*

1　はじめに

　近年，電波利用の需要は増大するばかりであるが，その一方で電波使用関連設備の近傍における輻射・漏洩電磁波の人体に与える影響が大きな問題になりつつある。しかし，医学的・電磁気学的に電磁波と人体に及ぼす影響の因果関係が必ずしも判明していない現在，電磁波防護服について論じるのは早計かとは思われるが，24時間絶え間なく飛び交う電波の中で生活せざるを得ない現代人にとって，安全とは言い切れないまでも安心素材たるシールド材料を使用した電磁波防護服を考えてみるのも無駄ではないと思う。

　そこで，本稿ではまず，電磁波防護に関する各国の安全基準の状況と電磁波の人体への影響に関する熱的・非熱的効果について述べ，その後で現在までに製品化され，また，現在開発中の種々の電磁波防護服の素材，製法，性能，課題等について言及する。

2　電磁波防護に関する各国の安全基準

　1959年に世界に先駆けてソ連が電磁波照射の安全基準を作成したのを皮切りに，1960年にはアメリカがANSIを介して，電磁波の人体に与える科学的データを公表すると共に独自の安全基準を発表した。これを契機に各国も安全基準作りに乗り出した。そしてさらには，WHO（世界保健機構）が「健康環境基準16」を勧告し，この中で防護指針，照射限界値，測定技術等の必要性を指摘するに及んで，各国の安全基準改訂が急速に進んでいるのが実状である。日本はこの種の安全基準の制定が遅れていたが，平成2年6月に「電波防護指針」なるものが郵政省に答申され，やっと電波防護先進国の仲間入りを果たした。以下に国際機関および代表国の安全基準の要約・ポイントについて記す。

(1) 国際機関

　INIRC（国際非電離放射線委員会）とIRPA（国際放射線防護委員会）がWHO（世界保健機構）と協力して，1984年に作成した指針である。この中で限界値を決定する基準となって

---

*　Masashi Tone　日清紡㈱　研究開発本部

第5章 電磁波防護服

いるのが，SAR(比吸収率：Specific Absorption Rate) という概念であって，これは「生体組織の単位質量当り単位時間に吸収されるRF（無線周波数）電磁エネルギー」で，限界値を下記の通りに定めている。

	職業人	一般人
全身平均 SAR	0.4 W/kg	0.08 W/kg
局 部 SAR	4 〃	0.8 〃

(2) 米 国

主な安全基準はANSI（米国規格協会：1966），ACGIH（1985），NIOSH（1978）の3つがある。

ANSIは安全基準を科学的に定めた最初のものであり，前述のINIRC/IRPAのベースになったもので1974年と1982年に改訂されている。要旨は次の2点。

① 全身平均SARが4W/kg以下ならば有害効果を生じないと考えられるので安全係数を10として曝露限界SARを0.4W/kgとした。

② 身長が入射電磁界波長の4/10の時，共振が起こり全身平均SARが最大となることを踏まえ共振周波数を定めた。

ACGIHはANSIと類似しているが周波数範囲を下方へ 10kHz，上方へ300GHzまで拡大して0.4 W/kg以下としている。

NIOSHは曝露限界値を示すと共に職業人に対する曝露レベルの監視を勧告している点が特色。

(3) ソ連（現CIS）

人間の機能的擾乱の起こるしきい値が3GHz，1時間曝露の場合10W/m^{2}であることを基礎としたため，安全係数10で10時間曝露の軽減係数を 100として，職業人に対する限界値を0.1W/m^2，一般人に対する限界値を0.05W/m^{2}とした。後に1982年になって職業人に対する限界値は0.25W/m^{2}に引き上げられたものの厳しい安全基準であることに変わりはない。さらに1984年に許容エネルギー負荷という概念を導入し，これを〔入射電力密度〕×〔曝露時間〕と定め，固定電磁界に対し2 Wh/m^2，回転・掃引磁界に対して20 Wh/m^{2}とした点が特色。

(4) ドイツ

VDE（ドイツ電気技術者協会）により，1986年に定められた安全基準で周波数の下限を0Hzまで下げているのが特色。

(5) カナダ

1979年に定められており，一般人の曝露限界値はSARで職業人の 1/5とし，体内温度 0.5〜1.0℃上昇するのに必要な全身平均SARは1W/kg，特に眼については3MHz以上においてSAR

限界値を職業人0.2 W/kg, 一般人0.04W/kgとＡＮＳＩの限界値（0.4 W/kg）よりも厳しくした点が特色。

(6) オーストラリア

限界値が60秒平均値であること，職業人に対してはＲＦショックや火傷の可能性がある場合とそうでない場合を区別したこと，一般人は職業人の1/5としたこと，職業人に対しては医学的監視ができるようにすることを定めた点などが特色。

(7) チェコスロバキア

1970年に定められ，連続波とパルス波を区別し，後者に対してより厳しい値を採用していることが特色。300MHz～300GHzにおいて1時間曝露の場合，連続波で$2W/m^2$，パルス波で$0.8 W/m^2$と定めている。

(8) スウェーデン

1988年7月より発効。身体の一部と高周波に対し接地された金属物体との距離が10cm以下の場合は限界値を1/3に厳しくすること，および3～3,000MHzにおける7W以上の自動車無線には適用しない等の特徴がある。なお，低周波領域（ＥＬＦ，ＶＬＦ）についても最近，法制化された。

(9) 日　本

郵政省指導下で1979年以来，研究会を通して，検討を重ね，1989年6月に電気通信技術審議会が「電波防護指針」を郵政省に答申した。内容はアメリカ，カナダとほぼ同一基準となっており，

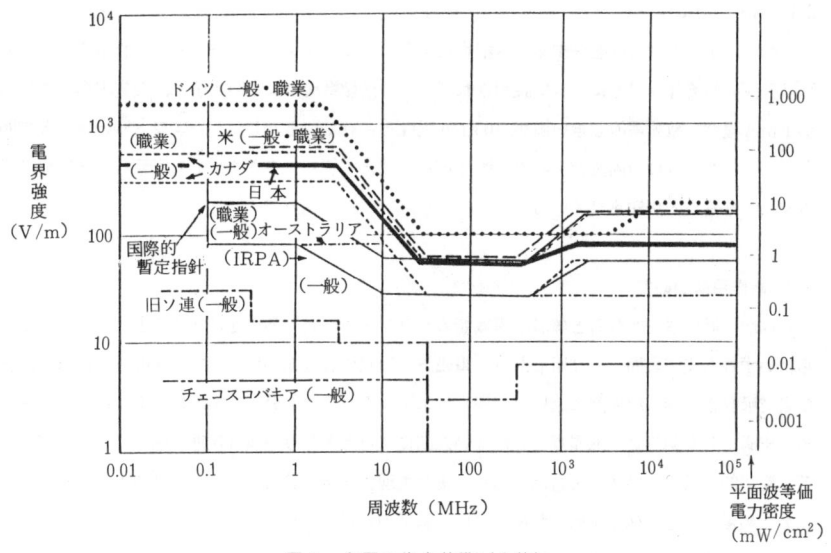

図1　各国の安全基準（人体）

電磁環境が管理されている職業人の場合（条件P）と電波利用の状況が認識されていない一般人の場合（条件G）とに分け，GはPの5倍の安全率が乗じられている。

総じて，ソ連（現CIS）や北欧は電磁波の熱効果，非熱効果の双方に考慮しているのに対し，欧米や日本は非熱効果については疑問視もしくは今後の研究に待つという姿勢で，したがって安全基準も前者が後者の100〜1,000倍も厳しい値となっている。

各国の安全基準をまとめたものを図1に示す。

3 電磁波の人体への影響

電子レンジが2,450MHzの電磁波をあてて水の分子摩擦により加熱する装置であることはよく知られているが，一方で生体組織と電磁波の相互作用については世界で5,000件以上の研究報告がなされているわりには，いまだ明らかになっていない部分が多い。

電磁波が生体の全部または一部に照射された場合に生じる作用については誘電加熱による熱的効果とこれ以外の比熱的効果に分けて議論されることが一般的である。そしてその発生メカニズムはさらに分類すると前者が熱の発生（ジュール熱），後者が刺激作用（神経等）と細胞・分子レベルでの作用ということになる。

3.1 刺激作用について

刺激作用が周波数特性を有するのは細胞膜が電気的にはコンデンサーと見なされることや，細胞膜自体の整流作用などによって説明されている。接触電流による限界値は，知覚限界しきい値が1mA程度，致死電流しきい値が100mA程度とされている。しかし，ニワトリの実験等で明らかになったように，周波数，電界，強度ともに大きすぎても小さすぎても影響なしという「窓現象」があることが知られている。

3.2 熱作用について

人体が高温にさらされると体温平衡機能のバランスが崩れて熱中症になることがあるが，これらはいずれも皮膚表面での作用である。電磁波の吸収による発熱においても3GHz以上はほとんど皮膚で吸収され赤外線加熱に近いが，通常はエネルギーの大部分が内臓等の深部組織に達するため，皮膚でしか熱感覚，熱痛覚をもたない人間には盲点となり危険な状態に陥ることが予想される。電気的には人体は誘電集合体であり，また生理食塩水を満たしたタンクであるとも考えられ，このため電磁波を人体に照射した場合には，誘電加熱現象が起こって，エネルギーを吸収するがSAR（比吸収率）は人体の部位別に異なった値をとることが知られている。

3 電磁波の人体への影響

次に人間を一種のアンテナと考え,身長とSARの関係(図2)が報告されているが,身長が波長の4/10の時に吸収が最大(共振)となる。即ち,身長175cmの人の共振周波数は約70 MHzとなる。

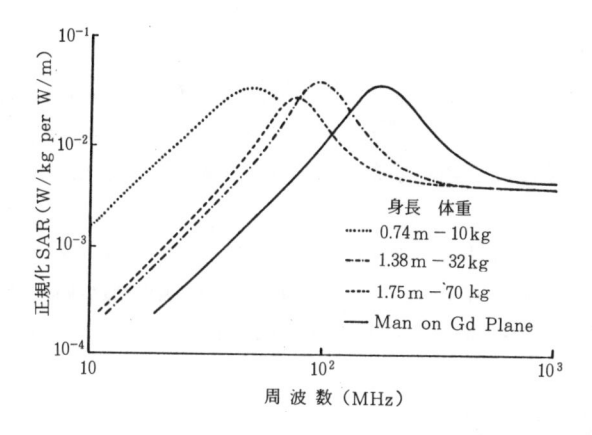

図2 SARの身長による相違[3]

(曝露電力密度 1 W/m^2)

また,図3に示すようにSARの周波数依存性も報告されている。これによれば,30 MHz〜約400MHzが共振周波数帯域であり,吸収断面積が最も大きくなるクリティカルゾーンである。そして,400MHz〜3GHzをホットスポット発生領域と称し,眼球やこう丸など球形近似される器官に障害が出やすい。

通常,人体が発熱すると同時に熱放散が行われて平衡状態になり温度上昇は止まるが,この標

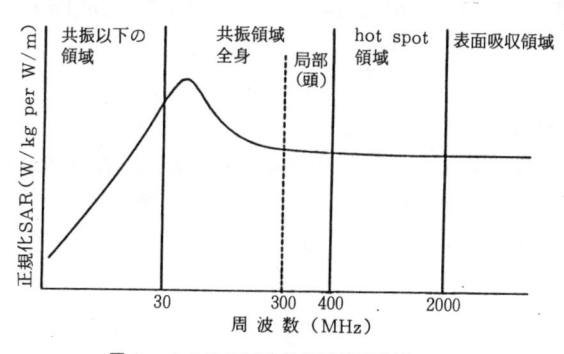

図3 SARの周波数領域依存性[3]

準時間は6分間といわれている。また，人体の深部体温が3℃以上になると強いストレスを感じこれが長時間続くと致命的であるといわれている。これはエネルギー吸収で4W/kgに相当し，マイクロ波域でのパワー密度 100mW/cm²の曝露と等価であることも知られている。

3.3 非熱的効果について

非熱的効果については未解明の部分が多く今後の研究成果が待たれるところであるが，動物実験で確かめられたものとしては，ネコ，ウサギ，ヒヨコの脳細胞に対して低周波で変調した 147〜450MHzの電磁波を0.5〜3mV/cm²の強度で照射したら脳からカルシウムイオンが流出した例等が報告されている。

この結果をそのまま人間に外挿することはできないが，生体効果の中でも神経中枢に与える効果については，東欧諸国で盛んに研究されており低レベル電力密度の照射による神経衰弱的疾患の可能性についてはかなり信じられているようである。

4 電磁波防護服

電磁波防護服の主機能は何と言っても，電磁波を反射または吸収することにより人体への侵入を防ぐことである。そして副機能としては，柔軟性，可縫性，通気性，軽量，耐洗濯性，難燃性等が求められるが現実にはこれらすべてを満足するものは残念ながら開発されていない。特に電磁波を吸収する素材としては，$\lambda/4$（λ：波長）の厚さの表面に空気インピーダンス（377 Ω）と同一の繊維状物を被覆した抵抗型吸収体やフェライトを使った磁気損失型吸収体があるが，とても防護服として使用できる材料ではない。したがって，ここで電磁波防護服と称するものは，「導電性が金属に限りなく近い繊維状布帛を用いて，電波をシールド（反射による遮蔽）する衣服」と同義となる。そして繊維を金属化する方法として最も実用化されている技術がメッキ（Plating：鍍金）であり，この辺を中心に以下，少し詳しく述べる。

4.1 シールド性能について

シールド性能は式(1)，図4に示すように，入射電界強度と伝送電界強度の相対値の対数に20を乗じた値で示され，単位はdB。

$$SE = -20 \log (E_t/E_i) \quad (1)$$

ただし，SE：シールド効果（dB）

E_i：入射電界強度（V/m）

E_t：伝送電界強度（V/m）

4 電磁波防護服

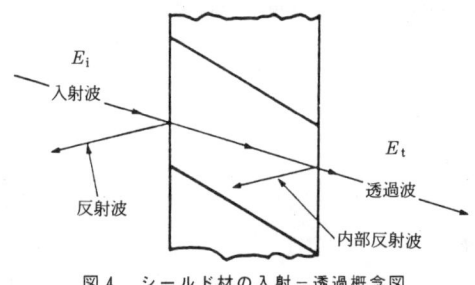

図4 シールド材の入射－透過概念図

　一般にシールド性能としては，30dB（デシベル）以上あることが望ましい。即ち，反射率では97％以上ということになる。ちなみに，40dB＝99％，50dB＝99.3％，60dB＝99.9％となる。シールド材関係のカタログの一部には，60dB＝99.999％のような記述があるがこれは，反射係数を電力比でとる(2)式と混同して使用された例であり注意を要する。

$$S_P = -10 \log (P_t/P_i) \quad (2)$$

　　　　P_i：入射電力

　　　　P_t：伝送電力

4.2 シールド性能付与材料

　電磁波防護服にシールド（電界・磁界）性能を付与するための素材としては下記の3種（金属，金属化，硫化銅）繊維に大別される。

4.2.1 金属繊維

　これは金属製の極細線（8μ～100μ径）を使って，交編織物を得るもので，金属繊維としては銅，黄銅，ステンレス，モネル，スズ，メッキ銅等が一般的である。ただし，これら金属繊維はモノフィラメントで供給されることが多く，単独使用では風合や着心地に問題があるのでテトロン，綿，ナイロン等との複合糸で使われる。この種の商品としては，三菱レイヨンの「ＤＩＡＭＥＸ－α」がある。これは極細銅線とポリエステル・綿との多層複合糸でＥＳＤ（静電気放電）用材料に用いられている。糸の交絡点の接触抵抗が大きいため，ＥＭＩ（Electro Magnetic Interference）シールド材としてはやや性能不足となるからである。

4.2.2 金属化繊維

　繊維物に無電解メッキを施した金属化繊維の技術は1981年，バイエル社（ドイツ）の「バイメテックス®」を嚆矢として，日本でも1984年に㈱高瀬染工場が同様の商品を開発し，現在ではセーレン㈱や日清紡も量産工場を有し，無電解（連続）メッキ織物は電磁波防護用素材の主役とな

第5章 電磁波防護服

りつつある．一般に，金属化繊維は次の4種に分類され，それぞれ長所，短所を併わせ持ちつつも，棲み分けが行われている．

① 電解メッキ繊維
② 無電解メッキ繊維
③ 金属コーティング繊維
④ 物理的蒸着繊維

(1) 電解メッキ繊維

溶液中の金属イオンを外部電力によって被メッキ物の表面に金属皮膜として形成させる方法であるが，被メッキ体があらかじめ金属化されている必要があることや，電流分布の影響があり幅方向にメッキの不均一部を発生しやすく，最高50cm幅までしかメッキできない等が欠点である．ただし，厚膜メッキが可能であることや析出速度が速い等，長所もある．また，析出金属としては銅，ニッケル，金の他，黒色化するためのクロム等がある．実用化されたものとしては，早川繊維/見附染工グループが生産しているアラミド系紡績糸の銅（無電解）メッキ糸にニッケル金属を保護層として，線条で連続電解メッキしている例がある．

(2) 無電解メッキ繊維

無電解メッキは金属塩と還元剤が共存する溶液中で，還元剤の酸化反応で遊離する電子によって金属イオンを還元し，金属皮膜として析出させるもので，化学還元メッキとも言われる．

反応は概ね下記の(3)～(5)式に従って進む．

$$R + H_2O \longrightarrow O_x + H^+ + e^- \quad (3)$$
（還元剤 Rがイオン化）

$$M^{n+} + n\,e^- \longrightarrow M° \quad (4)$$
（被メッキ物表面に金属析出）

$$2H^+ + 2e^- \longrightarrow H_2 \quad (5)$$
（水素ガス放出）

無電解メッキ可能な金属としては，ニッケル，銅の他にコバルト，金，銀，パラジウム等が開発されている．還元剤の強弱はイオン化のしやすさ，即ち，標準単極電位の強弱と関係があり，例えば銅メッキには比較的弱い還元剤のホルムアルデヒドが使われ，ニッケルには比較的強い還元剤，次亜リン酸ソーダ，ジメチルアミンボラン，水素化ホウ素ナトリウム，ヒドラジン誘導体等が使われる．その他，工業的に安定生産を行うには，pH調整剤，金属イオンを安定化させる錯化剤，浴の自然分解を防止するための安定剤，pH変動を防ぐための緩衝剤，皮膜改良剤等を添加する．

また，ニッケルメッキ浴には液の安定性向上や皮膜の耐摩耗性，耐食性，はんだ付け性改良の

4 電磁波防護服

ためにP（リン）を添加したり，皮膜硬度や析出速度の向上を目的にB（ボロン）を添加して共析させたりするが性能はやや異なる（図5参照）。

写真1にポリエステルモノフィラメント糸に銅とニッケルを無電解連続メッキした例を示す。

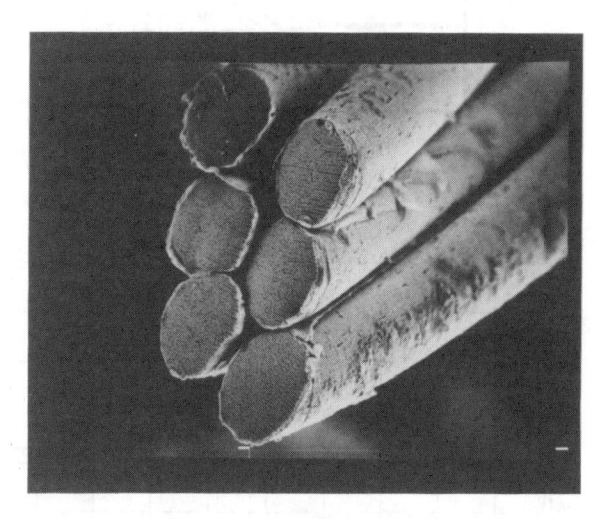

写真1　ポリエステルモノフィラメント無電解メッキ（銅＋ニッケル）糸断面
（走査型電顕写真）

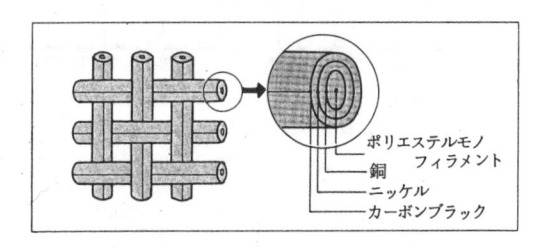

図5　デンジーメッシュMT3®（日清紡）の断面モデル

金属化繊維のシールド性能は，金属の種類，表面抵抗値，面密度等によって左右され，金属としては銀＞銅＞ニッケルの順となるが，図7に示すように，銅と銅＋ニッケルの差はほとんどない。また，メッキ厚さや均一性と関連のある表面抵抗値は図8に示すようにシールド性能と強い関係がある。組織が粗なメッシュ織物については，図9に示すように打ち込み密度（本/インチ）が大きいほど，シールド性能はよいが135メッシュ（本/インチ）以上は飽和状態となる。

第 5 章　電磁波防護服

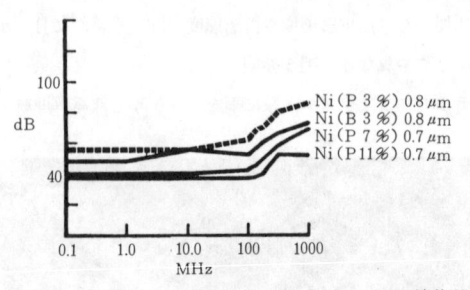

図 6　無電解ニッケル共析メッキとシールド性能[2]

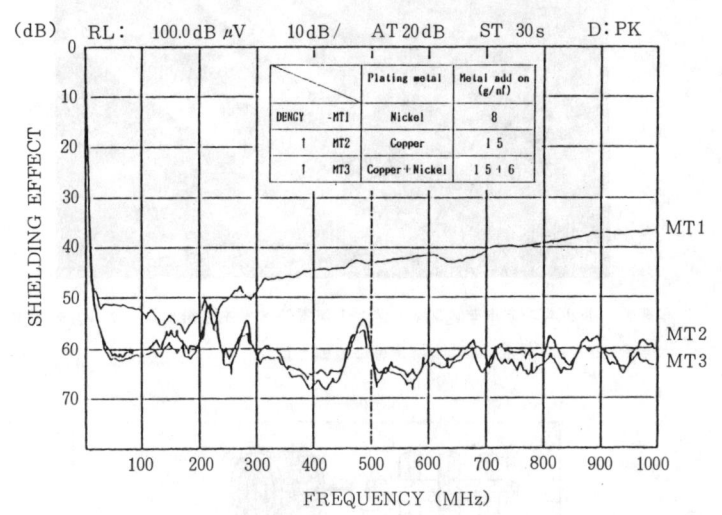

図 7　無電解メッキ金属とシールド性能

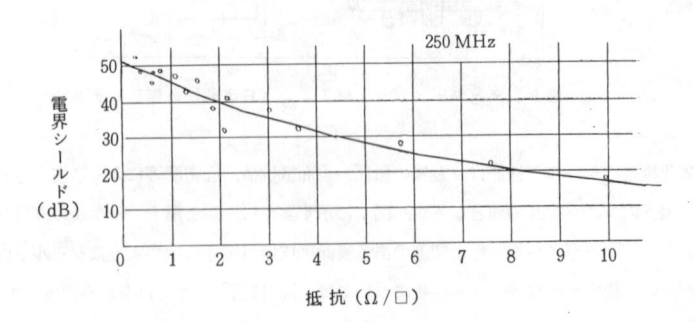

図 8　表面抵抗値と電界シールド性能

4 電磁波防護服

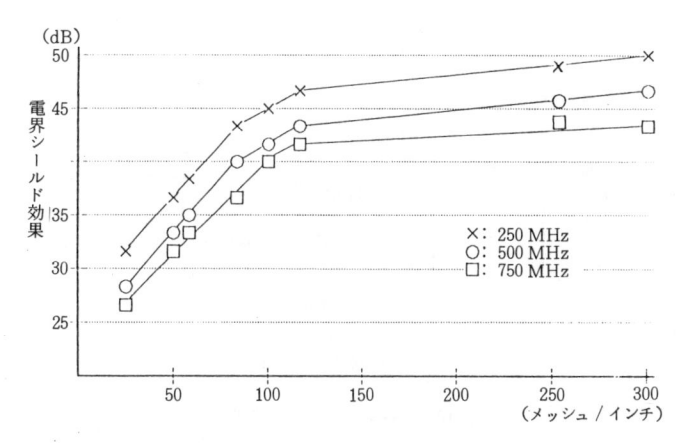

図9 織密度（本/インチ）と電界シールド性能

繊維素材への無電解メッキ工程の代表的なものを以下に示す。

原反 →精練漂白 →ヒートセット →アルカリ減量 →水洗乾燥 →触媒処理 →活性化処理 →無電解メッキ →中和水洗 →乾燥 →ヒートセット →（樹脂コーティング）

最後の樹脂コーティングは金属酸化防止や防眩処理としての着色化の際，ウレタン系やアクリル系樹脂に顔料を混合した液で処理する工程である。無電解メッキ製品のメッキ厚は$0.5～2.0\mu$，金属付着量は10～25%が一般的処法である。

実用化された製品では，ポリエステルスパン織物へのニッケルメッキ品は高瀬染工場の「メタッタス」や酒伊繊維織物の「エミック」があり，ポリエステルフィラメント織物にニッケルメッキしたものには，セーレンの「Ｓｕシリーズ」，銅とニッケルを連続メッキしたものには日清紡の「デンジースパン」がある。また，米モンサント社はナイロンフィラメント織物に銅と銀をメッキした「フレクトロン」を上市している。特殊衣料用としては旭硝子や旭ファイバーグラスが開発したニッケル等の金属3層メッキのガラス繊維「エミテック」，無電解メッキしたガラス繊維を混入した導電性不織布「ノア」（阿波製紙製），「SUMIKI-EM」（住友化学・三木特殊製紙製）等があるがガラス繊維系は風合いに欠けるのが最大の欠点である。

(3) 金属コーティング繊維

不織布やフィンラント糸に銅，ニッケル，銀，銀メッキ銅粉末ペーストを浸漬（ディッピング），スプレー，印刷法等で導電性被覆を行ったものである。金属粉末のアスペクト比や後プレスの有無等で導電性が異なり，得られるシールド性も変わってくるが，図10に示すように，無電解メッキ等に較べて性能が落ちドレープ性にもやや難があるが，コスト的には有利となる。

第5章 電磁波防護服

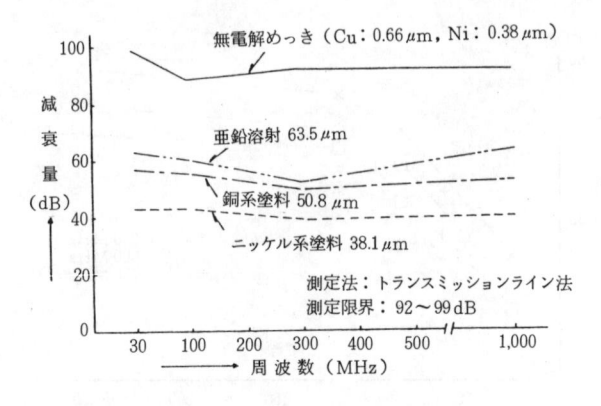

図10 各種シールド法の性能比較[1]

実用化されているものには，三菱マテリアルの「エミクロス」がある。これは不織布に銀を薄膜状に被覆した材料と思われる。

(4) 物理的蒸着繊維

金属を溶融状態にして繊維に吹きつける溶射法の他，糸を真空状態にして金属薄膜を繊維表面に形成する真空蒸着やスパッタリング法がある。特に低温（約200 ℃）で柔軟な金属薄膜が得られる方法として，マグネトロンスパッタリング法がある。直交磁界中の電子のトロコイダル運動を利用し，高効率，高速で薄膜（約200 Å）が得られる。ターゲット剤は銅，ニッケル，アルミ，ステンレス合金，窒化チタン等種々の金属，合金，化合物が可能である。ただし，シールド性能は膜厚が2,000 Å（0.2μ）以上でないと効果は小さい。したがって，所期の目的のものを得るにはスパッタリングは数回以上行う必要がありコスト高は避けられない。

4.2.3 硫化銅含有繊維 他

アクリロニトリル繊維に染色手法を用いてシアン基と硫化銅の配位結合（-Cu-S-Cu-）を作らせ導電性繊維としたものが，日本蚕毛染色の開発による「サンダーロンSS-N」である。また，旭化成が開発した「ASAHI-BCY」は，キュプラレーヨン製造時のセルロース中に水酸化銅を微分散させておき，硫化後に硫化第二銅（CuS）に変化させた硫化銅含有セルロース短繊維である。これらの繊維の導電性は比抵抗で10^{-2}～10^0 Ω・cmで，ちょうど金属化繊維とカーボンブラック練込み繊維の中間に位置し，シールド性能としてはやや不十分なるも静電防止や抗菌，防カビ素材として使用されている。

4　電磁波防護服

4.3　防護服の機能向上
4.3.1　耐洗濯性

　特に金属化（メッキ）繊維を防護服とする場合は洗濯に耐えることが重要な条件であるが，従来のメッキ品は水洗1～2回でほとんど性能が低下してしまう欠点があった。一般的にフィラメントよりもスパン糸，平織よりも朱子織といった基本的対策だけでは不十分で，特殊な熱加工と化学エッチング処理により水洗10回を達成したのが日清紡製「デンジースパンMT3－P」（ポリエステル織物：タテ86×ヨコ75本/インチ）で，洗濯耐久性を表1に示す。また，洗濯前と水洗15回後のマルチフィラメントの状態変化を写真2，写真3に示す。

表1　ポリエステル（銅＋ニッケル）メッキ織物
「デンジースパンMT3－P」の洗濯耐久性

	電界シールド性能（dB）				表面抵抗（Ω）
	250MHz	500MHz	750MHz	1,000MHz	
洗　濯　前	52	58	58	57	0.1
洗 濯 3 回	50	52	51	48	0.3
洗 濯 5 回	42	44	44	39	0.5
洗 濯 10 回	33	31	31	28	2～5
洗 濯 13 回	26	24	25	23	5～20
洗 濯 15 回	22	23	23	21	20～50

　＊　洗濯試験：JIS　L－0217,103法
　＊　電界シールド性能：名古屋工業試験所にて測定。

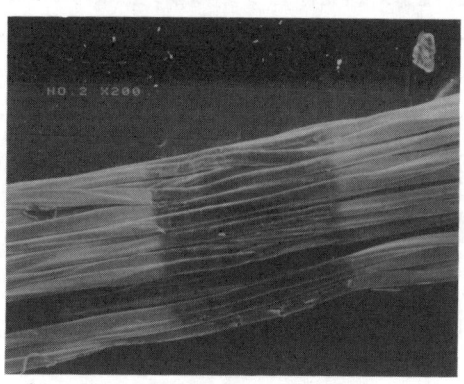

写真2　ポリエステルマルチフィラメント（銅＋ニッケル）メッキ糸
　　　　洗濯前の走査型電顕写真（×200）

第5章　電磁波防護服

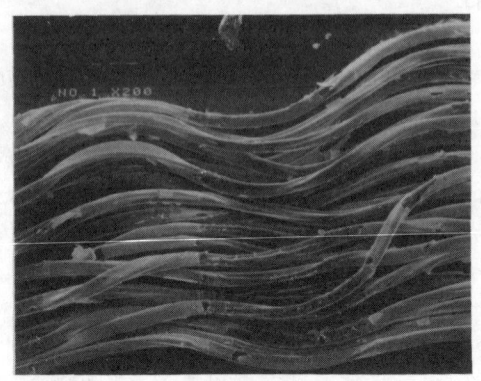

写真3　ポリエステルマルチフィラメント（銅＋ニッケル）メッキ糸
水洗15回後の走査型電顕写真（×200）

4.3.2　防炎性

金属化繊維はメッキする前はUL-94-Voクラスや LOI値30以上の難燃繊維であっても金属薄膜がつくと可燃となってしまう傾向がある。そこで素材難燃を達成するためには，塩素系モノフィラメント（ポリ塩化ビニリデン）使いの平織メッシュを特殊前処理したものに銅とニッケルを無電解メッキすることで防炎協会法（JIS-L1091A　法に準ず）合格レベルとなることが確認されている。商品名は日清紡「デンジーメッシュ-N」。燃焼テスト結果を表2に示す。

表2　難燃メッキ織物（デンジーメッシュ-N*）の燃焼性

		炭化面積	残炎時間	残じん時間	合　否
接炎時間	60秒	9.5cm²	0秒	2秒	合　格
〃	3秒	8.0	1	3	〃
防炎協会の合格規準		3.0	3	5	──

＊　基布は塩化ビニリデン300dモノフィラメント使いの50本/インチの平織物使用

4.4　防護服製品

現在，市販されている防護服およびメーカーには下記のものがある。

(a)　高瀬染工場

「コンプロン」（Niメッキ・エプロン）

4 電磁波防護服

(b) セーレン
「Seiren OA エプロン」（Ni メッキ）
(c) 日清紡
「デンジーベスト」（Ni＋銅メッキ・ベスト）
(d) 酒井繊維工業
「エミベスト・エミエプロン」（Ni メッキベスト・エプロン）
(e) ミドリ安全
「マイクロシールドウェア MSW」（Ni メッキ・つなぎ）
(f) ミプス
「OAハーディ」（Ni メッキ・ひざ掛け）
(g) 三菱マテリアル
「SHIROGANE」（銀被覆・エプロン）

写真4，写真5は防護ベストの性能測定試験。

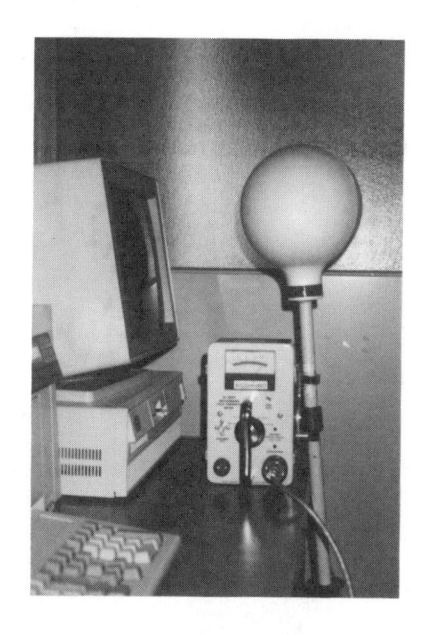

写真4 パソコンからの放射電界強度の測定　　写真5 「デンジーベスト®」被覆時の電界
　　（HOLADAY社　HI-3002型使用）　　　　　　強度の測定
　　　　測定値：約3V/m　　　　　　　　　　　　　測定値：約0.01V/m

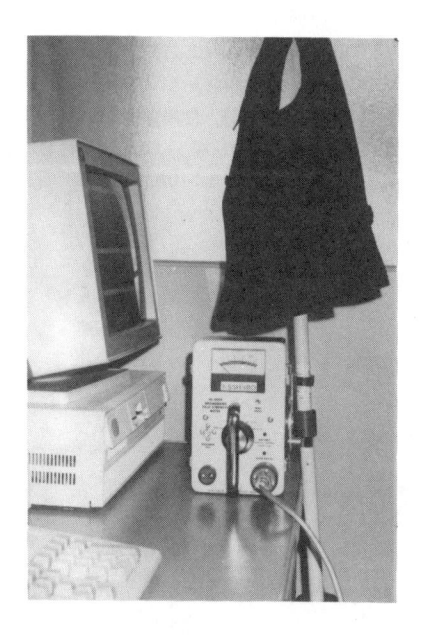

5　今後の課題

　電磁波環境問題は古くて新しい問題であるが，地球環境問題の高まりが示すように避けては通れない重要テーマになりつつある。「人体防護指針（日本）」もそういう意味では安全宣言ではなく，新たな問題のスタートと考え，今後さらにパルス電磁界の影響，ＯＡ機器等長期曝露の問題，低周波（ＶＬＦ，ＥＬＦ）電磁界の作用，信頼性ある測定法の確立等に向けて研究を続ける必要があろう。いずれにせよ，人類が電波と共生していかねばならぬ以上なんらかの対策が必要と思われるが電磁波防護服だけで人体防護するのではなくシールドルームや電波吸収壁等，施設自体の管理も含めた総合的取り組みが公共体や事業体に求められる時代になったといえよう。

文　　献

1）　導電性材料とマーケット，1991.7.26，Vol.5(No.10) 大阪ケミカルマーケティングセンター，p.166
2）　米・Enthone社，技術資料「無電解めっきによる電磁波シールド方法」
3）　郵政省電気通信局：「電波利用における人体の防護指針に関する取り組みについて(2)」，ＥＭＣ　1989.3.5（No.12），p.22

第6章　電磁波材料の医療分野への応用

田村久明*

1　X線とマイクロウェーブ機器材料

　表1は医療機器の開発を素材と科学技術の面から対照させた年表である。電磁波材料として最も古典的なケイ素鋼は1882年に工業化されたが医用機器の原点であるX線管は1913年に開発された。X線管は高電圧(～150kV)(医学用)によって電子が加速されタングステン陽極と衝突してX線が発生する装置であるがこの高電圧の発生は当然のことながらケイ素鋼板を鉄心として用いるトランスを使用する。一次側電源として以前は商用周波を用いたが最近は5kHz程度に高周波化しており，そのため小形化，軽量化が進んだ。即ち汎用X線装置では100kg以上の鉄心が普通であったが現在では10kg以下となっている。そのため高電圧発生器も独立したユニットから制御パネルに内蔵されるようになっている。

　治療用に用いるX線装置はX線管と異なりマグネトロン（1927～岡部）あるいはクライストロン（1939）で発生したマイクロウェーブをエネルギー源として電子を加速管で加速しやはりタングステンのターゲットに当て高エネルギーのX線を発生させるものでリニアックと言う。医学用のリニアックは1955年スタンフォード大学で開発された。一方プロトンを加速する方式のライナックは1948年にカリフォルニア大学で開発されている。当初リニアックとライナックはこのように使い分けられていたようであるが今はエレクトロン・リニアックもライナックと呼ぶのが一般的である。

　図1は医学用ライナックの構成図[1]であり，写真1はその外観である。使用するマイクロウェーブは2,856MHz，2,998MHzである。波長にして10cm余である。マグネトロンの素材のアルニコ磁石と希土類磁石は

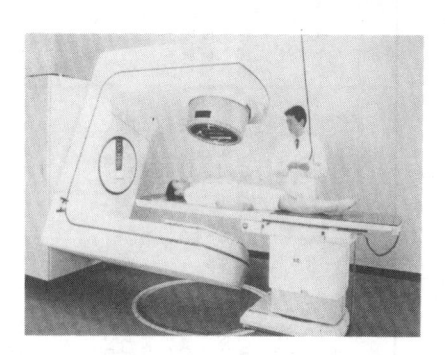

写真1　ライナック治療装置

---

*　Hisaaki Tamura　㈱東芝　医用機器技術研究所

第6章 電磁波材料の医療分野への応用

表1 新素材の年譜 　　編集 H. Tamura (1992)

基礎科学技術		医学機器の開発		(新)素材	同工業化	同発明・発見
蛍光現象の発見	1663	(タングステン)	1781)	ガラス	1867	
X線の発見	1895			ケイ素鋼	1882	1808
ブラウン管の発明	1897			マグネシウム	1886	1827
				アルミニウム	1886	1825
				石英ガラス	1900	
超伝導(水銀)の発見	1911	X線管	1913	フェノール	1909	1872
テレビジョンの発明(高柳)	1926			スチレン	1915	1912
マグネトロンの発明(岡部)	1927	筋電図	1912〜1930	チタン	1925	1797
ベニシリンの発見	1929	心電図	1913	アルニコ磁石	1932	
電子顕微鏡の発明	1931	脳波計	1924〜1934	フェライト	1933	
マイスナー効果の発見	1933			塩化ビニル	1938	1931
ポジトロン発見	1936					
クライストロン	1939	超音波診断	1942(透過形)	ナイロン	1940	1936
			↓R. Hofstadter	シリコーン	1941	1863
				イオン交換樹脂	1944	1935
				エポキシ樹脂	1946	1927
				ポリエステル	1949	1941
NMR現象発見	1946	◎X線・γ線シンチレーター NaI/Tl	1948	ポリエチレン	1950	1933
コンピューター(ペンシルベニアで)	1946(ENIAC)	Ｉ・Ｉ	1948	チタン酸バリウム(超音波振動子)	1952 PZT(1954)	(同)
トランジスタ	1947	RI・イメージング	1950	テフロン® (四フッ化エチレン)	1954	
プロトンライナック(材ナルベロ大)	1948			人工ダイヤモンド	1955	
コンピュータ(ケンブリッジ)	1949(EDSAC)	X線TV	1955	デルリン® (ポリアセタール)	1955	
エレクトロン・リニアック(スタンフォード大)	1955	γ(アンガー)カメラ	1956	ノリル®(ポリフェニレンオキサイド)	1959	
VTR	1956	ラジオイムノアッセイ	1958	カーボンファイバー	1960,1964 (高強度)	1959
レーザー(ルビー、HeNe)	1959					
		眼科用レーザー	1961	超伝導導線	1965(NbTi),1970(Nb₃Sn)	1954
				稀土類磁石	1966,1983(ネオジム)	
		総合健診機器	1965	ポリイミド	1967	
光ファイバー	1968(1979)	X線CT	1971	光ファイバー	1969,1979 (低損失)	1968
マイクロコンピューター	1971	超音波電子スキャン	1972(グレイスケール)	ケブラー®	1970	1965
CCD(単色)(ベル研)	1970	MRI	1973	アモルファス合金	1973	
		SPECT	1976	ジルコニア(部分安定化)	1975	
		PCT	1980	アルミナファイバー、ジルコニアファイバー	1980	
CCD(カラー)(コダック)	1976	イメージプレート	1981〜83			
		電子内視鏡(単色)welch allyn	1983			
高温超伝導発見	1986	電子内視鏡(カラー)東芝	1985			

2　MRIと磁気およびRF材料

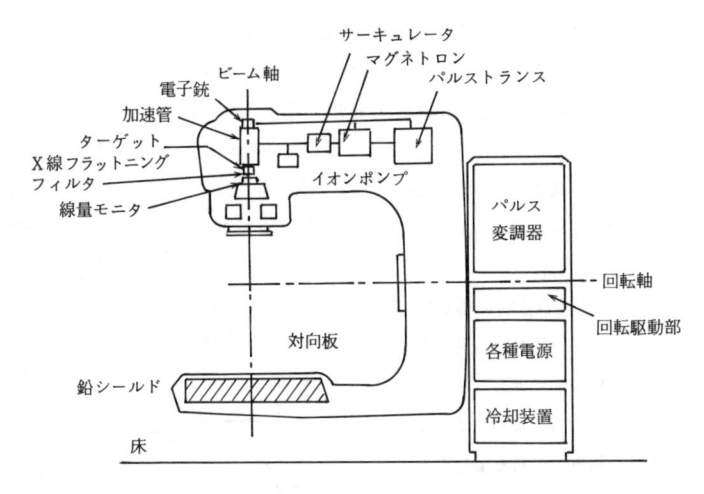

図1　医学用ライナック構成図

1932年，1966年にそれぞれ工業化され，˚小型化と高エネルギー化に寄与している。なお，マグネトロンの陰極は電子放射性のよいトリウム入りタングステン，陽極は熱伝導性の良い銅が使用されている。マグネトロンは家庭用の電子レンジの心臓ともなり広く普及しているが，また周波数が同じ2,450MHzのマイクロウェーブは癌の加熱治療にX線と併用され効果を挙げている。

2　MRIと磁気およびRF材料

図2はMRI（磁気共鳴画像診断装置）である。MRIは図のように静磁場コイル，傾斜（磁

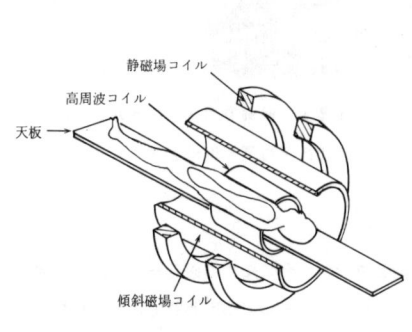

図2　磁気共鳴診断装置の基本構造　　写真2　超伝導コイルの構成

217

第6章 電磁波材料の医療分野への応用

場)コイルと高周波コイルが基本構造である。静磁場コイルは開発当初はホローコンダクターという中空の銅管中に冷却水を通す方式のコイルが用いられ、この水冷却管には約200Aの電流を通して0.2T(テスラ)の静磁場を得ていた。1965年に超伝導線のニオブ・チタン(NbTi)、1970年にニオブ・スズ(Nb_3Sn)が工業化されていたのを受けて1984年頃から超伝導方式のコイルに置換わるようになった。写真2はその構成を示したものであり、小形化が図られている。また低磁場MRIも1983年のネオジム磁石の工業化により0.15Tから0.3Tの永久磁石MRIが普及している。

RFコイルは静磁場の強度に応じて80MHzまでの高周波を発信ないし受信するLC同調装置の構成部品である。図3はその回路の概略である。RFコイルは図のように本体に組み込まれる全身用のコイルのほか体表に近接して使用するサーフェスコイルがある。写真3は頭部専用コイルである。写真4(a),(b)にその撮影例と外観を示した。素材としては銅、アルミのような非磁性材料を用いる。構造的には発信・受信を同一のコイルで行う場合と双子構造にして2コのコイルを用いる方法がある。

傾斜磁場コイルは静磁場に勾配磁場を重畳させるものでX・Y・Zの位置決めに対応させるものである。1ガウス／cm程度の勾配を持つ磁場を数kHzのパルスで繰り返すことにより高速度の撮影と高精度の影像を得るようにしている。現在傾斜磁場コイルの構成と駆動法はMRI技法の最重要技術の一つである。

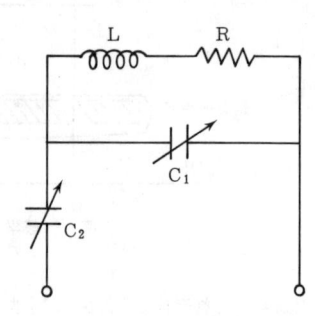

図3　RFコイル同調回路

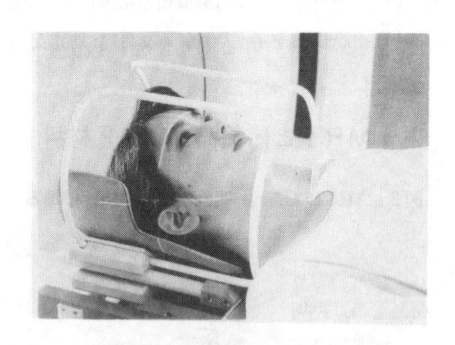

写真3　頭部専用RFコイル
(ほかに高感度型もある)

MRIにとってこのようにRF技術は重要な役割を持つが、そのため電磁シールドが確実でなければならない。MRI室は天井、床、壁全面にわたり電磁シールドが行われている。材料としてはステンレス、亜鉛鉄板、銅、アルミである。シールド仕様は通常60dBである。MRI設置環

2 MRIと磁気およびRF材料

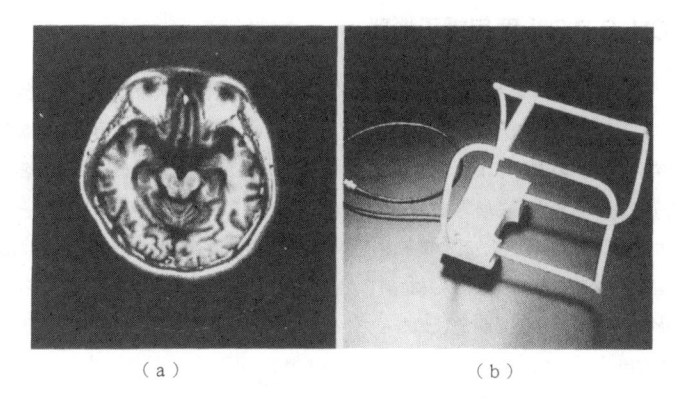

(a) (b)

写真4 頭部撮影例(a)と頭部RFコイル(b)

境条件は63.9MHzのRFを用いる場合±300kHzにおいて電界変動は－5dB(0.56μV/m)以下としている(1.5T型MRIの基準による)。

写真5はMRIシールドルームのドアを明けたとき室外のスペクトラム・アナライザーによって誘起されたノイズ画像である。測定器のケーブルの微弱な放射電波もMRIに大きく影響することが分る。

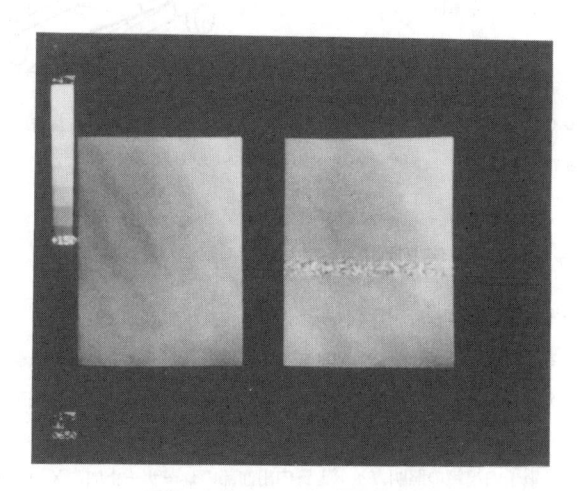

写真5 外界ノイズの侵入例（右）
（MRIシールドルームのドアを開けたとき）
（左はドアを閉めたとき）

第6章 電磁波材料の医療分野への応用

3　CISPRと医用電子機器

　1991年3月に日本電子機械工業会規格として「医用電子機器の無線周波妨害許容値及び測定法」（EIAJ AE-5003）が制定された。制定の目的は「昭和63年度医用電子機器電波障害対策事業研究報告書」の提言により、他の無線通信業務および電子／電気機器に障害を与えないよう医用電子機器から発生する妨害波の……」と記されている。医用電子機器をグループ1と2に分け1は血圧計、心電計、脳波計や電子内視鏡のように生体現象の測定機器とし2は治療装置、MRIや超音波診断装置のように人体に何らかの作用効果を持つ診断機器としている。グループ2は放射妨害波を距離10mで測定しグループ1の約3倍のdB値である。また端子妨害波は同じく1.5倍の許容値となっている。

　これを受けて各事業所は自主検査のための測定室が設置されるようになっている。医用電子機器のうち特に超音波診断装置は生産台数も多くこの問題に関心が深い。そのため図4のように超塑性亜鉛合金の使用、ニッケル塗布プラスチック、導電性フィラー入りプラスチック、銅箔接着、無電解金属メッキプラスチックなど多くの手法がハウジングに試用されてきた。

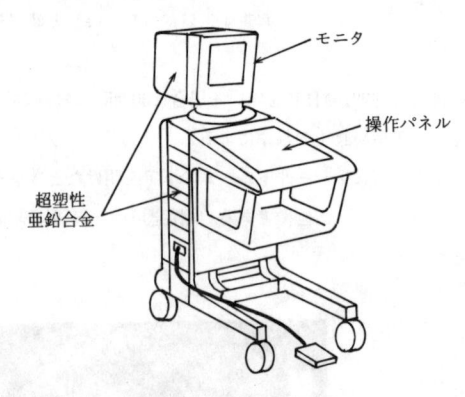

図4　超音波診断装置
（ハウジングの電磁シールドの事例）

4　光ファイバーと医用機器

　1959年に開発されたルビーレーザーを始めアルゴンガス、炭酸ガスなどのレーザーが治療機器に用いられている。写真5はルビーレーザーである。ハンドピースを生体の患部に当てて照射するがレーザー光をレンズと石英の角柱（カライドスコープ：万華鏡）により均等に拡散するような工夫がなされている。

　光ファイバーは電子内視鏡の照明ガイドと胃内出血部のレーザー止血、X線イメージセンサーのHeNeレーザーの光束、X線高圧部と低圧部の信号カップリング、血清分光分析などに利用されている。

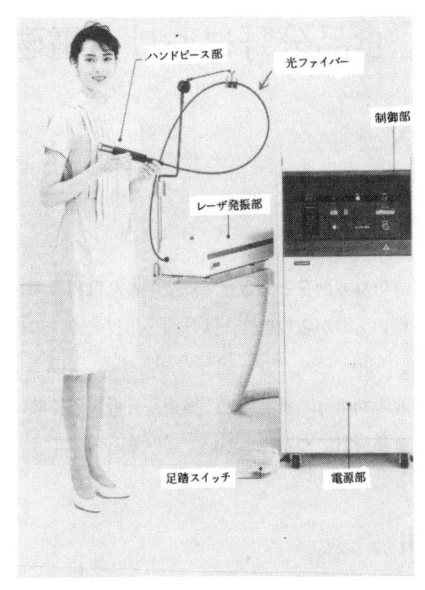

写真6 ルビーレーザー治療装置

5 おわりに

　医用機器における電磁波材料は高電圧技術，超伝導技術，マイクロウェーブ技術，光学技術等の最近の進展を受け多方面に活用されている。電磁波材料自身の進歩も目を瞠るものが多く医用機器はその恩恵に浴している。高温超電導材料，超小型電磁材料（マイクロ・ロボット）にも期待が集まっている。

文　　献

1)　医用放射線機器ハンドブック(1986)245p，日本放射線機器工業会
2)　日本電子機械工業会規格，ＥＩＡＪ　ＡＥ－5003(1991)

第7章　食品分野における電磁波の利用

岩元睦夫*

1　はじめに

　電場と磁場とが互いに直角な波動をともなって真空中または物質中を伝播するものを電磁波とよぶ。電磁波は，波長の短いものから放射線，紫外線，可視光線，赤外線，マイクロ波などに分類される。

　食品分野における電磁波の利用は，食品加工，検査，分析など多岐にわたっている。本稿では，それぞれの電磁波ごとに食品分野での利用について述べる。

2　放射線の利用

　重い原子に高速の電子が衝突すると，原子核の近くの軌道を回っている電子が弾き出され，その結果，原子には電子の空洞が生じる。この空洞を埋めるため外側の軌道にある電子が内側の軌道に遷移する時，原子に固有のX線に等しいエネルギーを放射する。X線には波長が長く比較的エネルギーレベルの小さな軟X線と波長が短くエネルギーレベルの高い硬X線とがある。

　また，コバルト60のように原子核が大きく不安定な元素は，自らがエネルギーを核外に放射し安定な状態になろうとする。この時放射されるエネルギーはγ線と称される。γ線は，X線よりさらに波長が短く透過力が大きい。

　放射線の食品分野での利用は，安全性の観点から国際的な関心が高い。わが国においては食品衛生法によって厳しく制限されている。そもそも放射線の定義は，RIから出る放射線および発生器のエネルギーが1 MeV 以上のX線や電子線をいう。放射線の食品分野での利用は，バレイショの発芽抑制において15krad以下の照射および品質検査での 10rad以下の照射のみが認められている。

　X線に関してはもっぱら軟X線が利用され，①缶詰の内容量の検査（レベルチェッカー），②柑橘のす上がりの検査，③スイカの内部欠陥の検査，④異物の検査など，非破壊検査の有力な手段として利用されている。これらはいずれもX線の散乱を利用したもので，オンラインでの計測

---

　*　Mutsuo　Iwamoto　　農林水産省　食品総合研究所　食品工学部

法として実用化されている。また，実験段階であるが，X線CTによる画像化も可能となっている。

ガンマ線に関しては，殺菌，殺虫，果実の成熟調節など多くの利用法が検討されている（表1）。IAEAなどの勧告にもあるように，ガンマ線による殺虫や殺菌は，むしろ化学薬品に比べ安全なことから国際的には利用が拡大していく方向にあるが，前述したように，わが国ではバレイショの発芽抑制に限定して15krad以下での使用が許可されているのみである。

放射線とは異なるが，電離作用があるため放射線と同様の効果のある電子線の利用が注目されている。ガンマ線に比べ透過力が小さいため，対象物は比較的乾燥した厚みの薄いものに限られる。無菌充填時の包装材料の殺菌法として利用されている。

表1 食品照射の利用分野（林）

照射の目的	線量(kGy)	対象品目
発芽および発根の抑制	0.03～0.15	馬鈴薯，タマネギ，ニンニク，甘薯，シャロット，ニンジン，栗
殺虫および不妊化	0.1～1.0	穀類，豆類，果実，カカオ豆，ナツメヤシ，豚肉（寄生虫），飼料原料
成熟遅延	0.5～1.0	バナナ，パパイア，マンゴー，アスパラガス，きのこ（開傘抑制）
品質改善	1.0～10.0	乾燥野菜（復元促進），ウイスキー（熟成促進），コーヒー豆（抽出率向上）
腐敗菌の殺菌	1.0～7.0	果実，水産加工品，畜産加工品，魚
胞子非生成食中毒菌の殺菌	1.0～7.0	冷凍エビ，冷凍カエル脚，家禽肉，飼料原料
食品素材の殺菌（衛生化）	3.0～10.0	香辛料，乾燥野菜，乾燥血液，粉末卵，酵素製剤，アラビアゴム
滅菌	20～50	畜肉加工品，病人食，宇宙食，実験動物用飼料，包装容器，医療用具

3 紫外線の利用

波長400nmまでの紫外線は，X線に比べエネルギーレベルは小さいものの，光波の中では最も大きなエネルギーレベルであって，遠く離れた電子軌道間を越えて電子を励起することが可能である。このため，殺菌，反応促進など食品分野においても広く利用されている。

中でも殺菌は，加熱殺菌と異なり対象物の温度を上げない冷殺菌である点に特徴がある。紫外

223

線での殺菌は，DNAの光化学反応を活性化することによって微生物を死滅させるもので，250〜260nmの波長帯が最も有効である。このため，この波長帯に最大発光分布を有する低圧水銀ランプが利用されている。従来ランプの寿命に問題があったが，最近では高出力で寿命の長い紫外線発生装置も開発されている。

一方，対象物の品質をそのままの状態で計測する非破壊分析法（以後，非破壊法）への紫外線の利用は，対象物による紫外線の吸収と対象物からの蛍光を利用する方法である。紫外吸収の利用は，紫外線を照射しつつ対象物の画像を紫外感度の受光体でとらえる方法である。受光体の前には，可視カットフィルターが必要である。対象物中に紫外線を吸収する物質が存在すれば，その部分は画像として黒く得られる。一方，カビなど紫外線照射の下で発生する蛍光を利用する場合には，可視域に感度のある受光体で蛍光をとらえる。この場合は，受光体の前には紫外カットのフィルターが必要である。①カビに汚染された鶏卵の検出，②柑橘果皮の損傷の検出，③アフラトキシンの検出などに利用されている。

これらは画像処理システムとの組合せにより，より高度な生体情報の計測法として利用が可能である。

4　可視光線の利用

可視光線は波長400〜700nmの範囲の光波を指し，人間の目が感ずる範囲の光である。その中心波長は，太陽光のエネルギー分布における最大強度の波長とほぼ一致する。しかも，可視光線の持つエネルギーは紫外線よりはるかに弱く，光照射時の電子も極く隣合った軌道間でしか励起されない。

このため，紫外線のような殺菌作用は持たないが，さまざまな光増感色素と相互作用して，野菜など植物体の成長に密接に関係することが知られている。中でも450nmと650nmに最大吸収帯を有するクロロフィルは，光合成の効率に関係する。従来，収穫後の野菜の鮮度保持には光照射は不適とされてきた。しかし，最近の研究では，650nm近くの赤色系の光照射により，むしろビタミンCの合成が進むなど鮮度保持効果の高いことが明らかにされている。今後，貯蔵庫やショーケースなどで，作目ごとに適した光照射装置の開発が望まれる。

可視光線は非破壊法に広く利用されている。非破壊法での可視光の利用は，吸収，放射（蛍光），散乱などであって，多くは色調など人間の眼で得られる情報をとらえる時に利用される。装置的にも分光測定法の中で最も進んでおり，光源はもとより光電子増倍管を始め，性能の高い光電池，光導電セル，ホトトランジスタなどさまざまな半導体センサが開発されており，微弱光を測定することも可能となっている。また，半導体センサを二次元に配置したフォトアレイを利用した画

像処理技術は，時定数の短い流れ計測に適しており，①果実の色調など表面状態の計測，②魚種の自動判別など，オンラインでの実用化も進んでいる。

一方，可視光線域での計測技術が飛躍的に進歩した大きな理由の一つは，光源にレーザを利用できるようになったことである。レーザの特徴は，波長，位相がそろったコヒーレントな光であることである。したがって，半値幅が小さい単色光で指向性の強い光が得られ，集束することによって高いエネルギー密度の光が得られる。レーザの利用のうち，単色光としての性質を利用したものに，①化学反応の促進，②食品の局所的加熱および切断，また，コヒーレント性を利用したものに，①ホログラフィによる温州ミカンの浮皮果の判定，②粒径分析などがある。

小型の計測装置では，半導体レーザの利用が有効であって，渋柿の判定など応用分野も広い。

5　近赤外線の利用

近赤外線の定義はいろいろな考え方があるが，ここでは赤外線のうち波長域が$0.8～2.5\mu m$の光を近赤外線とする。赤外線のエネルギーレベルは小さく，もはや電子を軌道間で遷移させることはできない。赤外線の照射下では電子は同一の軌道内にとどまり，単に分子間の結合状態が励起されるに過ぎない。

この波長域の最も有効な利用法は，非破壊法での利用である（表2）。すなわち，近赤外域には，C－H，N－H，O－Hなど主に水素原子が関係する原子団の基準振動（赤外域に生じる）の倍音および結合音による吸収が存在するため，これらの原子団と関連のある水分，炭水化物，タンパク質，脂質など食品成分を測定することができる。現状では，近赤外分光法の検出限界は$0.1～0.2\%$であって，逆にこの検出限界を確保するためには，ODレベルで10^{-4}以下のS/Nが求められる。

ところで，近赤外分光法は，吸収の原理は赤外吸収にもとづいているものの装置的には可視分光法に近い。いわば近赤外分光法は赤外分光分析と可視分光分析法の両者の利点を合わせ備えた方法であって，成分分析を対象とした非破壊法の中では最も実用化の進んだ方法である。近赤外分光法において吸収の弱い倍音や結合音をあえて使う最大の理由は，非破壊状態の食品では多かれ少なかれ水を含むため，基準振動にもとづく赤外吸収が使えないことにある。吸収が弱い上に複雑な倍音や結合音を使っての定性・定量分析のため，近赤外分光法を非破壊法として利用するために，多変量解析によるスペクトル解析法が開発されている。

近赤外分光法の精度の向上のためには，受光素子の開発が必要である。特に，$1.5～2.5\mu m$の範囲に安定した感度を有する受光素子の開発が望まれる。また，一次元または二次元での受光素子のアレイ化も進められているが，安定性の上で問題が残されている。さらに，近赤外分光法を

第7章　食品分野における電磁波の利用

表2　食品への近赤外法の応用

〔穀類，豆類，種子類等〕
- 米……………………デンプン(アミロース)，タンパク質，水分，灰分，アミノ酸，食味値
- 小麦（小麦粉）………デンプン，タンパク質，水分，灰分，硬軟質，損傷デンプン，さび病，SDS沈降性，α-アミラーゼ活性，カラーバリュー，ふすま質混入率，品種判別，アミノ酸，製パン適性
- 大麦…………………タンパク質，水分，エキス分，リジン，アミノ酸，窒素，β-グルカン，外観最終発酵度
- カラス麦……………タンパク質
- ソバ…………………タンパク質，水分，灰分
- 綿実…………………ゴシポール，水分，ブドウ糖，果糖
- ヒマワリ種子………脂質，水分，繊維
- 大豆…………………タンパク質，水分，脂質，7S，11S
- ナタネ………………脂質，クロロフィル
- エンドウ……………タンパク質，デンプン
- トウガラシ…………カプサイシン
- ホップ………………水分，α酸，精油
- 茶……………………タンパク質，水分，全窒素，カフェイン，テアニン，全遊離アミノ酸
- 紅茶…………………品質

〔酪製品〕
- 牛乳…………………水分，脂質，タンパク質，乳糖，TMS，カゼイン
- 乾燥乳………………水分，脂質，タンパク質，乳糖，灰分
- チーズ………………脂質，タンパク質，固形分，水分
- ホエイ………………水分，脂質，タンパク質，乳糖
- クリーム……………脂質
- 粉ミルク……………水分，脂質，タンパク質

〔肉類〕
- 魚肉…………………魚肉中の水の存在状態
- 畜肉（肉製品）……タンパク質，水分，脂質，塩分，カロリー

〔飲料品〕
- ワイン………………アルコール，エキス分，糖，滴定酸度
- ビール………………アルコール
- 日本酒………………アルコール，酸度，アミノ酸，日本酒度，直糖，全糖
- コーンシロップ……果糖，固形分
- 果実ジュース………ブドウ糖，果糖，ショ糖
- 豆乳…………………タンパク質，水分

〔一般加工食品〕
- シリアル加工品……繊維，糊化度
- ケーキミックス……脂質，ショ糖
- パイクラスト………タンパク質，水分，脂質，卵含量
- パン…………………タンパク質，水分，脂質
- ビスケット（ドウ）脂質，ショ糖，小麦粉，水分
- ココア………………タンパク質，脂質，デンプン
- チョコレート………ショ糖
- 食用油………………ヨウ素価
- 醤油…………………塩分，窒素，アルコール，乳酸，グルタミン酸，グルコース
- パン改良剤…………ビタミンC，L-システィン
- 味噌…………………水分
- マヨネーズ…………脂質
- 乾燥野菜……………タンパク質，脂質，灰分，ADF
- 乾ノリ………………品質等級，タンパク質，色素

〔青果物〕
- タマネギ……………糖度，水分，乾物
- レタス………………熟度
- サトウキビ…………粗繊維，水分，糖度（Brix）
- モモ，ナシ…………糖度（Brix）
- リンゴ………………糖度（Brix），滴定酸度
- トマト（ミニトマト）…糖，酸

リモート計測法として活用するためには，同様の波長範囲でエネルギー効率の高い光ファイバーの開発も必要である。これらの素材が開発されれば，近赤外分光法の一層の応用範囲が広がることが期待される。

ところで，近赤外分光法では，分光器として回折格子などの分散型分光器の他，小型の機器では干渉フィルターが用いられる。これらにおいては，S／Nを高めるため高速スキャンの工夫がなされることが多い。最近，ＡＯＴＦやＭＣＦＴ－ＮＩＲといった新しい分光システムが開発されている。

ＡＯＴＦは音響光学フィルターと呼ばれる。すなわち，二酸化テルル(TeO_2)の単結晶に超音波を伝搬する時，超音波の周波数に応じてTeO_2の屈折率が変化する。もともとTeO_2は複屈折性を有する。TeO_2の結晶に白色光を入射すると，結晶軸に沿って光を横切るように伝搬してくる超音波によって屈折率の粗密が生じるため，入射光はTeO_2を通過する間に異方回折し分光が可能となる（図1）。この時，超音波の周波数を連続的に変化させると，単色光をスキャンできる。ＡＯＴＦでは，機械的可動部がなく数μsでの高速スキャンが可能であることが最大の特徴である。

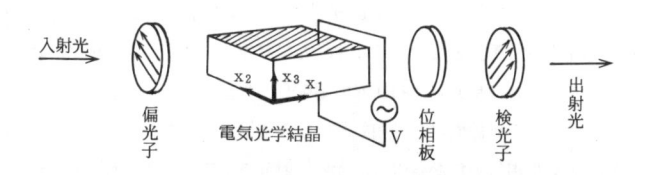

図1　電気光学効果を利用した振幅光変調器の基本構成

また，近赤外分光法は赤外分光法に比べ使用する波長域が短いため，完全なＦＴ－ＮＩＲは困難な状況にあった。ＭＣＦＴ－ＮＩＲは，得られた干渉縞を多チャンネルの受光素子でとらえ，各々の出力の逆フーリエ変換によりＦＴを実行するもので，この場合も短時間でスキャンが得られる。

6　中・遠赤外線の利用

可視光の上限の$0.8\mu m$より長波長側で$1,000\mu m$（1mm）までの広い範囲の光，ここでは赤外線とする。一般に，赤外線のうち，$0.8～2.5\mu m$を近赤外線，$2.5～30\mu m$を中赤外線，$30～1,000\mu m$を遠赤外線と細かく定義する場合と，近赤外線以上の波長域を遠赤外線と定義する場合がある。

第7章 食品分野における電磁波の利用

　前述したように，近赤外線は専ら非破壊分析法の有力な方法として広く利用されている。

　中赤外線は各種の原子団の基準振動帯であるため，一般の化学分析では赤外分光分析として定性・定量分析に広く利用されている。一方，中赤外線を含む遠赤外線の利用として広く実用化しているのに加熱源としての利用がある。

　遠赤外線加熱は放射伝熱であって真空中でも加熱が可能であり，熱源自体からの水分の発生がないため乾燥品の仕上がりが良いなど多くの特色を有する。また，食品に含まれる水や有機物は遠赤外線域の特定の波長を吸収するため，遠赤外線加熱は熱の吸収効率が高い。このため，凍結真空乾燥における熱源として利用されるなど，加熱源として広く利用されている。特に，半導体分野で開発が進められたニューセラミックスの技術移転の結果として，さまざまな赤外線放射特性を有したセラミックス材料が開発されて以来，セラミックスを加熱媒体とする赤外線加熱の利用が広まっている。

　セラミックス材料は金属酸化物と非酸化物に大別され，その放射特性は基本的にセラミックスを構成する金属元素の性質に関係する。また，焼結法，熔射法などセラミックスの加工法によっても影響される。SiCなどの例外を除けば，非酸化物セラミックスの放射特性は金属のそれに近く，金属酸化物に比べ放射率は小さい。一方，SiO_2，Al_2O_3，$2MgO・2Al_2O_3・5SiO_2$などⅡ～Ⅳ族の金属酸化物セラミックスの放射特性では，4 μmの波長域から放射率が大きくなり約8～10 μm以上で特に大きな放射率を有する。また，Cr_2O_3，Fe_2O_3などのⅡ～Ⅷ族の金属酸化物セラミックスでは，全波長域において大きな疑似黒体的な放射率を有する。

　ところで，今までは遠赤外放射は主に加熱源として利用されてきた。しかし，最近注目されているのは，常温に近い低温放射体からの低温赤外放射であって，①発酵過程での熟成の促進，②生鮮物の鮮度保持，③水の味の改善，④植物の成長促進など興味ある効果が報告されており，その作用機作が話題となっている。

　最近，微弱なエネルギーが生体関連反応に及ぼす影響についての研究が活発になっており，低温放射体からの遠赤外線放射も研究対象の一つとなっている。筆者は，微弱エネルギーが生体関連反応に特異的に作用する機作として，反応系に存在する水が微弱エネルギーの下で物性を変化させ，触媒的に働くためと考えている。すなわち，水素結合した水に遠赤外線が作用すると水のOH基が遠赤外線を吸収し，その結果，水素結合が切断されるため，水の酸化還元電位（ORP）の低下，溶存酸素の低下，pHの上昇などの効果を生むことが明らかにされつつある。

　しかし，低温放射体の赤外線放射特性に関し正確なデータが不足していることを含め，遠赤外線の作用機作に関しての研究は十分とはいえない。㈳日本ファインセラミックス協会も遠赤外放射に関してさまざまな調査を行っているが，低温放射体からの遠赤外放射に関しては明快な結論を得るにはいたっていない。

最近，低温放射体からの遠赤外線の分光放射特性を測定することが可能な計測器が開発されている。筆者らも遠赤外線の放射体とされてきた素材（ゼオライト混練プラスチックフィルム）を測定した結果，常温に近い温度帯でも，8～12μmの波長範囲で具体的に遠赤外線が放射されていることが明らかになった。このように遠赤外線の研究に対し極めて有効な情報が得られつつあり，遠赤外線の作用機作に関しての研究が進展することが期待される。

7 マイクロ波の利用

マイクロ波は，1mm～1mの波長範囲の電磁波をいう。

食品分野での応用で最も普及しているものに誘電加熱法がある。誘電加熱の原理は，食品中に存在する双極子分子がマイクロ波の下でマイクロ波の周波数に共振して配向を繰り返す際に，分子同士の摩擦によって熱を発生することである。一般には，食品中の水を対象に，2.45GHz（波長約12cm）の周波数が用いられる。

マイクロ波加熱の最大の特徴は，対象物の表面および内部を同時に加熱するため，急速加熱が可能であって，また，プラスチックで包装された状態でも，内容物だけの加熱が可能なことである。この特徴を家庭での調理に利用するための機器が電子レンジである。現在世帯の約70％まで普及したと推定され，電子レンジの普及にともなって電子レンジ食品の消費も伸びてきた。しかし，最近，電子レンジ食品の消費の伸びが低下しており，その理由としてコストの問題，品質の問題などが指摘されている。

また，マイクロ波加熱は，工業的にも乾燥，殺菌，膨化などの工程で使われ，多様な食品を生み出すための不可欠な技術となっている。また，穀物中の昆虫の殺虫について検討した結果，虫単独では殺虫効果は期待されず，虫の周りの穀物の温度を上昇させる必要があることが明らかになった。

マイクロ波は食品の非破壊法の手段としても利用されている。マイクロ波が物質を通過する際に，糖，有機酸など内容成分の影響を受けることを利用して，メロンの成分分析が研究されている。また，食品中のラディカルの非破壊測

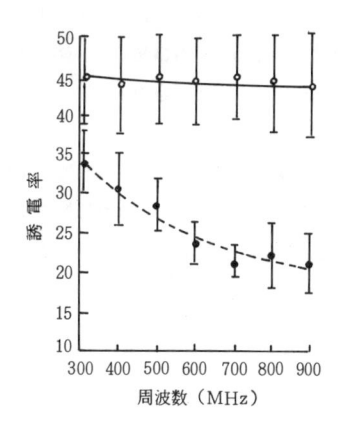

図2 熟度の異なるリンゴの誘電特性

（破線：成熟果，実線：未熟果）

定などに有効なＥＳＲ（電子スピン共鳴）は，原子核の周囲を回る外郭電子の左右のスピンのずれによって生じる磁場を，振動磁場の下で共鳴させ検知するもので，使われる周波数はマイクロ波に相当する。

8 その他

　数10kHz～数10MHzの高周波は，穀物の水分計に利用されている。すなわち，高周波の下で穀物の比誘電率は含水率の高いほど大きな値を示すことを原理に，比誘電率と比例関係にある電気容量値を測定して水分を推定する。この方法の水分計は，40％程度の比較的高水分の穀類まで適用可能である。

　同様に，インピーダンスや誘電率などの電気的特性を青果物の熟度判定などに応用した研究が多く見られる。図2は熟度の異なるリンゴの誘電率の周波数依存性を示したもので，未熟なリンゴの誘電率は成熟したものより大きく，成熟したリンゴの誘電率は周波数とともに低下するのに対し，未熟なリンゴの誘電率は周波数にそれほど影響されない。これらは，熟度の進行にともなって細胞膜や細胞質などの細胞構造が変化し，その電気的特性が影響されることを利用する。高周波ほど組織を透過する能力が高く，細胞の微細な性質を反映する。

　また，成分の非破壊分析法として利用されているＮＭＲ（核磁気共鳴）は，原子核を構成する陽子（プロトン）と中性子のスピンによって生じる磁場を，ＥＳＲと同様に共鳴磁場の下で検知する。この場合，測定の対象とする核種ごとに数MHz～数10MHzの周波数が使われる（表3）。ＮＭＲでは，食品中の水，脂質など成分の定量分析の他，自由水，結合水のような状態分析も可能である。

表3　核種と共鳴周波数

核　　種	共鳴周波数(MHz)
^{1}H	42.6
^{13}C	10.7
^{14}N	3.1
^{19}O	5.8
^{23}Na	11.3
^{31}P	17.2

　さらに，高周波（13.56MHz）を穀物中の昆虫の殺虫に利用すると，マイクロ波のように穀物の温度を必要以上に上げる必要がなく，殺虫が可能なことが報告されている。

第8章　電磁波技術のコンクリート構造物診断分野への応用

中野米蔵[*1]，野田良平[*2]，込山貴仁[*3]

1　はじめに

　平成元年11月，北九州において住宅都市整備公団の高層集合住宅の外壁タイルの落下により通行中の一般市民に死傷者の出る事故が発生した。この事件はコンクリート構造物の建設および維持保全に携わる人々にとって大きな衝撃であった。

　従来コンクリート構造物は鋼構造物とは異なり，強度さえ十分であればメンテナンスフリーで半永久的構築物であると考えられ，その劣化診断は，比較的軽視されることが多く，その内容も施工業者や補修業者がサービスとして行う目視ならびに打診といった非科学的手法が中心で，非破壊試験器を用いて定量的な検査，診断を行うことはごくまれであった。

　しかしながら前述の事故以来，コンクリート構造物の劣化診断の重要性が再認識され，シュミットハンマー，超音波法，放射線透過法，電磁誘導法，ＡＥ法など多くのコンクリート非破壊検査手法が開発され，一部は実用化されるまでに至った。

　以下の文章では，これらの手法のなかで特に信頼性の高い電磁波による非破壊検査手法のうち，すでに実用レベルに達している赤外線法およびレーダー法について述べるものである。

2　赤外線映像システムによるコンクリート構造物の診断

2.1　計測原理

　一般に物質の化学的，物理的性質の変化には熱のやり取りを伴うことから，不安定な部位や不健全な部位はその存在を温度情報として表わすことが多い。この傾向は医療の分野に限らず構造物の診断分野においても大原則として成立することから赤外線映像システムを用いて健全部，劣

[*1]　Yonezou Nakano　㈱コンステック　中日本事業本部
[*2]　Ryohei Noda　㈱コンステック　技術研究所
[*3]　Tatsuhito Komiyama　㈱コンステック　技術研究所

第8章　電磁波技術のコンクリート構造物診断分野への応用

化部の表面温度およびその変化を計測することにより構造物の劣化診断が可能である。この技術の適用例を以下に記す。

(1) 赤外線映像システムによる外壁仕上げ剥離検知
(2) 赤外線映像システムによる吹付法面背面空洞検知
(3) 赤外線映像システムによるトンネル覆工変状検査

以下，各項目別にその適用例を紹介する。

2.1.1　赤外線映像システムによる外壁仕上げ剥離検知技術

(1) 計測原理

図1のように外壁の躯体と仕上げの間に生じた剥離部は断熱層の効果をもたらすため，剥離部の表面温度は健全な部位のそれに比べて上昇しやすく，下降しやすい。つまり赤外線映像装置を用いて表面温度の計測を行うと，日中外壁の温度上昇中は剥離部は健全部に比べて高温に，夜間外壁の温度が下降中は前者は後者に比べて低温に観測される。この現象を利用して赤外線映像システムによる外壁仕上げの剥離検知が可能となる。

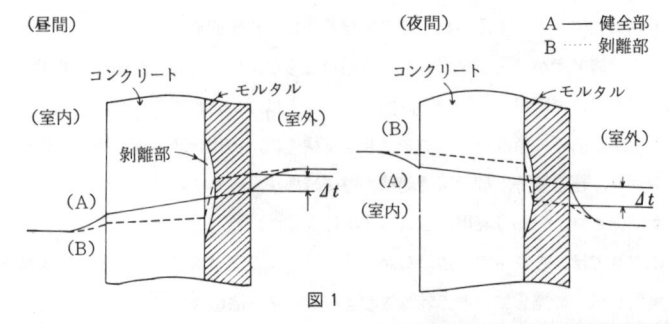

図1

(2) 赤外線映像装置を用いた外壁仕上げ剥離診断システム（コンスファインダーシステム）

赤外線映像システムによる熱映像の撮影から報告書作成までを一貫して行う外壁仕上げ剥離診断システムが開発されている。このシステムは赤外線映像システム搭載車（写真1）とコンピュータによる画像処理システム（写真2）によって構成される。

写真1

2　赤外線映像システムによるコンクリート構造物の診断

写真2

(2)-1　赤外線映像システム搭載車

　コンスファインダーシステムでは検査車に多機能集約型の赤外線映像システムを搭載することにより迅速で正確な赤外線撮影を可能にしている。図2にシステム構成を示す。

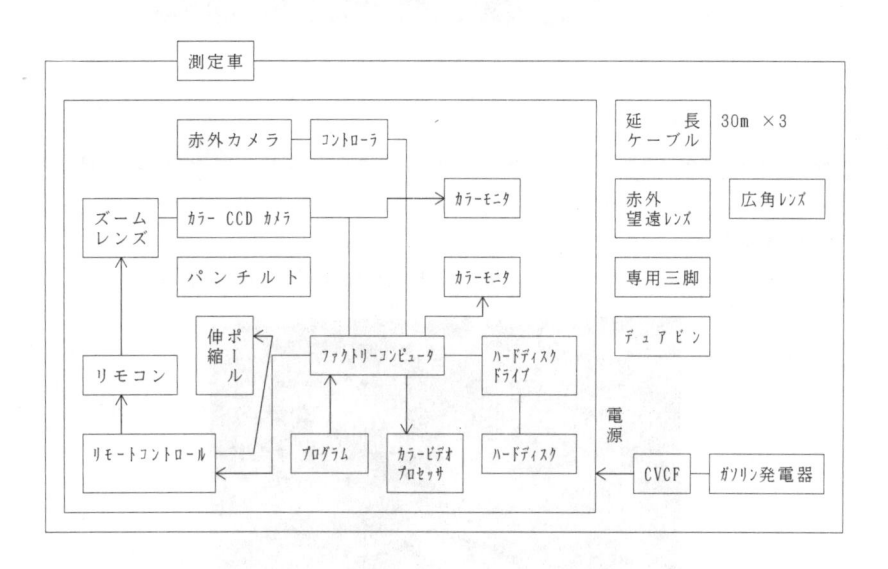

図2　撮影システム部

第 8 章　電磁波技術のコンクリート構造物診断分野への応用

(2)-1-1　**車載赤外線映像システムの特長**
① 赤外線映像と可視映像の同時撮影
　赤外線映像法による外壁診断では壁の汚れや漏水による温度差を仕上げの剥離と誤診する可能性がある。コンスファインダーシステムでは赤外線映像と可視映像を同時に撮影することで，この問題を解決している（写真3）。

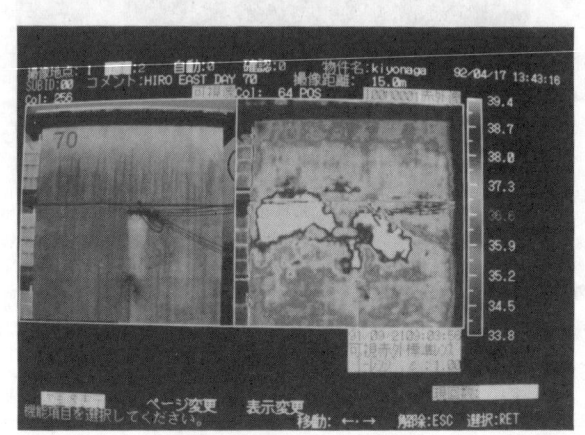

写真3

② 検出波長帯の変更が可能
　赤外線映像装置を交換することによって，測定時の諸条件により検出波長帯の変更が可能である。
③ 全自動撮影
　撮影範囲，カメラの振り角を事前に入力することで全自動撮影が可能である（写真4）。

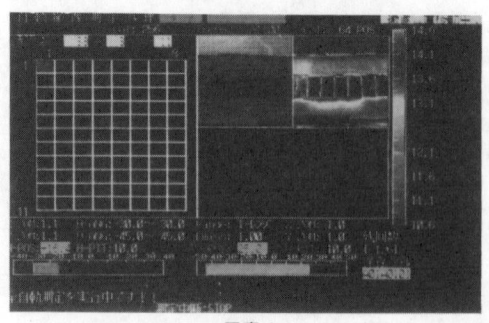

写真4

(2)-2　コンピュータ画像処理システム

赤外線映像装置を用いて撮影した熱映像をさらに加工することにより，剥離部の存在，位置，形状，および面積を正確に検出するためのコンピュータによる赤外線画像処理システムが開発されている。システム構成を図3に示す。

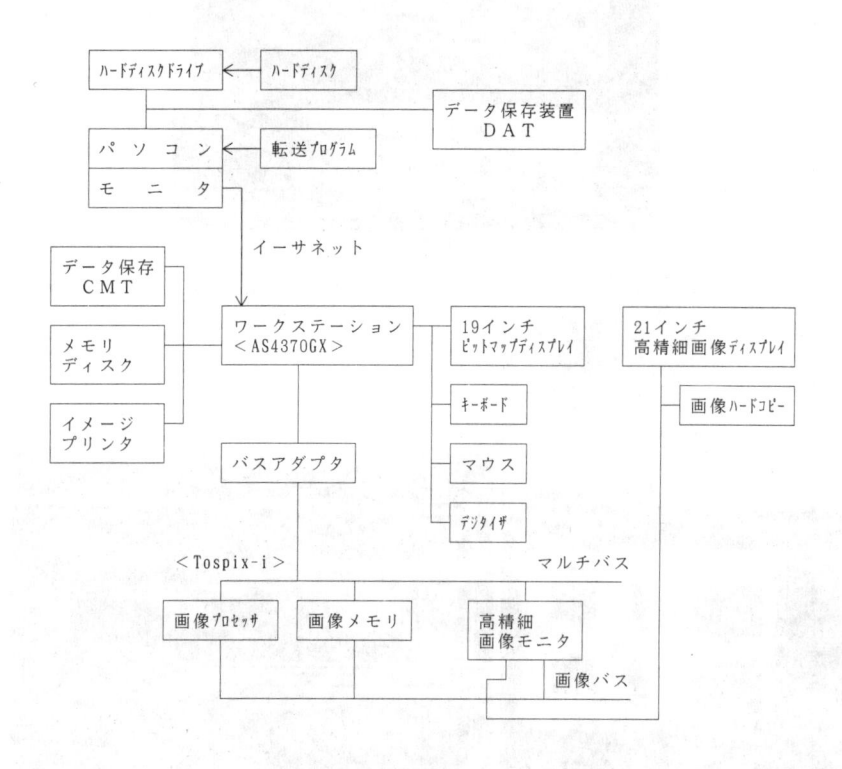

図3　画像処理システム部

(2)-2-1　コンピュータ画像処理システムの特長

① パッチワーク

複数の赤外線映像および可視映像をコンピュータ上で1枚の写真に合成可能（写真5）。

② 幾何補正

斜め位置から撮影したことによる画像の歪みをコンピュータ上で補正してCADで作成した立面図上にあてはめることができる（写真6）。

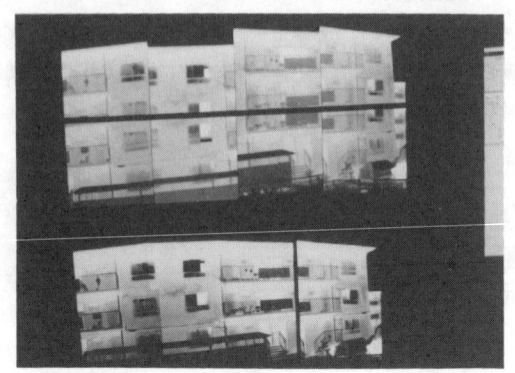

第 8 章　電磁波技術のコンクリート構造物診断分野への応用

写真 5

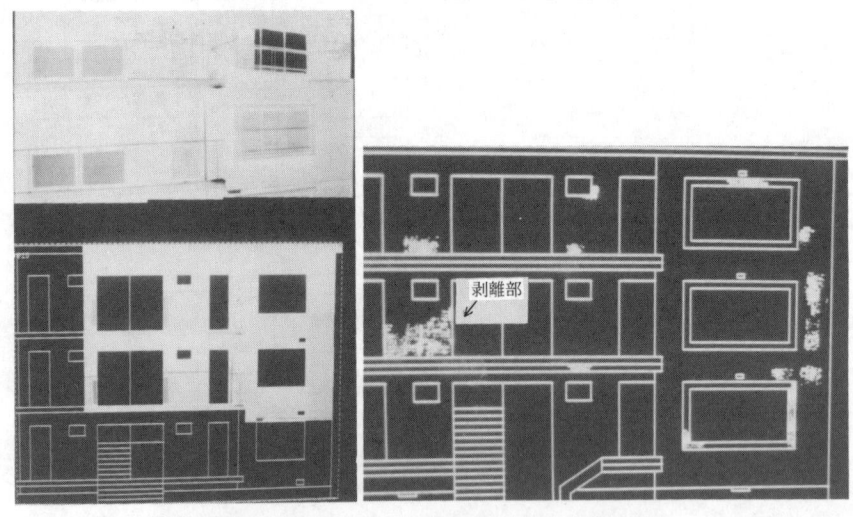

写真 6　　　　　　　　　　　写真 7

③　N 値化

　赤外線映像をもとに剥離部，剥離の可能性大と思われる部位，近い将来剥離が生じると思われる部位，および健全な部位を色分けし，さらに各部位の面積を計算することができる（写真 7）。

　(3)　実施例

　前述の赤外線映像システムを用いて外壁仕上げの剥離検査を行った実施例を以下に紹介する。

2 赤外線映像システムによるコンクリート構造物の診断

<検査概要>
・検査目的
　モルタルの剥離劣化の程度を調査し，応急処置ならびに改修工事設計の資料とする。
・建物概要（写真8）
　対象建物：某社社宅70号棟
　所在地：兵庫県内
　構造：鉄筋コンクリート造
　外壁仕上げ：モルタルリシン
　階数：地上3階建
　竣工年月：1962年
・検査日時：1991年9月
・検査機関：株式会社コンステック
・使用機器：コンスファインダー
　　　　　　システム

写真8

(3)-1　赤外線撮影
　写真9は70号棟東面の赤外線映像である。写真の中央部や左上を中心に異常高温部が現れている。この熱映像写真をコンピュータ画像処理システムに転送して外壁の診断を行う。

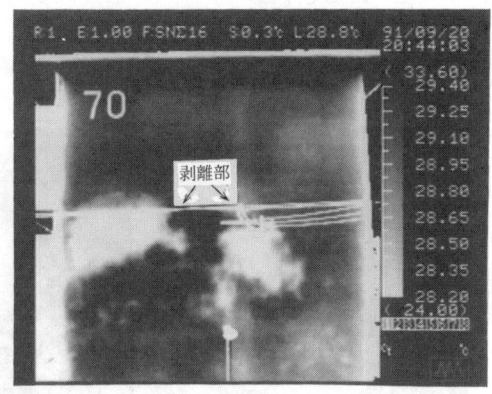

写真9

第8章　電磁波技術のコンクリート構造物診断分野への応用

(3)-1-1　パッチワーク

①でもふれたが，大きな建物を1枚の熱映像写真に納めることはできない。その場合各々の熱映像をコンピュータ上で元の形状に合成する（写真10）。

(3)-1-2　幾何補正

②でふれたとおり，パッチワーク後の熱映像の歪みをコンピュータ上で補正し，CADで作成した立面図上にあてはめる。これにより剝離の存在位置，面積を正確に検出することができる（写真11）。

(3)-1-3　N値化

⑧でふれたとおり，幾何補正後の画像を剝離部，剝離の危険大と思われる部位，近い将来剝離が生じると考えられる部位，および健全な部位に色分けし，各々の面積を算出する（写真12）。

(3)-2　診断結果

中央部やや左上を中心に，大規模な剝離が発生している。この部位は肉眼でもはらみが確認されており，早急に全面的な改修を行う必要がある。

写真10

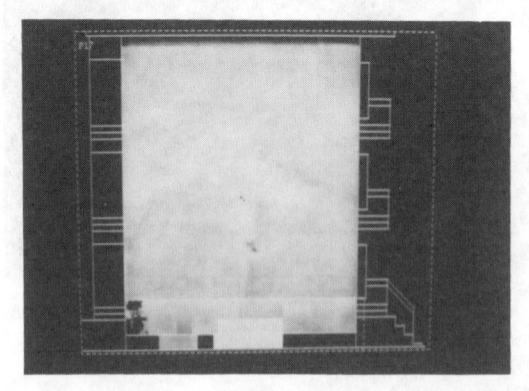

写真11

238

2　赤外線映像システムによるコンクリート構造物の診断

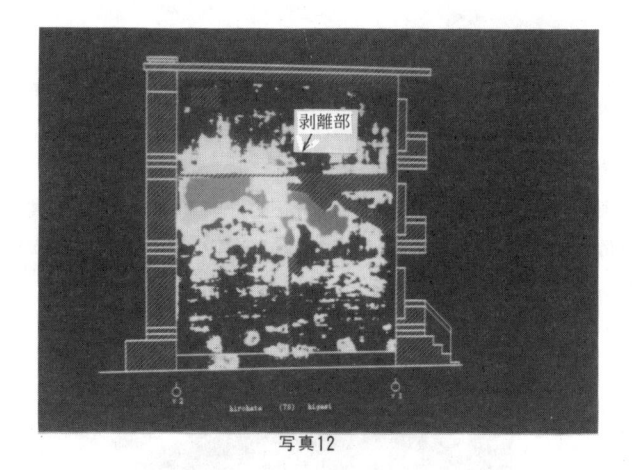

写真12

2.1.2 赤外線映像システムによる吹付コンクリート法面背面空洞検査

　道路の地山切通しの法面保護工として施工されたコンクリート吹付部は，10年以上経過するとさまざまな劣化変状（背面空洞，表面剥離，ひび割れ他）が発生してくる。背面空洞や浮きを検査するために行われている打音診断は，空洞検知精度に疑問があり，また危険である。

　一方，赤外線映像システムを利用した背面空洞検査は空洞の存在する部位と地山に密着した部位とに表面温度の差が現れることを利用して背面空洞の検知を行うもので，非接触で，高能率の検査が可能である。以下その実施例を紹介する。

<検査概要>

・検査対象

　対象：某有料道路切通しコンクリート法面

　所在地：山梨県

　構造：コンクリート厚70〜200mm

　竣工：竣工後10〜15年

・検査日時：1990年9月

・検査機関：株式会社コンステック

・使用機器　コンスファインダーシステムおよびリコーIBIシステム[注]

注)　㈱リコーが開発し，㈱コンステックが移譲を受けた赤外線映像システムであり，1992年4月現在，日本で唯一，建設省から技術評価をうけた赤外線法による外壁診断システムである。

第8章 電磁波技術のコンクリート構造物診断分野への応用

・検査方法

　法面を見渡せる路肩に高所作業車を配置し，その作業車の前後に赤外線測定車を停車，リモートコントロールによって赤外線映像装置を操作，法面の表面温度計測を行った。

(1) 赤外線撮影

　写真13は検査対象法面の状況写真である。赤外線映像の撮影は日中および夜間の2度行ったが写真14は夜間22時07分の熱映像である。写真中央部の背面空洞の存在する部分が異常低温部として観測されている。

写真13

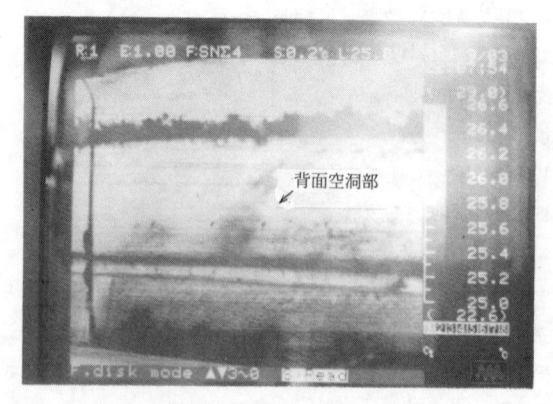

写真14

2 赤外線映像システムによるコンクリート構造物の診断

(2) 検査結果

2度にわたる撮影の結果，夜間の撮影で得られた結果は検証結果と非常によく一致した。しかしながら，日中の撮影で得られた結果は必ずしも検証結果と一致していない。それについては次の原因が考えられる。

1) 表面の凹凸により日射熱の吸収が不均一となった。
2) 表面の汚れなどにより，日射熱の吸収が不均一となった。
3) 日射量が十分でなく法面表層部の構造しか反映されなかった。

今回の検査で赤外線映像システムにより，吹付法面の背面空洞の検知が可能であることが確認された。しかしながら条件的制約は外壁検査よりもはるかに多く，今後解決すべき問題も多い。

2.1.3 赤外線映像システムによるトンネル覆工変状検査

道路および鉄道トンネルの管理者が行う目視点検による劣化状況の検査は過酷かつ危険な作業であり，長時間の交通規制が必要であることなどから，効率的で，かつ正確な検査手法の確立が急務とされてきた。赤外線映像システムによる検査は暗所での作業に適しており，非接触で効率的な検査が可能であることから，トンネルの検査手法としても有力である。以下その実施例を紹介する。

(1) 検査概要

・検査対象
 　対象：某道路トンネル
 　所在地：愛知県豊田市
・検査日時：1990年7月
・検査機関：株式会社コンステック
・使用機器：コンスファインダーシステム
・検査方法

図4

赤外線映像装置を台車にとり付け，検査車を台車の前後に停車，リモートコントロールによって赤外線カメラを操作しトンネルの表面温度計測を行った（図4）。
写真15は検査風景である。

(2) ひび割れの確認

トンネル表面はすすに覆われており，目視点検ではひび割れの発見が困難なケースがある，写真16に示すとおり赤外線熱映像ではひび割れが明確に確認できた。

(3) 漏水部の確認

スチール写真ではトンネル表面の漏水状態を確認することは難しいが，写真17のように赤外線熱映像では漏水の位置，量ともに明瞭に確認できた。

第8章　電磁波技術のコンクリート構造物診断分野への応用

写真15

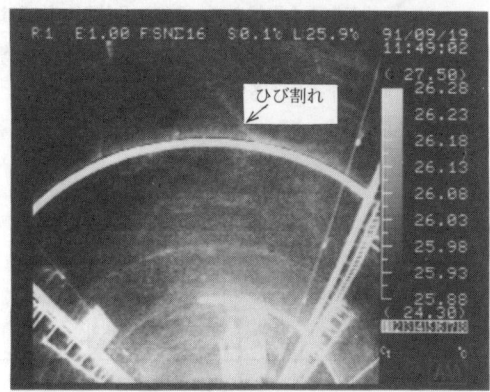

写真16

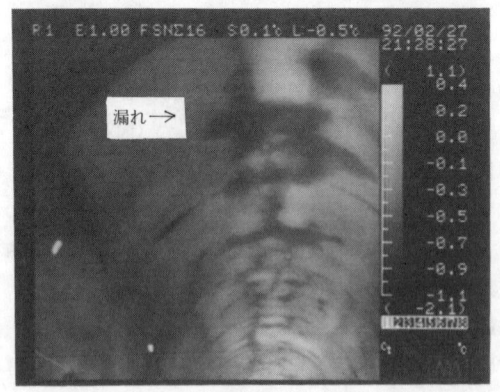

写真17

(4) 検査結果

今回の検査で赤外線映像システムによる表面温度計測はトンネルの劣化点検法としても有効であることが確認された。法面の検査同様，この分野も依然解決すべき諸問題があるが，今後大いに期待される分野である。

3 電磁波レーダーによるコンクリート内部探査

コンクリート構造物の品質を評価するためにはコンクリート内部の鉄筋の位置，剝離，空洞，ジャンカの存在を正確に把握する必要がある。この分野においては電磁波レーダー法が有力である。以下，この技術について紹介する。

3.1 計測原理

電磁波をアンテナからコンクリートに向けて放射し，その電磁波がコンクリートと電気的性質の異なる物質，たとえば鉄筋，空洞などの反射物体との境界面で反射され，再びコンクリート表面に出て表面近くに置いた受信アンテナに到達するまでの時間から，反射物体までの距離を測定する。アンテナをコンクリート表面で移動することにより，水平面上の位置を計測する。システム構成を図5に示す。

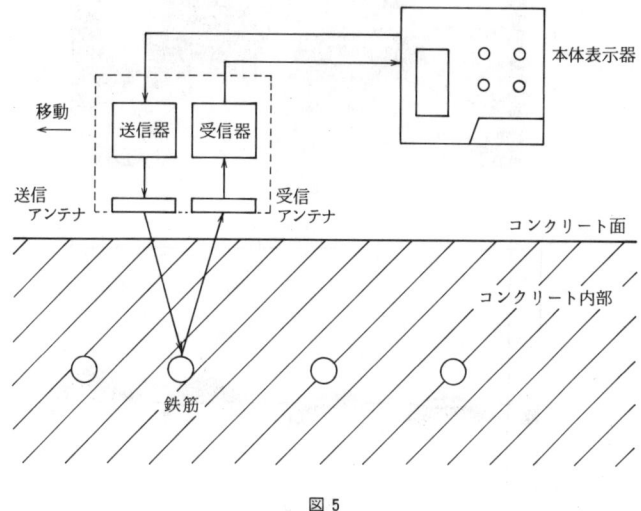

図5

3.2 実施例

以下，レーダーによるコンクリート構造物の配筋検査の実施例を紹介する。

- 検査概要
- 検査対象

　対象：某機械工場

　所在地：大阪府摂津市

- 検査日時：1991年11月
- 検査目的：鉄筋位置，および被り厚測定
- 検査機関：株式会社コンステック
- 使用機器：コンスレーダー
- 検査方法

写真18のようにスラブ上にレーダーの送受信アンテナを走査し，写真19に示すようなスラブの断層映像を得た。

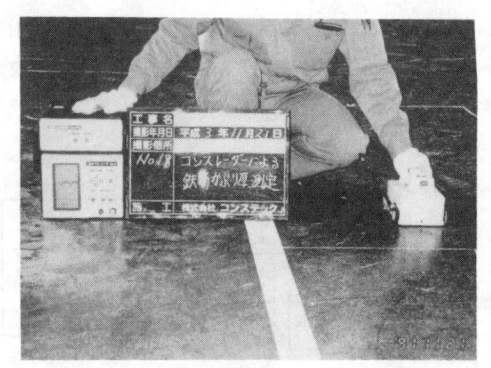

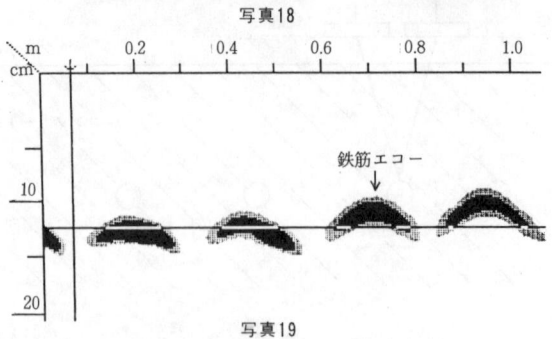

写真18

写真19

3.3 検査結果

写真19の断層映像による被り厚測定値はほぼ設計値と合致しており,大きな施工不良は確認されなかった。

4 おわりに

以上紹介したとおり,コンクリート構造物の診断分野において電磁波計測の技術は,非常に有効な手法の一つとして注目されている。しかしながら電磁波計測の対象としてはコンクリート構造物は最も適用が困難な対象物といってよい。本来,電磁波による非破壊検査は電磁波の伝播速度,反射率,透過率等が媒体により一定であることを論的よりどころとしており,この点,コンクリート構造物はその品質が千差万別で,健全な部位と劣化している部位との間に明瞭な境界を設けることはむずかしく,診断は検査者の経験的判断に依存せざるをえない部分が少なからずある。ことに赤外線映像法による検査診断は自然がつくりだす健全部と異常部の温度差を観測するという,相対的,かつ受動的な手法であるためその測定精度は観測時の環境条件に大きく左右される。しかし,たとえそれがいかに困難な技術であろうとも,社会がそれを必要としている以上われわれは敢えてそれに挑戦しなくてはならない。電磁波技術の応用による構造物の診断分野は日進月歩の進歩を遂げているが,測定精度は依然開発途上であり,今後も研究を重ねる必要がある。

文　　献

1) 魚元,加藤,広野,「コンクリート構造物の非破壊検査」,森北出版
2) 大森,「赤外線のはなし」,日刊工業新聞社
3) 野田,矢田,込山,「外壁仕上げ剥離検知に用いる赤外線映像装置の検出波長の研究」,㈳日本コンクリート工学協会,サーモグラフィ法に関するカンファレンス論文集

第9章　電磁波材料の半導体製造分野への応用

作道訓之[*]

1　はじめに

ショックレーが1947年に点接触型トランジスタを発表して以来、半導体デバイスは大規模集積回路（Large Scale Integration：ＬＳＩ）という形で発展を続け、現在では「産業の米」といわれるまでになっている。このような半導体デバイスの製造プロセスでは、古くから電磁波が応用されており、ＬＳＩの集積度が増すにつれてその重要性が増大している。

現在量産されている４ＭＤＲＡＭ（4 Megabit Random Access Memory）では、100mm^{2}以下の面積を有する１チップ内に 400万個以上のメモリーデバイスとその周辺回路が組み込まれている[1]。デバイスの最小線幅は 0.8μmと、サブミクロンの領域に入った。ＬＳＩ集積度の増大は、ＤＲＡＭに限れば、1970年代から今日まで３年で４倍になるというペースで行われてきた。もしこのペースが守られるならば2000年までには、１ＭＤＲＡＭよりも1,000 倍の集積度である１ＧＤＲＡＭが開発されることになり、そのデバイスの最小線幅は 0.2μm程度になると予測されている。これを実現するには新しいプロセス技術の開発が必要であり、その中に占める電磁波応用技術の重要性はますます大きくなり、種々の電磁波材料が使われるものと考えられる。

2　半導体プロセスにおける電磁波の応用

2.1　概　要

半導体プロセスにおいては、電磁波を使った技術が初期の頃から利用されていた。当初は、シリコンの単結晶を作るためのZone Refining 法が主なものであったが、近年デバイスの高度化とともに、表１に示すように、半導体プロセスのほとんど全ての分野に、種々の電磁波技術が使われている。その理由の１つとして、ＬＳＩの高集積化とともに、それまでの多くの湿式プロセスが新しい乾式プロセスに移行することになり、種々のプラズマプロセスが使われるようになったことが挙げられる。これは、半導体産業を、経験とカンによる、いわゆる「農業」の状態から、プロセス途中の状況をみながら制御する「工業」へと変えていく１つのステップであった。また

---

[*]　Noriyuki Sakudo　㈱日立製作所　日立研究所

2 半導体プロセスにおける電磁波の応用

表1 半導体製造プロセスにおける電磁波応用

技　　術	電磁波を応用するプロセス技術	電磁波の利用形態
1. 露光技術 　1.1　光露光技術 　1.2　電子ビーム描画技術 　1.3　X線露光法 　1.4　イオン描画技術	○レジストベーク(2.45GHz) ○アッシング(13.56MHz, 2.45GHz) ○露光（可視光，紫外線，X線，電子，イオン）	・誘電加熱 ・酸素プラズマの発生 ・レジスト露光
2. エッチング技術 　2.1　ウエットエッチング 　2.2　ドライエッチング 　2.3　電気化学的表面処理	○プラズマエッチング(30kHz, 13.56MHz, 2.45GHz) ○ラジカルエッチング(2.45GHz)	・プラズマの発生 ・ラジカルの発生
3. 電極配線技術 　3.1　電極配線膜の基本特性 　3.2　Alとその結合 　3.3　多結晶Si 　3.4　シリサイド 　3.5　電極配線の信頼性	○プラズマCVD(30kHz, 13.56MHz, 2.45GHz) ○RFスパッタ(13.56MHz)	・プラズマの発生 ・プラズマの発生
4. 絶縁膜技術 　4.1　Si熱酸化・熱窒化 　4.2　酸化膜，窒化膜と界面特性 　4.3　パッシベーション膜および層間絶縁膜 　4.4　高誘電率絶縁膜	○プラズマ酸化(13.56MHz, 2.45GHz) ○アンモニアプラズマ窒化(13.56MHz)	・プラズマの発生 ・プラズマの発生
5. CVD技術 　5.1　CVDの方式 　5.2　絶縁膜のCVD 　5.3　多結晶SiのCVD 　5.4　金属およびそのケイ化物のCVD	○常圧CVD(13.56MHz) ○プラズマCVD(13.56MHz, 2.45GHz) ○光CVD（紫外線）	・基板の誘導加熱 ・プラズマの発生 ・紫外線による化学反応の選択的励起促進
6. 不純物導入技術 　6.1　Si中の不純物拡散 　6.2　熱拡散技術 　6.3　イオン注入技術 　6.4　短時間熱処理技術	○イオン注入(2.45GHz) ○ランプアニール（赤外線）	・イオン発生 ・輻射による加熱
7. 薄膜結晶技術 　7.1　ホモエピタキシアル成長技術 　7.2　ヘテロエピタキシアル成長技術 　7.3　Si on insulator技術	○プラズマエピCVD(13.56MHz) ○MOCVD(10〜100kHz) 　　　（赤外線）	・プラズマの発生 ・基板の誘導加熱 ・基板の温度計測
8. ゲッタリング技術 　8.1　エクストリンシックゲッタリング 　8.2　インストリンシックゲッタリング 　8.3　ライフタイム制御技術		
9. 単結晶Si製造技術	○FZ法(3MHz) 　(Floating Zone)	・誘導加熱

第9章 電磁波材料の半導体製造分野への応用

これは，低汚染，低ダメージの方向へ向かう半導体プロセスの必然的な結果でもあった。さらに，デバイスの微細化に伴い，精密なリソグラフィー技術が必要になり，高度な電磁波応用技術の開発がなされている。

このような半導体プロセスに使われる電磁波は，数kHzの長波帯から紫外線に至るまでの広い周波数領域にわたっている。近い将来にはX線まで使われるようになるであろう。また利用形態としては，誘導・誘電加熱やレーザー加熱のように物体に熱エネルギーとして加えるものや，気体や蒸気を放電させ，プラズマやイオンの発生に使うもの，およびリソグラフィーへの応用のように光化学的な反応を利用するものに分けられるであろう。

表1は半導体のプロセスごとに分類したものであるが，以下は電磁波の利用形態により分類して記述する。

2.2 物体の加熱
2.2.1 誘導・誘電加熱

半導体プロセスで最も初期の頃から使われていたのが，電磁波によるシリコン基板用の単結晶作りである。これは多結晶のシリコン棒を原料として単結晶のシリコンに変えるもので，原料棒の一端を3MHz，35kW程度の高周波電力を投入したコイルの中に入れる。これにより，原料棒のコイル近傍が誘導加熱により溶融する。ここに単結晶の種結晶を接触させ，高周波コイルを他端の方へ移動してやると，種結晶に接したところが再結晶化し，その時，種結晶と同じ方位の単結晶となって成長する。これをFloating Zone 法という[2]。

また同様の方法が単結晶の純度を上げるためにも使われる。上記のようにして作った単結晶棒を，一端から他端へ一方向に，高周波コイルを繰り返し移動させることにより，結晶中の不純物元素を他端に集めることが可能である。これをZone Refining 法という。

以上は誘導加熱の例であったが，絶縁物の加熱には誘電加熱が使われる。リソグラフィー技術の中で，露光用マスクとして使われるレジストのベーキングに2.45GHz のマイクロ波が使われることがある。これはレジストを塗布した後，水分の除去を自然乾燥で行うと時間がかかるため，電子レンジと同じ原理で加熱乾燥させるものである。

2.2.2 輻射による加熱

半導体の電気特性をかえるため，シリコン基板にボロン，リンおよびヒ素などの元素を微量に添加する工程がある。現在はほとんどがイオン注入技術によっているが，約15年くらい前までは高温炉における熱解離現象を利用したデポジションと，固体中の熱拡散現象を利用していた。これは電気ヒータからの赤外線の輻射により基板を加熱するもので，例えばリンを添加する場合には水素希釈したホスフィン（PH_3）ガスを炉の中に流し，数100℃に熱せられたシリコン基板表面

で熱解離させ，リンを付着させる。この基板を別のさらに高温の炉で熱拡散させ，基板表面から数1000Åの深さまで進入させる。このとき，付着させるリンの量により半導体としての電気特性が変わるのでこれを精密に制御することが必要である。しかし，この方法では添加量は，ガス流量と基板温度によって微妙に変わるので，装置ごとに膨大なデータをとり，勘と経験で制御せざるを得ない。半導体プロセスが，初期の頃，「農業」だといわれた理由の1つでもある。現在でも，この方法は電力用のシリコンデバイスの製造などには使われている。　また，現在微量元素の添加技術として主流になっているイオン注入技術では，イオン注入後のシリコン基板中には無数の結晶欠陥が発生しているため，これをアニールするために上記同様の高温炉が使われる。さらに最近ではイオン注入した表層のみを局部的にアニールするため，キセノンランプによるフラッシュアニールの技術なども開発されてきた。

2.2.3 レーザー加熱

上記フラッシュアニールの光源として，キセノンランプの代わりにレーザーを使う方法も研究されている。しかし，加熱があまりにも急激すぎるため，今のところ実用にはなっていない。今後の開発課題である。

半導体デバイス製造の最終段階である，製品名等のマーキングにYAGレーザーが使われている。これはレーザー光を熱エネルギーとして吸収し，プラスチック表面にマーキング（印字）するものである。また，リソグラフィー用のマスクの修正などにも使われる。

2.3 プラズマおよびイオンの発生

半導体デバイスは，極端にいえば，シリコン基板上に必要とする特性の層または薄膜を形成する工程と，この層または薄膜を，必要とするパターンに加工する工程の繰り返しで製造される。このうちパターンに加工する工程でエッチング技術が使われる。具体的には，基板上に形成されたマスクパターンに従って表面上の不必要な部分を一定深さ($0.1～1\mu m$)取り除く技術である。このエッチング技術としては，古くは沸酸等の水溶液が用いられていたが，加工寸法が$10\mu m$以下になった頃（約20年前）からイオンやプラズマが用いられるようになり，現在では，高周波放電で発生したプラズマによるエッチングが主流になっている[4]。水溶液によるものをウェットエッチングというのに対し，プラズマを利用するものをドライエッチングという。このプラズマ発生に使用される電磁波の周波数は，通信以外の工業応用に認められている13.56MHzと，電子レンジ等に認められている2.45GHz がほとんどである。

これら2種類の電磁波で作られるプラズマには大きな違いがある。1つは2.45GHz の電界ではイオンはほとんど動かされないが，13.56MHzではイオンも電界で加速されるためイオンの運動エネルギーが大きくなる。また，自由空間波長をみると，13.56MHzでは約22m，2.45GHz は約12cmで

ある。半導体プロセスで扱うプラズマの大きさは直径数cmから数十cmの範囲であるから13.56MHzではプラズマ中では場所による電磁波位相の違いはないと考えられる。しかし，2.45GHzではプラズマ寸法と電磁波の波長が同程度であるので，プラズマ中の場所により位相が変わる。このため，電磁波からプラズマにエネルギーが吸収されるプロセスとしては，プラズマ中を伝わる波の伝播吸収過程を考える必要がある。

これらの電磁波によるプラズマは，半導体プロセスの中で，エッチングのみならず，イオン注入用のイオン発生や，プラズマCVDなどにも使われる。以下に周波数別に応用例を述べる。

2.3.1 13.56 MHz

この周波数を使ったエッチング装置で，もっとも一般的に用いられてきたものを図1に示す[5]。これは「平行平板型」といわれるもので，反応室に高周波印加電極と接地電極を有し，反応室内を真空排気したのちCF$_4$などのエッチングガスを導入する。ガスの流量を制御して，反応室内のガス圧が0.1～10Torrになるようにし，高周波を電極に印加すると，放電によりエッチングガスが解離してイオン，電子，中性ラジカルなどが発生し，プラズマ状態になる。これらの反応性の高い粒子が試料と反応し，反応生成物はガスとなって排気されるためエッチングが行われる。

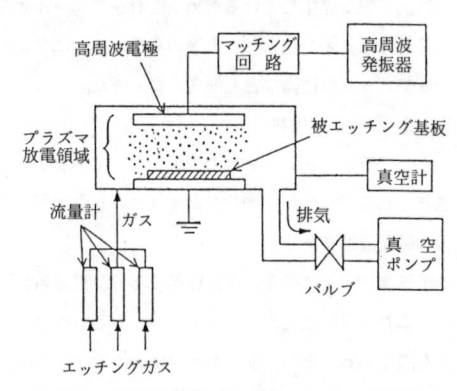

図1 平行平板型プラズマエッチング装置

図2にエッチング形状を示す。装置の動作条件により，異方性エッチングになったり，等方性エッチングになったりする。エッチングが主にイオンで行われ，かつイオンがイオンシース内で無衝突で加速される場合，つまり，低ガス圧で高密度プラズマが作れる場合には異方性であるが，エッチングが主に中性ラジカルで行われる場合は等方性になる。13.56MHzの場合には，10^{-2}Torr以下でプラズマを発生することが難しいため，等方性のエッチングになることが多い。

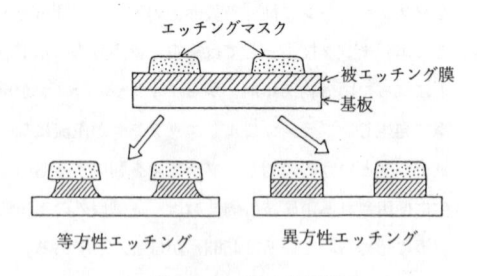

図2 エッチング形状

また，この周波数では，電子もイオンも充分に追従できるため，直流放電が交互に極性を切り換えて起こっているとみることもできる。電子とイオンのモビリティーの違いにより，極性によってプラズマから基板へ流れる電流が異なる。このため，基板が絶縁物である場合には，基板表面が自動的に帯電するという自己バイアス現象が起こる[6]。この様子を図3に示す。(a)はバイアスがないとしたときの電流の様子を示したもので，電子が基板に入る高周波位相のときの電流の方が，逆位相のときよりはるかに大きくなってしまう。実際には絶縁物表面に出入りする電荷の平均はゼロにならなければならないから，(b)に示すように基板表面が負に帯電して，平均電流をゼロにするようなバイアスが自動的にかかる。このことはイオンが基板表面に衝突するエネルギーを高くすることになるため，低損傷プロセスとして使いにくいことを意味する。

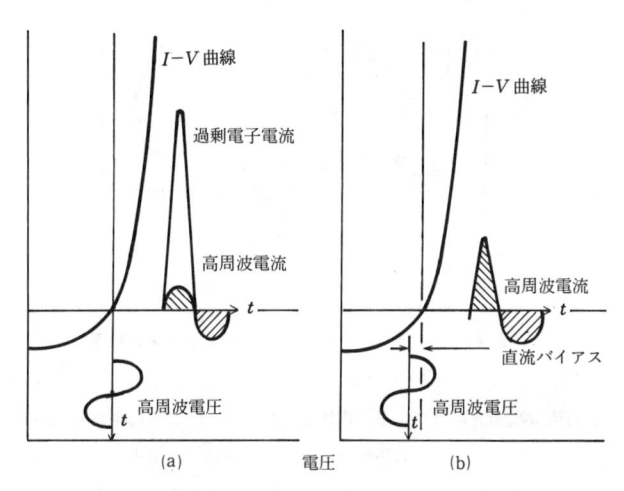

図3 絶縁物表面に誘起する自己バイアスの説明図

図1の平行平板型は，その使われ方によってはリアクティブイオンエッチング装置とも呼ばれる。このほかに，円筒型石英チューブの外に電極を置く，円筒型プラズマエッチング装置もある。

2.3.2 2.45 GHz

(1) 有磁場マイクロ波プラズマエッチング装置

磁場中のマイクロ波放電を使うと，上記高周波放電（13.56MHz）に比べて2桁以上低い圧力（～10^{-5}Torr）でプラズマを発生することが可能である[7]。図4に装置の概略図を示す。マグネトロンで発生した2.45GHzのマイクロ波が，矩形導波管を通り，円形導波管へと導かれる。この円形導波管の中には石英のプラズマ室があり，外部に置かれたコイルにより磁場が印加されるよう

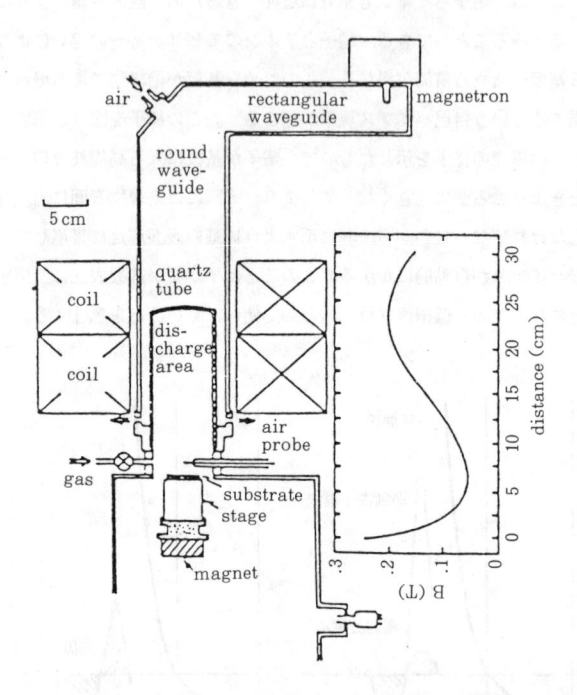

第9章　電磁波材料の半導体製造分野への応用

図4　有磁場マイクロ波プラズマエッチング装置

になっている。石英は高周波電界による誘電体損失が小さく，高温に耐えられることから採用された。2.45GHz に対して 875ガウスの磁場がかけられていると，電子はサイクロトロン共振（ECR）をおこしマイクロ波から非常に効率良くエネルギーを吸収することができる。したがってECRエッチッグとも呼ばれるが，実際には全領域にわたって共振条件の磁場を使うことはなく，磁気ミラーのような傾斜磁場を使っているため，共振点は1～2点存在するだけでほとんどの領域が非共振であったり，あるいは共振点の全く存在しない状態での使用が多い。実験的にも非共振の方が高い密度のプラズマが得られている[8]。

図5にドライエッチング装置動作条件と特性の違いをガス圧力と入射イオンエネルギーについて示してある[4]。この図でリアクティブイオンエッチングと円筒型プラズマエッチングは 13.56 MHz のものであり，ケミカルドライエッチングは2.45GHz のマイクロ波放電のラジカルのみを利用したものである。図中の1点鎖線より左側で異方性エッチングが可能である。また基板の表面損傷や汚染を小さくするためには入射イオンエネルギーが低いほど良い。つまり，表面損傷や汚

252

2　半導体プロセスにおける電磁波の応用

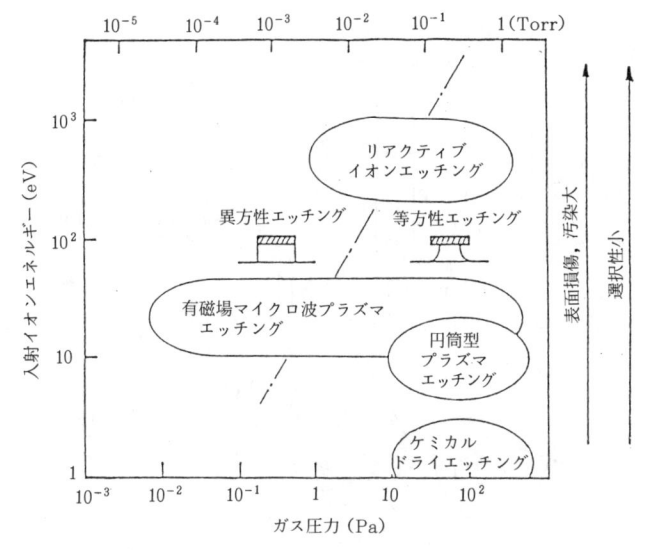

図5　各種ドライエッチング装置の動作条件と特性の違い

染の小さくかつ異方性のエッチングを行うには，動作点がこの図の左下になければならない。半導体デバイスは4MDRAM以降，加工寸法がサブミクロンの領域に入ったが，この要求はますます強くなっており，これに応えられるのは今後，有磁場マイクロ波エッチング技術だけになるであろう。

(2) **大電流イオン注入装置**

半導体プロセスの中で不純物導入技術として，最近はイオン注入技術が中心になっている。1970年代には，イオン注入はドーズ量の低いプロセスだけに使われていたが，1980年代以降は高ドーズ量のプロセスにも使われるようになった。このためには10mA程度のイオン電流がとれる装置が必要になった。従来のフィラメントを使用した直流放電タイプのイオン源では寿命的な問題があるため，図6に示すマイクロ波イオン源が開発された[9]。磁場中のマイクロ波放電を使って，効率よくイオン生成ができるためガス効率がよく，またフィラメントのような損耗部分がないため腐食性ガスに対しても強く長寿命である。マイクロ波導入窓の真空封止には誘電体損失の小さいアルミナ磁器が使われており，放電箱の材料としては，高温でもプラズマ化学的に安定でかつ誘電体損失の小さいボロンナイトライドが使われている。プラズマの発生は，上記有磁場マイクロ波プラズマエッチングの場合と原理的には同じである。イオン注入装置の場合は，質量分離器との関係で，イオンビームをリボン状に引き出す必要があるため，プラズマ室の断面が長方形に

253

第9章　電磁波材料の半導体製造分野への応用

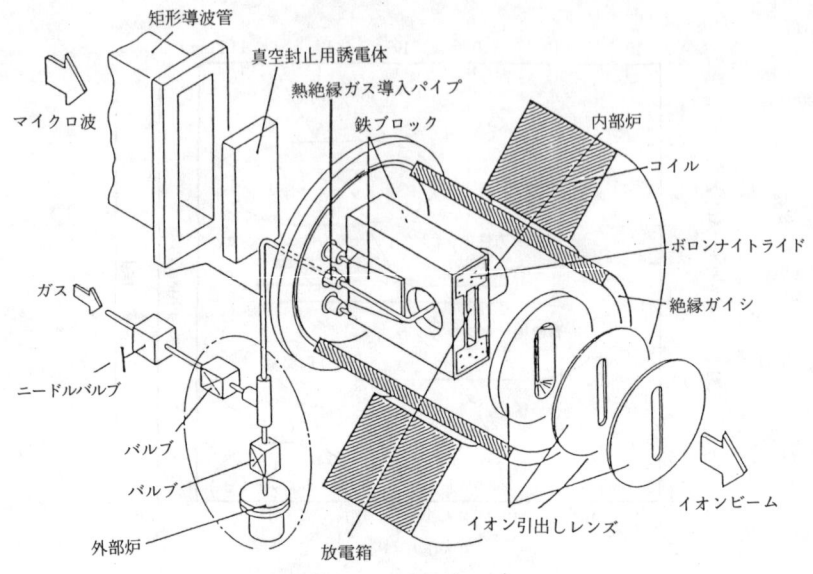

図6　マイクロ波イオン源

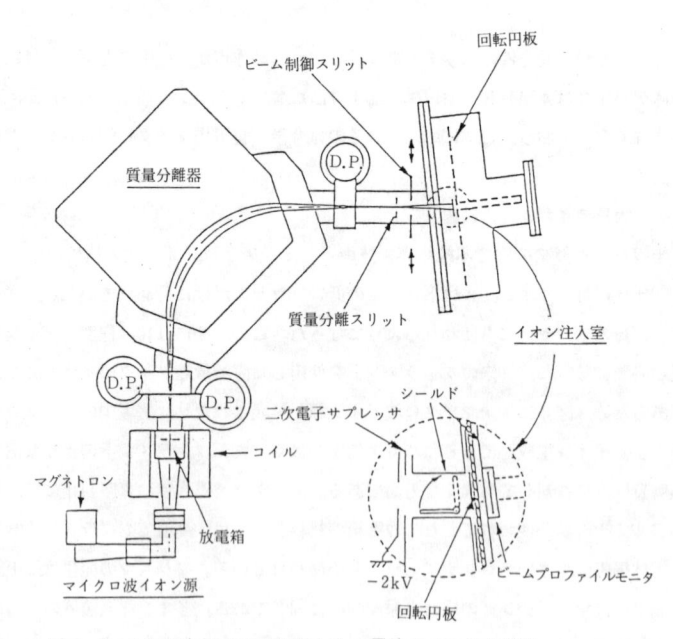

図7　マイクロ波イオン源を使った大電流イオン注入装置

なるようにしなければならない。そのため図のような構造になった。図7にこのイオン源を使ったイオン注入装置の概略図を示す。イオン源から引出されたイオンビームは，磁場偏向型の質量分離器を通りイオン注入室へ導入される。注入室では15枚の6インチウェーハが，直径約1mの回転円盤上に並べられ，1000rpm で回転させられながら注入される。その理由は，例えば10mA，100kV のビームが照射されたときの発熱は1kWであるから，1枚のウェーハに連続して照射すると温度が上がりすぎるからである。

2.3.3 その他

以上は13.56MHzと2.45GHz について述べたが，原理的には他の周波数でも同様にしてプラズマやイオンの発生が可能である。しかし，工業的応用に認められた上記以外の周波数は，法律上の問題も含めて実用向きではない。

2.4 化学反応への応用

集積回路を作るためのフォトリソグラフィーに，当初用いられた露光方式は密着露光法であった。この方法は光学図形マスクをフォトレジストの塗膜に密着させ，マスクを通してレジストを露光し，感光させるものであった。これを写真と同じように現像することによりマスク図形を転写し，さらに上記エッチング装置で加工するものである。

この方法は密着によるマスクの損傷と，位置合わせ精度の悪さという欠点のため，次第にそのような欠点を持たない投影露光法に置きかえられた。

現在，VLSI製作用のリソグラフィーの主力は，超高圧水銀灯の436nmのg線および436nmのi線を用いた縮小投影露光法である[10),11)]。装置の解像度Rはほぼ次式で表される。

$$R = \kappa \lambda / NA \quad (\kappa = 0.6 \sim 0.8)$$

λ, NAはそれぞれ波長，レンズの開口数である。g線でも$NA=0.6$のレンズを使えば$0.5\mu m$程度の解像度が得られる。しかし，一般にNAを増加させると焦点深度が浅くなるため，短波長光を用いた方が微細化に向いている。この意味でi線はg線と同じレジストプロセスを用いることができるので波長が短い分だけ有利である。しかし，この方法では0.5 μm プロセスの16MDRAMまでしか使えない。

最近，波長365nmのi線光源でも限界解像度を$0.25\mu m$に向上できる位相シフト法が開発され，$0.3\mu m$プロセスの64MDRAMに使えることがわかってきた。

図8に位相シフトマスクの構造とその原理を示す。シフターの通過光の位相を 180°シフトさせることでお互いに打ち消し合い，像強度分布が急峻になる[10),11)]。

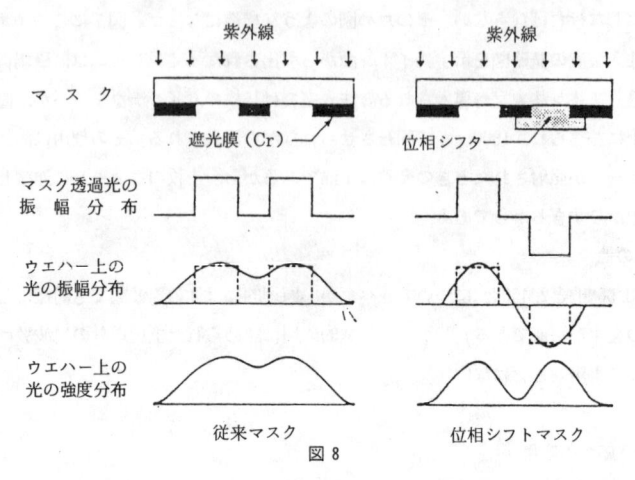

第9章　電磁波材料の半導体製造分野への応用

図8

位相シフトマスクの構造と概念的な原理，シフター透過光の位相を 180°シフトさせることでお互いに打ち消し合い，像強度分布が急峻となる。

3　今後の課題

　半導体プロセスは，デバイスの発展とともに複雑かつ微妙になってきた。プラズマプロセスでは，以前は問題にならなかったような基板の軽微な損傷や汚染までが問題になりつつある。エッチングに関しても当面は，有磁場マイクロ波プラズマで対応できるが，その先は，20eV程度のイオンエネルギーすら問題になる可能性がある。

　また，露光技術では，64MDRAMまでは従来の紫外線でやっていけそうであるが，その先はエキシマレーザー，さらにＳＯＲ光や自由電子レーザーが必要になるであろう。

　イオン注入も，その結晶破壊作用が問題になる時期がくるであるろうし，狭く浅くなる傾向のデバイスを使うには「注入」作用がわざわいして浅いドーピングができないという事態が生じつつある。これに代わるドーピング技術としては，もっとソフトな，レーザーＣＶＤのような技術が必要になるであろう。

　これらの目的に使う材料としては，tan δや誘電率などの電磁的な特性のほかに，耐熱性，耐プラズマ化学性および，Ｘ線等に対する耐放射性などが同時に要求されるようになるものと思われる。

256

文　献

1) 澤邉, 小松:電気学会, **109**, 997 (1990)
2) R.L.Collins: *J. Cryst. Growth* (1977)
3) 塚本:次世代超ＬＳＩプロセス技術, p.31, リアライズ社 (1988)
4) 鈴木:応用物理, **52**, (2), 114 (1983)
5) 日本学術振興会編:薄膜ハンドブック, p.294
6) 岡本訳:プラズマプロセシングの基礎, p.133, 電気書院 (1988), (B.Chapman Glow Disharge Processes)
7) K.Suzuki, S.Okudaira, N.Sakudo and I.Kanomata: *Jpn. J. Appl. Phys.*, **16** (11), 1979 (1977)
8) N.Sakudo, K.Tokiguchi, H.Koike and I.Kanomata: *Rev. Sci. Instrum.*, **48**, 762 (1977)
9) N.Sakudo, K.Tokiguchi, H.Koike and I.Kanomata: *Rev. Sci. Instrum.*, **49**, 940 (1978)
10) 増原, 関, 武田:日立評論, **72** (12), 7 (1990)
11) 中瀬:応用物理, **58** (11), 1653 (1989)

第10章　電磁波材料の施設園芸分野への応用

1　被覆栽培

内藤文男[*]

1.1　はじめに

　作物生産の場に関与する電磁放射は，波長が 300～380nm の近紫外放射（以下，近紫外線）と，380～780(760 または770 という説もある) nmの可視放射（以下，可視光），並びに，780nm以上の赤外放射（以下，赤外線）である。

　現在，この波長域の放射を，総称して光と呼んでいる（JIS用語集）。これに対し，狭義には，人の視器官を通して視感覚を起こす放射，つまり，可視光だけを光と呼んでいる。これは，植物の主要な生理作用や，生育に重要な影響を及ぼす放射が，可視光に集中していることと，相通じるからであろう。

　しかし，近年，作物への作用放射の波長域が，紫外線にまで及ぶことが明らかにされ，また，本節の課題である被覆資材の特性を活用した電磁放射の利用には，赤外線に関する特性も無視することができない。このことから本節では，広義に従った光という用語を用いることにする。

　他方，施設・露地栽培とも，人工光を用いない自然条件で利用する光は，波長が 300～3,000 nmの太陽からの放射と，これより長い，大気からの放射とである。このことから，3,000nmを境として，これより短い波長の光を，日射（または，短波放射），長い放射を長波放射と呼んで区別している。

　被覆資材の保温性の良否には，この，長波放射の透過・吸収・反射特性が，大きく関係している。

　電磁放射のうち，光，日射，長波放射それぞれの関係は，図1のとおりである[1]。

1.2　光の作用

　光が作物や土壌などの物質に吸収されると，①熱エネルギーへ変換される。また，作物に吸収された光の一部は，②光生化学反応の進行に寄与する。その他，蛍光としての再放出などの作用がひき起こされる。

---

　*　Yasuo Naito　三井東圧化学㈱　樹脂加工事業部

1 被覆栽培

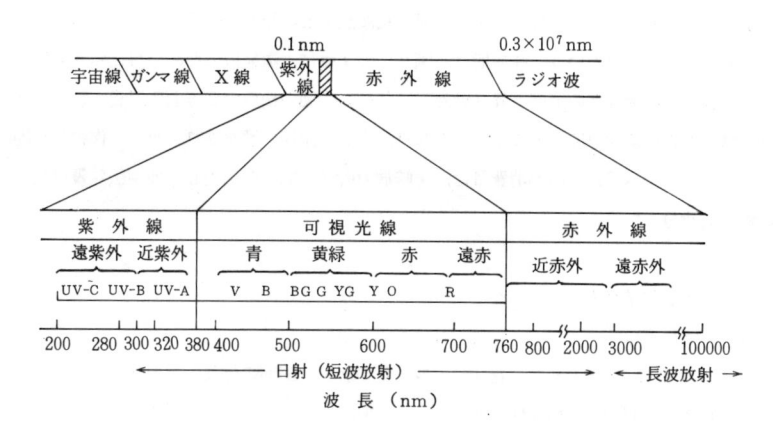

図1 放射の波長区分とその名称[1]

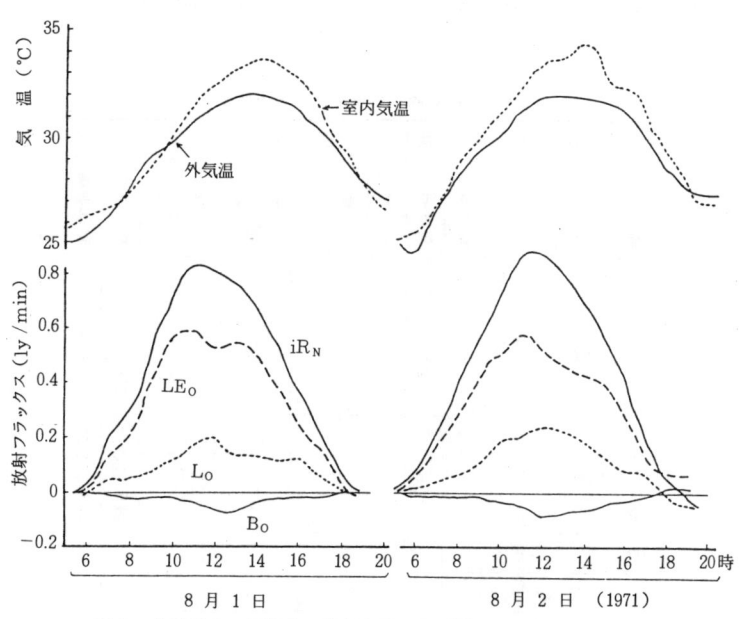

図2 大型ガラス温室内の熱収支別および気温の時刻別推移[2]
　iR_N…純放射量，LE_o…潜熱伝達量，L_o…顕熱伝達量，B_o…地中熱伝達量

1.2.1 放射の熱収支

　上方から下方へ向かう全放射（短波放射と長波放射との和）と，下方から上方へ向かう全放射との差を，正味放射という。味放射は，図2[2)]のように，蒸発散のための気化熱（潜熱），作物，空気，施設構造物などの温度上昇（顕熱），並びに，地中伝熱の3方面に消費される。その分配割合は，作物の繁茂程度などによって異なり，十分に土壌に灌水され，かつ，作物葉が地面を十分に被蔭した状態では，潜熱消費量は，正味放射の70～80％に相当し，地中伝熱量は数％，残余が顕熱消費分となる。

1.2.2 光生化学反応

　光生化学反応は，
- 光形態形成（種子の発芽，花芽の形成，葉の展開，節間の伸長，葉の肥厚など。）
- 生長運動（屈光性，傾光性など。）
- 光周性　　・光合成

などが挙げられる。これを詳細に述べるのは，本課題の意図するところから離れるので，ここでは，波長別作用をごく定性的にとりまとめたもの，および，光合成作用と波長との関係を，表1と，図3[3)]に紹介するに止めたい。

表1　一般的な植物生理と光の関係

光の種類 植物の生理	紫外線		可視光						赤外線	
	遠紫外線	近紫外線	紫	藍	青	緑	黄	橙	赤	近赤外線	遠赤外線
発　　　芽	×		◎		△		◎			温度上昇のために必要	適温保持のために必要
茎および葉の 伸長	×	抑制作用	○		△		◎				
伸展	×		◎		△		○				
肥大	×		○		△		○				
開　　　花	×		○		△		◎				
光　合　成		△	◎		○		◎				
発　　　色	○	◎	○		△		○				
発　　　根	×		○		△		○				
屈　光　性	×	○	◎								

〔註〕　記号は（効果大）◎＞○＞△＞×（抑制大）
　　　備　考　青系の光線→栄養生長，赤系の光線→生殖生長
（三井農ビ技術資料(1990)より）

1 被覆栽培

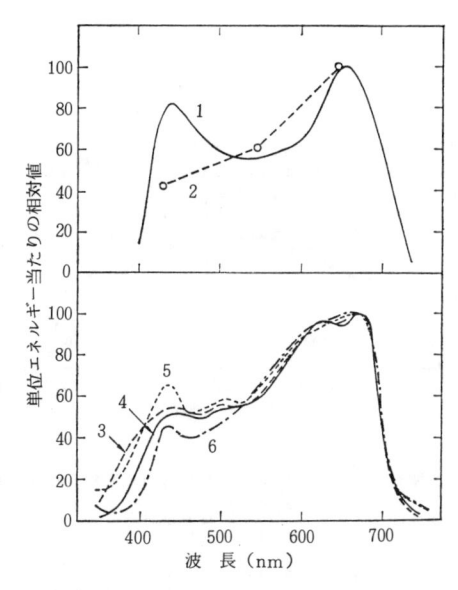

図3 光合成作用スペクトルの代表的な例[3]
1：コムギ(Hoover,1937)　　　　　　　　2：コムギ(Gabrielsen,1948)
3：チャンバーの作物20種平均(McCree,1972a)　4：圃場作物8種平均(McCree,1972a)
5：草本作物26種平均(Inada,1976)　　　　6：木本植物7種平均(Inada,1976)

1.3 被覆栽培

1.3.1 被覆栽培の意義

　作物を薄い透明の資材で被覆して，一種の閉鎖生態系を作り出し，作物を保護して栽培することを，被覆栽培という。なお，ここでいう作物保護とは，保温，昇温抑制，防霜，防風・雨，防虫，防鳥など，作物生育環境の改善を図ることを言う。

　作物保護を目途とする，被覆の最も重要な機能は，保温ということであるが，そのための熱源のほとんどは，日射に依存している。したがって，根源をたどれば，被覆栽培は，光の高度利用と言うことができよう。この，光の高度利用は，施設内透過日射量の多少と同時に，光の波長特性の調節利用という機能を持つものである。

　本節では，主に，資材の波長別透過特性とその利用について述べることとし，透過日射量全体については，これをなるべく多くし，かつ，それを長期間維持する資材の改良が進められていることを紹介するに止めたい。図4は，その一例である。

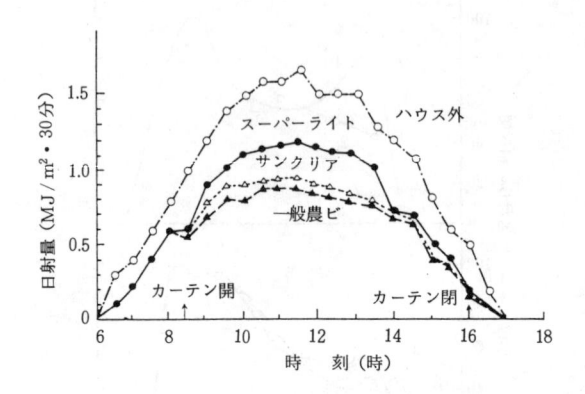

第10章 電磁波材料の施設園芸分野への応用

図4 被覆資材の種類を異にしたハウス内日射量の時刻別変化
  （栃木農試栃木分場　1988年3月19日）
備考　3月10日〜25日の間の平均日射透過率
　　　スーパーライト　69.8％（防塵農ビ）
　　　サンクリア　　　63.1％（保温強化農ビ）
　　　一　般　農　ビ　62.1％
　　　　　　　　　　（三井ビニール・イチゴシリーズ技術資料(1989)より）

1.3.2　被覆方式と利用資材

　今日，被覆栽培は，野菜，花き，果樹の園芸作物を中心として，水稲（主に育苗），しいたけなどの菌類に至るまで，幅広く行われている。また，被覆の様式も，ガラス室やプラスチックハウスと呼ばれる，いわゆる施設の被覆の他，人が中に入って，通常の姿勢では作業が行い難いトンネル，あるいは，地面を直接被覆するマルチなど，多様である。また，近年，支柱などを用いず，作物に直接掛ける"べたがけ"と呼ばれる被覆方式も増大している[4]。

　このような，多彩な被覆方式に用いられる資材の種類も多い[5]。両者の関係は，図5に表したとおりである。

　被覆資材の種類は，無機質のガラスと，石油樹脂製品とに大別される。このうち，後者は，現在，被覆栽培面積（トンネル，マルチ，べたがけを含む）のおよそ99％を占めている。

　さらに，石油樹脂製品を，主原料別にみると，ＰＶＣ（農業用塩化ビニルフィルム），ＰＥ（農業用ポリエチレンフィルム）など，合計11種類にのぼる（図5参照）。

1 被覆栽培

（用途）	（適用資材）	（ガラス）	主原料

```
              （用途）        （適用資材）           （ガラス）              主原料
           ┌ ガラス室                           ┌ 普通板ガラス            SiO₂
           │ プラスチックハウス ─ ガラス         ├ 型板ガラス
        ┌ 外張り                                ├ 熱線吸収ガラス
        │  │ トンネル ─ 軟質フィルム            （軟質フィルム）
        │  │         └ 硬質フィルム             ├ 農ビ（農業用塩化ビニルフィルム）PVC
        │  │           硬質板                   ├ 農ポリ（農業用ポリエチレンフィルム）PE
        │  │         ┌ 軟質フィルム             ├ 農クサビ               EVA
        │  │         ├ 不織布ほか               │（農業用ポリエチレン酢酸ビニルフィルム）
        │  │ 固定    ├ 寒冷紗                   ├ ＰＯ系特殊フィルム
        │ 内張り ┤   ├ 軟質フィルム             └ その他（反射フィルムなど）
  被    │        可動├ 硬質フィルム              （半硬質フィルム・硬質フィルム）
  覆    │         └ 軟質フィルム                 ポリエステル            PETP
  資 ── ┤          ┌ 不織布ほか                 エチレン,フッソ共重合フィルム ETFE
  材    │ マルチ ───┤ 反射フィルムほか            その他
        │          ├ 軟質フィルム                （硬質板）
        │          └ 反射フィルム                ガラス繊維強化ポリエステル FRP
        │ 遮光（日長処理を含む） ┬ 寒冷紗・ネット  ガラス繊維強化アクリル    FRA
        │                      ├ 不織布          アクリル                 MMA
        │                      ├ 軟質フィルム    ポリカーボネイト         PC
        │                      └ ヨシズ          その他（塩化ビニル他）
        │ べたがけ ─ 不織布ほか                   （不織布・ほか繊維資材）
        │ 外面保温 ┬ コモ                        ポリエステル             PETP
        │         ├ 発泡シート                   ポリビニルアルコール      PVA
        │         └ 軟質フィルム                 ポリプロピレン           PP
        │ 補光  ─ 反射フィルム                   （寒冷紗・ネット）
        │ 防虫・防鳥 ┬ 寒冷紗                    ビニロン                 PVA
        │           └ 反射フィルム               ポリエステル             PETP
        └ 防風・防雹 ─ ネット                    ポリエチレン             PE
```

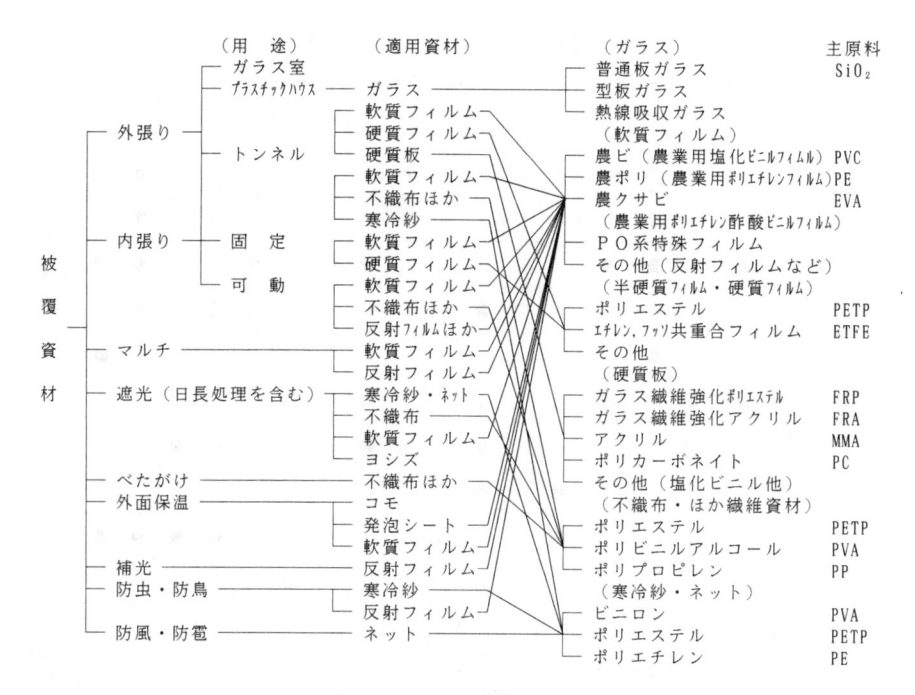

図5 被覆資材の区分
（新訂・施設園芸ハンドブック（1987）[5]に一部加筆）

　被覆資材の種類が多いのは，それぞれの被覆方式，つまり，用途によって要求される特性が，異なるからである。この，用途別特性は，表2のとおりである[6]。このうち，光に関する特性についてみると，光の透過性に優れていることが，まず，要求される。ついで，施設の外張り用には，波長別透過特性の異なる資材が要求される場合（作物）がある。また，特定作物，あるいは，栽培時期によっては，遮光が必要なこともあり，さらに，散光性資材も，作物の種類によって，利用効果の大きい場合もある。

　他方，温度に関する特性についても，特に，その断熱性が重視される場合には，資材の長波放射透過特性が，大きく関係する。

　そうして，いずれの用途についても，共通して要求される特性が，耐候性である。これは，日射，温度，風，雨など自然条件下での耐久性に優れていることが，必須特性ということである。

第10章　電磁波材料の施設園芸分野への応用

表2　用途別被覆資料に要求される特性（総括）[6]

用途		光学的特性				熱に関する特性			水・湿度に関する特性			機械的特性				耐候性
		透過性	波長透過別性	遮光性	散光性	保温性	断熱性	通気性	防墨性	防霧性	透湿性	展張性	開閉性	伸縮性	強度	
外張り	温室	●	●	-	○	●	-	-	●	⊖	-	●	⊖	○	●	●
	トンネル	●	-	-	○	●	-	○	⊖	-	-	●	●	○	●	⊖
	雨よけ	●	⊖	-	-	-	-	-	-	-	-	⊖	-	○	●	●
内張り	固定	●	⊖	-	-	●	⊖	-	●	⊖	⊖	●	-	○	○	●
	可動	●	○	-	-	-	-	⊖	●	⊖	-	●	●	●	○	○
マルチ		-	⊖	●	-	-	○	○	-	-	-	⊖	-	⊖	●	○
遮光		-	⊖	●	-	-	●	⊖	-	-	-	⊖	●	⊖	●	●
べたがけ		●	-	⊖	-	⊖	-	●	-	-	⊖	-	-	⊖	●	-

（注）　1）●　選択に当たって特に注意すべき特性
　　　　2）⊖　選択に当たって注意すべき特性
　　　　3）○　選択に当たって参考程度とする特性
　　　　4）—　選択に当たって考慮しなくともよい特性
　　　　5）温室…ガラス室とプラスチックハウス
　　　　6）雨よけ…夏期屋根面のみを覆うものに限定
　　　　7）べたがけ…保温と昇温抑制の2目的

1.4　被覆資材の波長別光透過特性

　光の波長組成は、晴雨天、季節、時刻、高度などによって相違するが、人工光を利用する作物の工場的生産と異なり、自然光下での露地栽培では、それを人為的に変えることはできない。しかし、被覆栽培では、これを意図的、かつ、簡易に変えることができる。これによって、被覆下作物の生理・生育・さらには、保温性を、生産に有利な方向に調節することができる。言うならば、被覆資材による放射利用の、大きな一面である。

1.4.1　代表的な被覆資材の波長別光透過特性

　今日、被覆資材の中で、最も利用が多いのが、軟質フィルム（厚さ 0.2 mm 以下）で、そのうちでも、農ビと農ポリが多く用いられている[4]。また、農ビの中にも、種々透過特性を異にする種類が上市されているが、ここでは、一般的な軟質フィルムの波長別光透過特性を、図6に示す[11]。

1 被覆栽培

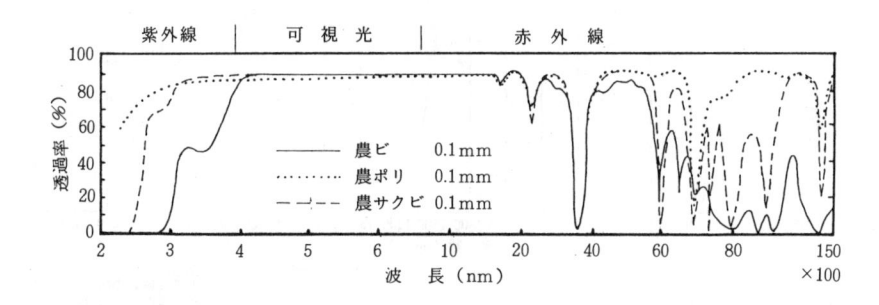

```
紫外線 | 可視光 | 赤外線
```

図6 軟質フィルムの分光透過率

（縦軸：透過率（％）0〜100、横軸：波長（nm）2〜150 ×100）
実線：農ビ 0.1mm
点線：農ポリ 0.1mm
破線：農サクビ 0.1mm

図に見られるように，可視光と，波長がおよそ1,500nm以下の近赤外線の透過率は，およそ90％（入射角が0度の場合）で，資材間ほぼ同じである。このことは，ガラス，FRP，FRA，PC，MMA等の硬質板，PETP（硬質フィルム）についても，同様である。

これに対して，近紫外線，および，1,500nm以上の波長域の赤外線透過率は，資材によって大きく相違する。

1.4.2 赤外線の透過特性

図7に，例として，ポリエチレン，塩化ビニル，および，ポリカーボネイト樹脂の赤外線透過スペクトルを表した[7]。特定波長の透過率が，それぞれ異なるのは，各樹脂特有の分子構造，あるいは原子結合が，特定波長を吸収して，伸縮・変角振動を生じるためである。

しかし，被覆資材は，単一の樹脂で構成されるものではなく，種々の添加剤が配合されているので，図7とは異なった透過特性が見られる。また，被覆資材は，長波放射を一括して，その透過特性を表示し比較するのが，通例である。表3は，そうした，被覆資材の長波放射の吸収・反射・透過特性を表したものである[6]。

さらに言えば，表3の中の農ビの一般品は，長波放射の透過率が25％（厚さ 0.1mm）であるが，近時，PVC樹脂中に無水酸化ケイ素などを添加して，透過率を10％程度にまで低下させたものが上市・利用されている。これを，保温性強化農ビという[6]。

また，PEなどのオレフィン系透明フィルムは，図6，あるいは表3に見られるように，長波

265

第10章 電磁波材料の施設園芸分野への応用

a 低密度ポリエチレン（LDPE）

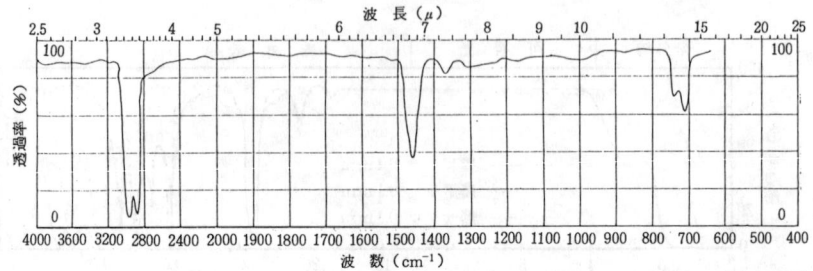

─(CH₂─CH₂)ₙ─

伸縮振動に比べ，変角振動と骨核振動の吸収が高密度ポリエチレンより小さい

b 塩化ビニル樹脂（PVC）

─(CH₂─CH)ₙ─
       |
       Cl

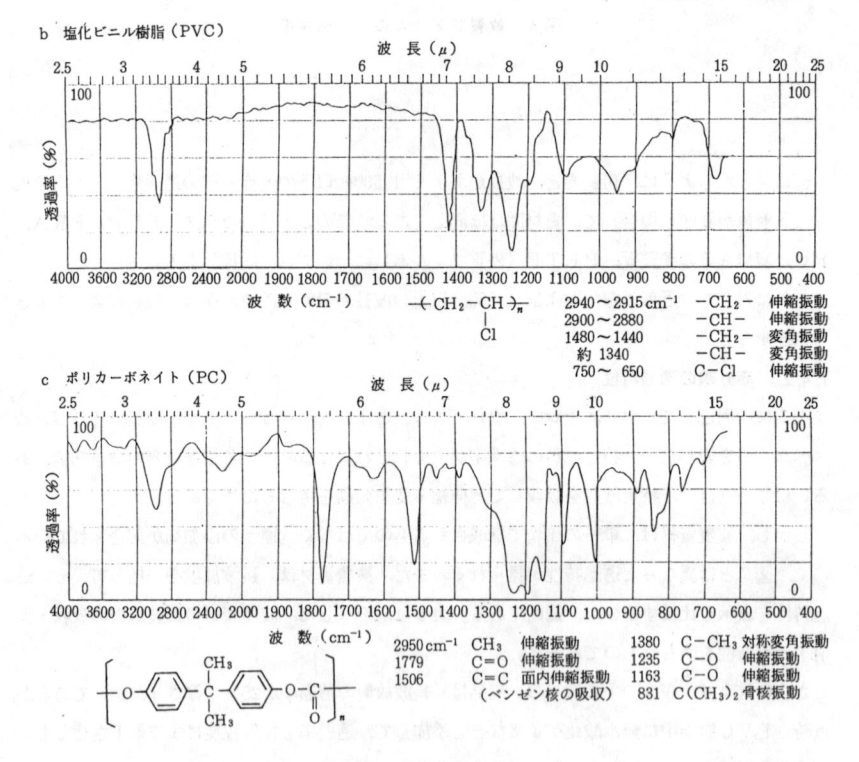

波数 (cm⁻¹)		
2940〜2915 cm⁻¹	─CH₂─	伸縮振動
2900〜2880	─CH─	伸縮振動
1480〜1440	─CH₂─	変角振動
約 1340	─CH─	変角振動
750〜650	C─Cl	伸縮振動

c ポリカーボネイト（PC）

構造式：─[O─C₆H₄─C(CH₃)₂─C₆H₄─O─C(=O)]ₙ─

波数 (cm⁻¹)				
2950 cm⁻¹	CH₃	伸縮振動	1380	C─CH₃ 対称変角振動
1779	C=O	伸縮振動	1235	C─O 変角振動
1506	C=C	面内伸縮振動	1163	C─O 伸縮振動
	（ベンゼン核の吸収）		831	C(CH₃)₂ 骨核振動

図7　各樹脂の赤外線吸収スペクトル[1]

1 被覆栽培

表3 各種被覆資材の長波放射特性[12]

資材と厚さ（mm）	吸収率	透過率	反射率
農ポリフィルム　0.05	0.05	0.85	0.1
0.1	0.15	0.75	0.1
農酢ビフィルム　0.05	0.15	0.75	0.1
0.1	0.35	0.55	0.1
農ビフィルム　　0.05	0.45	0.45	0.1
0.1	0.65	0.25	0.1
硬質ポリエステルフィルム　0.05	0.6	0.3	0.1
0.1	0.8	0.1	0.1
0.175	0.85＞	0.05＜	0.1
不　織　布	0.9	—	0.1
Ｐ　Ｖ　Ａ	0.9＞	—	0.1＜
ガ　ラ　ス	0.95	—	0.05
硬質板（MMA, FRA etc）	0.90	—	0.1
アルミ粉利用ＰＥフィルム	0.65〜0.75	—	0.25〜0.35
ポリオレフィン系アルミ蒸着フィルム　ＯＰＰ側	0.15〜0.25	—	0.75〜0.85
ＰＥ側	0.25〜0.4	—	0.6〜0.75

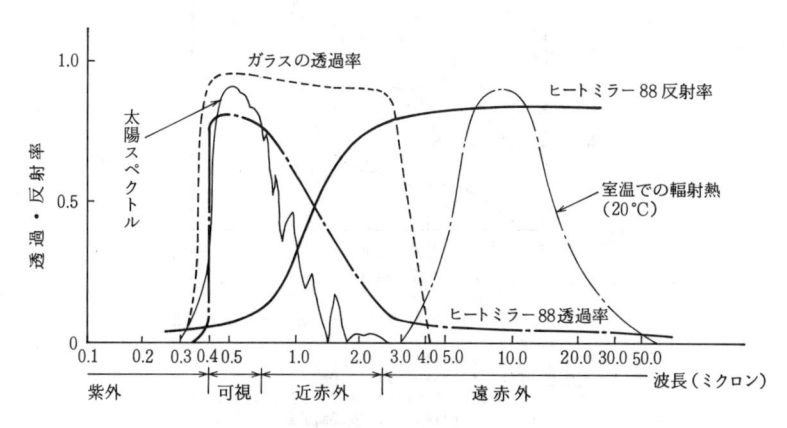

図8 赤外線反射透明資材の放射透過・反射スペクトル
（三井東圧化学㈱　ヒートミラーカタログより）

放射の透過率が，農ビに比べると大きいことから，保温性は低い。しかし，最近利用が増えてきている特殊PO（ポリオレフィン）フィルムは，多層構造を持ち，その中間層に長波放射吸収剤を添加して，保温性を，かなり農ビに近づけている。

長波放射透過特性についての，もう一つの最近の動きは，赤外線反射タイプの透明資材の開発・上市である。

表3にみられる各種資材の長波放射透過率の相違は，不透明なアルミ系資材以外の透明品いずれも，その吸収率の大小に依存している。しかし，吸収の大きい資材は，資材の温度上昇に伴う長波放射の再放射，あるいは，熱劣化などがみられる。したがって，保温（正確には断熱）性は，吸収タイプよりも，反射タイプの方が大きい。

透明・赤外線反射資材は，ポリエステルなどのフィルムの表面に，銀などの金属塩を蒸着したもので，これを，ガラスに貼り付けたり，あるいは，2枚のガラスで挟んだものである。図8に，その放射の透過・反射特性を示す。

1.4.3 近紫外線透過特性

石油樹脂を原料とする被覆資材は，光，特に，紫外線の作用によって劣化し，崩壊しやすい。このため，各種の紫外線吸収剤を添加して劣化を防ぎ，耐候性の増大を図っている。

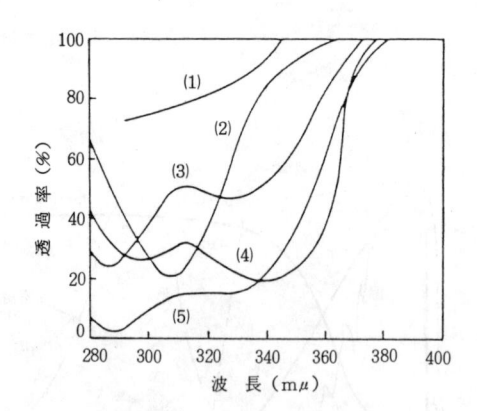

(1)：2,2-チオビス(p-t-オクチルフェノレート)n-ブチルアミン Ni(II) 10mg/ℓ
(2)：p-t-ブチルフェニルサリシレート25mg/ℓ
(3)：2-ヒドロキシ-4-オクトキシベンゾフェノン10mg/ℓ
(4)：2-(2'-ヒドロキシ-5-メチルフェニル)ベンゾトリアゾール10mg/ℓ
(5)：2-ヒドロキシ-4-オクトキシベンゾフェノン25mg/ℓ

図9 各種紫外線吸収剤の紫外線吸収曲線[3]

なお，資材に悪影響を及ぼす放射の波長は，樹脂の種類によって相違する。表4にその一例を示す[7]。したがって，それぞれの資材には，作用波長を特に吸収する特性を持つ，紫外線吸収剤が用いられるのは，当然である[7]。図9は，各種紫外線吸収剤の特性を表したものであり，大別すると次のとおりである。

表4　主要な樹脂に対して悪影響を与える波長

ポリマー	悪影響波長(μm)
ポリエステル	325
ポリスチレン	318
ポリエチレン	300
ポリプロピレン	310
ポリ塩化ビニル	310
塩ビ酢ビコポリマー	322, 364

（石上，有本；プラスチック年鑑(1971)より）

サリシレート系の吸収範囲	260〜340nm
ベンゾフェノン系	300〜380nm
ベンゾトリアゾール系	300〜385nm
シアノアクリレート系	290〜400nm

わが国で，石油樹脂を原料とする被覆資材が製造・利用されるようになってから，40年を経過している。その間，紫外線は，資材の耐候性増強という面から重視されてきた。これは，今後も同様であろうが，このこと以外に，近年，近紫外線が作物の生理や品質などに，少なからず影響を及ぼすことが明らかにされ，この面からも，被覆資材の近紫外線透過特性に，関心が払われるようになった。その結果，300〜380nm の近紫外線透過特性が種々異なる資材が上市・利用されるに至ってい

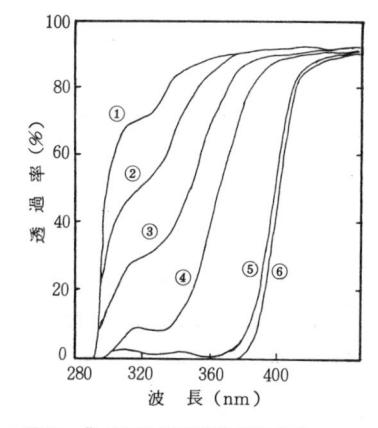

図10　農ビの銘柄別紫外線透過率
注1）出典：全農農業技術センター(1986)
　2）①〜⑥は各社の銘柄を表す。

る。図10は，そのうちの農ビの透過特性の多様化を例示したものである[6]。

1.4.4　可視光の波長別透過特性

単色の人工光を用いた試験においては，特定波長の光が作物の生理や，生育に及ぼす影響が，顕著に，かつ，多く認められている[3), 8)]。

しかし，実用的な被覆資材では，可視光の特定波長を大きくカットすることは，全光量の減少をもたらすので，利用面では敬遠される。このため，現行上市されている被覆資材の可視光透過特性は，図11にみられるように，一般的な資材と比べ，大きな相違はみられない。

なお，図11中の資材にみられる共通した透過特性は，波長 600nm付近の光の透過を抑制していることである。また，資材を大別すると，400〜500nm の光の透過率を大きくした，ブルー着色系

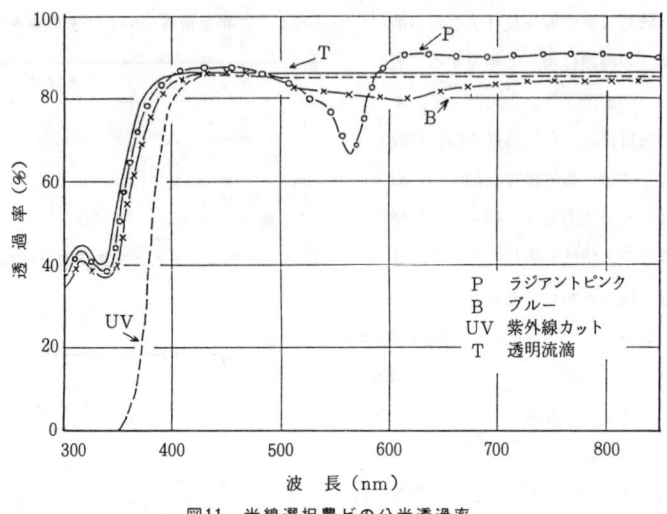

第10章　電磁波材料の施設園芸分野への応用

図11　光線選択農ビの分光透過率
（厚さ 0.1mm）

と，600〜700nm の透過率を大きくした，ピンク着色系の資材となる。特に後者には，蛍光顔料（ローダミンなど）を添加して，青色，あるいは緑色部の光を吸収して，それよりも長い波長の可視光を，一般透明フィルムよりも多く透過させるようにした資材がある。

1.5　光の透過特性を異にする被覆資材の効用
1.5.1　近紫外線の透過特性と作物・微生物との関係

　ここ数年，近紫外線の有無，あるいは，波長別透過率を異にした被覆資材の利用に，関心が集まっている。

　その一つは，ガラス室栽培のナスの果実の色が薄くなるということに端を発した，アントシアニン系色素による，花色や，果実の色と近紫外線との関係に関するものである。その一例は，ペラルゴニジン・3-グリコシドというアントシアニンにより着色をする，イチゴについてである[9]（図12）。図にみられるように，波長 350nmの光の透過率と果色との間には，+0.818 という高い正の相関が認められる。なお，原著では，両者の関係を，直線回帰式で表しているが，これは，むしろ，$Y=1.675\ e^{0.017x}$ という指数回帰式の方が，より適合するようである。このことは，図13のナスの例[6]からも推察される。

　図12の試験には，特性の異なる種々の被覆資材が用いられている。すなわち，散光性（梨地，NR），ブルー（TRB-C），ピンク（RP），保温性強化農ビ（MXY-926）などである。

1 被覆栽培

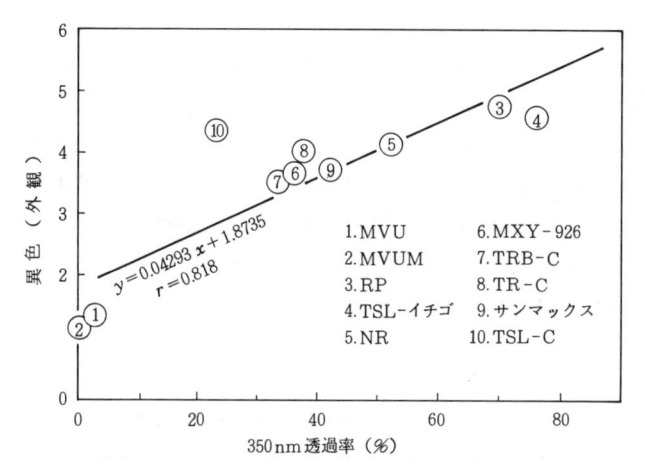

図12 波長 350nmの放射透過率とイチゴ"とよのか"の果色との関係[9)]
注 1～10は資材銘柄名

1. MVU
2. MVUM
3. RP
4. TSL-イチゴ
5. NR
6. MXY-926
7. TRB-C
8. TR-C
9. サンマックス
10. TSL-C

$y = 0.04293 x + 1.8735$
$r = 0.818$

これら, 異質の特性品が供試されているにもかかわらず, イチゴの果色には, 近紫外線透過特性が卓越した影響を及ぼすことに, 着目される。

図12, 図13にみられる現象は, 紫系や赤色系の花や果実(ブドウ, イチジク他)についても, 同様にみられる[3)・8)]。

波長が 300nm以下の遠紫外線は, 核酸やタンパク質の破壊という, 重大な作用を持っている。現在, 地表上にはこの波長の紫外線は到達していないが, これよりも長波長の近紫外線も, 程度は低いものの, 何らかの悪影響を及ぼすものと推察される。作物(植物)にアントシアニン色素が含有されることは, この紫外線の作用に対する自己防衛手段の一つと言えよう。

被覆資材に, 紫外線吸収剤を添加して, その耐候性を増大せしめているのと, 軌を一にするものと言えよ

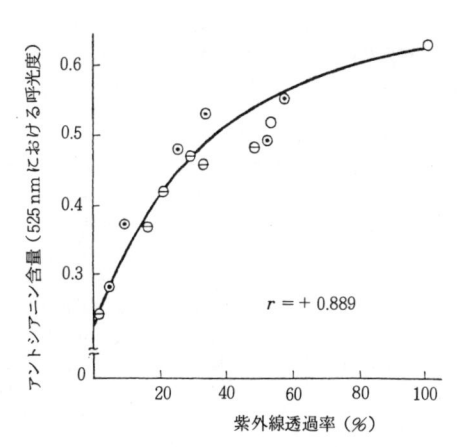

図13 紫外線(290～380nm)平均透過率とナス果皮のアントシアニン含量の関係
(松丸ら(1971)による)

$r = +0.889$

271

第10章 電磁波材料の施設園芸分野への応用

う。

他方,近紫外線を除去した場合の方が,作物栽培に好結果をもたらす場合もある。それは,病虫害回避効果である。稲の病原糸状菌は,350nm以下の近紫外線を欠くと,その胞子が形成されないという知見以来,表5にみられるような各種病虫害が,紫外線をカットした被覆資材下で軽減されることが,明らかにされている。それらのうちの顕著な一例を,図14に表す[10]。

ただし,メロンやスイカなどの交配に利用する蜜蜂は,紫外線を欠く資材下では,その行動が著しく不活発となるので,資材選択が大切である。蜜蜂視細胞の分光感度は,波長340,430,460,および,530nmの光に強大を示す4頂曲線分布を示すので,340nmを中心とする近紫外線の欠如は,行動を著しく制限する[11]。

表5 両ハウスにおける病害虫の発生と収量

野菜	病 名 害虫名	紫外線除去フィルム		農ビフィルム区	
		発病程度[1]	収 量[2]	発病程度	備 考
ピーマン	白 星 病	1.2	2～3倍	388.8	落葉甚しい
シシトウ	白 星 病	1.6	2～4倍	851.1	落葉甚しい
ネ ギ	黒 斑 病	0		2.3	枯死葉出現
ニ ラ	白斑葉枯病	極 少	2～3倍	多発生	品質不良,枯死株出現
トマト	輪 紋 病	少	1.1～1.2倍	477.4	落葉甚しい
ミョウガ	いもち病	4.2	3.5倍	26.5	枯死株続出
ニンジン	黒葉枯病[3]	0	—	4.1	枯死葉続出
アスパラガス	斑 点 病[4]	0	—	16.0	
メロン	C M V[5]	10.7	—	100	
アスパラガス	ジュウシホシクビナガハムシ[6]	0	2.1倍	100	品質不良
エンドウ	ネギアザミウマ[7]	6.1	1.3倍	52.0	品質不良
ネ ギ	ハモグリバエ	0.5		2.1	
ネ ギ	ネギコガ	0.4		0.7	
オカヒジキ	アブラムシ[8]	2.8		59.3	

1) ピーマン,シシトウ,ネギ,ミョウガは株当たり,トマト1節当たり病斑数
2) 収量は農ビフィルム区に比較して 3) 株当たり罹病葉柄数 4) 枯死茎率%
5) 罹病つる率% 6) 被害茎率% 7) 被害度 8) 茎当たり虫数

(野菜・茶業試験場盛岡支場(1986)による)

1 被覆栽培

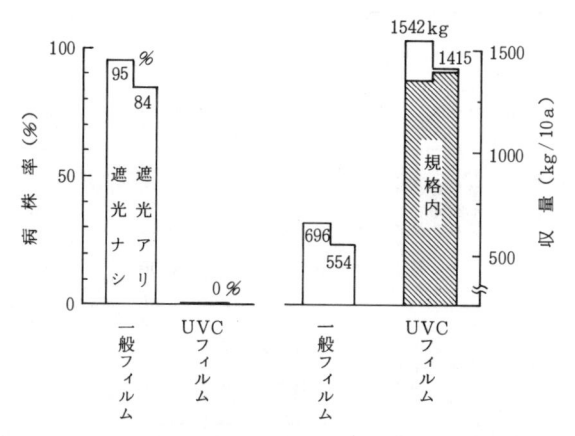

図14 紫外線カットフィルム（UVC）とホウレンソウの萎ちょう病防除効果・収量との関係
（北海道立中央農試（1986）による）

1.5.2 遠赤外線透過特性の効用

遠赤外線は、長波放射とも呼ばれることは、先に述べたとおりである。被覆資材の長波放射に関する特性は、断熱性の大小に関係する。

表3に表した各種被覆資材を、ハウス内にカーテンとして展張した場合の、暖房用熱量の節減率を、表6に表す[1]。

表から、長波放射透過率の小さい資材ほど、熱節減率が大きいことが明らかである。ただし、長波放射を全く透さないアルミ粉混入・蒸着フィルムや不織布であっても、100％の熱節減にはならない。これは、施設内外間の熱伝達は、対流熱伝達と放射熱伝達、および換気熱伝達とによって行われるからである。このうち、被覆資材を貫流する熱伝達について、その、放射・対流熱伝達の割合を比較した結果を、図15に表す[12]。なお、この試験例では、長

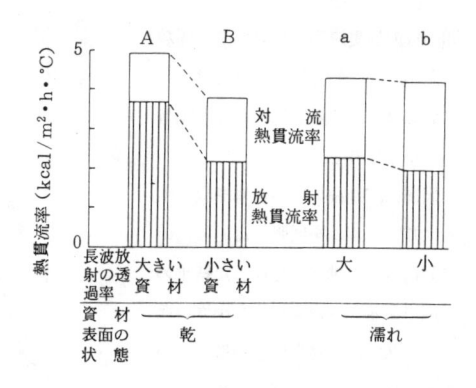

図15 資材・表面状態の相違と熱貫流率[12]

273

第10章　電磁波材料の施設園芸分野への応用

表6　保温被覆の熱節減率[1]

保温方法	保温被覆資材	熱節減率	
		ガラス室	ビニルハウス
二重被覆	ガラス，塩化ビニルフィルム ポリエチレンフィルム	0.40 0.35	0.45 0.40
一層カーテン	ポリエチレンフィルム 塩化ビニルフィルム 不織布 アルミ粉末混入フィルム アルミ蒸着フィルム アルミ箔ポリエチレンラミネートフィルム	0.30 0.35 0.25 0.40 }0.50	0.35 0.40 0.30 0.45 0.35
二層カーテン	ポリエチレンフィルム二層 ポリエチレンフィルム＋アルミ蒸着フィルム アルミ箔ポリエチレンラミネートフィルム	0.45 }0.65	0.45 0.65
外面被覆	温室用ワラゴモ	0.60	0.65

波放射透過率の大きい資材（80%，PE）と，小さい資材（25%，PVC）とが用いられている。透過率の小さい資材を用いたハウスの熱貫流率は，確かに小さい。しかし，資材間の放射熱貫流率（放射熱伝達係数）の差が，即，熱貫流率の差とはならないのは，対流熱貫流の存在が関与するからである。

図16は，長波放射透過率を異にする軟質フィルムを展張した施設内の日最低気温の推移を比較した結果の一例である。透過率の最も小さい農ビハウスでは，最も大きい農ポリハウスに比べ，約2℃高温に推移している。

保温は，主に夜間に必要な機能で

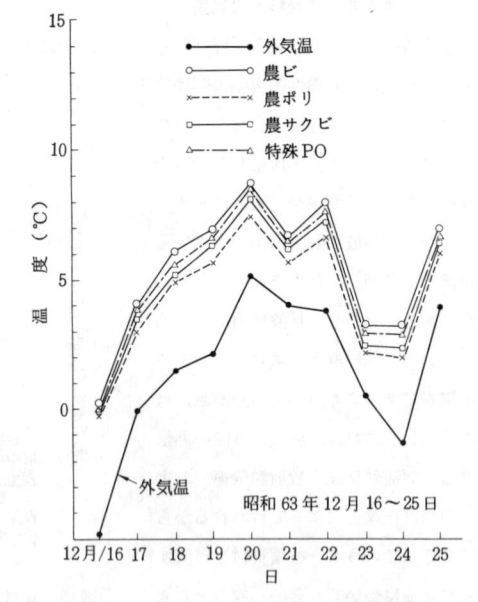

図16　各種フィルムのドーム内最低気温の推移
　　　（日本ビニル工業会農ビ部会による）

ある。したがって，この場合は，断熱性が大きければ，可視光の透過特性は特に考慮しなくともよい。保温カーテンにアルミ系フィルムや，不織布が用いられる一因は，このためである。しかし，夏期高温時の昼間，施設内の異常昇温を抑制するには，断熱性と同時に，可視光の大きい透過率を持つ資材が要求される。従来，この種の資材として，熱線吸収ガラスが利用された。しかし，これは，熱線吸収による資材の熱割れや，長波放射の再放射などの不都合があった。このため，最近，赤外線反射資材が開発・利用されるようになった。表7は，その熱貫流率と，可視光透過率を表したものである。

表7 ヒートミラーペアガラス性能比較表

フィルムおよびガラス種別		ガラス厚さ	可視光		太陽光		熱貫流率 kcal/m²・hr・℃	
			反射率(%)	透過率(%)	反射率(%)	透過率(%)	冬期	夏期
HM-88	Clear	6	18	68	24	40	1.57	1.73
		3	18	71	29	48	1.58	1.74
HM-66	Clear	6	31	53	39	26	1.53	1.68
		3	32	56	47	31	1.54	1.69
HM-44	Silver	6	41	36	46	16	1.50	1.65
		3	43	38	55	19	1.51	1.66
FL-3	Clear	3	8	90	7	85	5.11	5.14
一般複層ガラス	Clear	3	14	82	12	73	2.57	2.70

（三井東圧化学㈱，ヒートミラー技術資料より）

普通単板ガラスの熱貫流率5.2kcal/m²・hr・℃に比べると，赤外線反射資材は，1.5～1.7kcal/m²・hr・℃と，その断熱性は優れている。しかし，可視光の透過率は，単板ガラスのそれと比べると，約10%小さい。この特性は，作物栽培に当たって，利用時期，あるいは，作物の種類などの適用条件を考える上で大切である。

1.5.3 可視光透過特性と作物との関係

先に述べたように，可視光の透過特性の被覆資材間差は，近紫外線や赤外線のそれと比べると小さい。かつ，現行，利用されている資材は，作物を被覆するものとしては，ブルー着色と，ピンク着色の2種類がほとんどである。

しかし，地面を被覆する，マルチ用フィルムには，緑や紫色に着色して，地温上昇抑制と同時に，雑草の発生防止を目的とした資材が利用されている。その他にも，白色，あるいは，アルミ

系の資材が用いられ，これらは，光の反射によって果実の着色促進や，害虫忌避などに効果を挙げている。それら，マルチ用資材の特性（効果）を，定性的に比較したものを，表8に表す[6]。

表8 マルチ資材の特性[6]

マルチ資材の種類	地温制御 昇温促進	地温制御 異常昇温抑制	雑草防除	土壌水分調節	病害防除	果実の着色促進	耐候性
透　　　　明	◎	×	×	◎	△	×	△〜○
黒　　　　色	△	○	◎	◎	△	×	△〜○
除　草　剤　入	◎	×	◎	◎	△	×	△
着　　　　色	○	△	○	◎	△	×	△
二　　　　色	○	△	△	◎	△	×	△
有　　　　孔	○〜△	○〜◎	○	○	△	×	△
光　崩　壊	○	×	○	◎	△	×	×
アルミ蒸着	×	◎	◎	◎	◎	○	△〜○
アルミ三層構造	×	◎	◎	◎	◎	○	△〜○
アルミ混練り	×	◎	◎	◎	◎	○	△〜○
二層（白黒）	×	◎	◎	◎	◎	○	○
二層（銀黒）	×	◎	◎	◎	◎*	○	△〜○
農　　　　ビ	◎	×	×	◎	△	×	◎
農　サ　ク　ビ	◎	×	×	◎	△	×	○

（注）1）◎すぐれる　○ややすぐれる　△やや劣る　×劣る　2）＊…害虫忌避

他方，作物を被覆する資材については，その効果が数多く報告されているが[3],[8]，そのうちの一例を図17に表す[13]。図から，一般透明フィルムに比べ，ピンク着色フィルム下でのイチゴの収量が増大し，かつ，生育後期にその差が大きくなることがうかがえる。一般的に，ピンク着色フィルムは，作物の初期生育（栄養生長）を抑制し，反対に，果実の肥大や糖含量の増大など，生殖器官の生長を促進するという作用がある。

これに対し，ブルー着色フィルムは，どちらかというと，ホウレンソウやニラなど葉菜類の生育収量に好結果をもたらす。図18は，その一例である。

1 被覆栽培

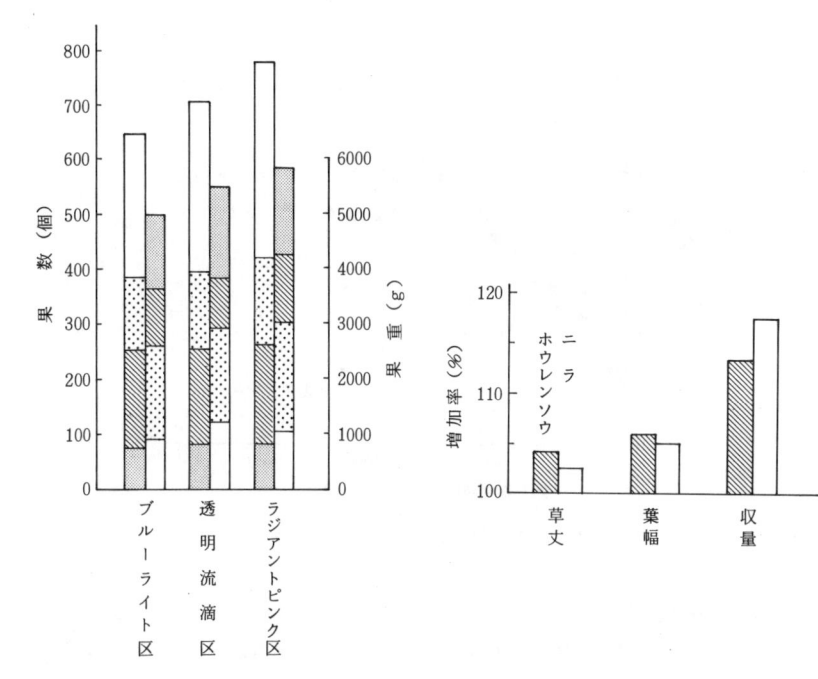

図17 被覆資材の分光透過特性を異にしたハウスイチゴの収量[13]
注1 果数（左），果重（右）とも下より12月，1月，2月，3月の月別収量，累積した値を示す。
注2 資材の分光透過特性は，図11を参照。

図18 ブルー着色農ビがホウレンソウ，ニラの生育・収量に及ぼす影響
注1 一般透明農ビに対する比率（％）
2 ホウレンソウ…兵庫県農試宝塚分場(1981)による
ニラ……栃木県農試野菜部(1985)による

1.6 おわりに

　作物が受容する光の波長域は広いが，そのうちでも重要なのは，日射である。ところで，日射は，太陽から直接到達する直達短波放射と，これが大気中の塵や水蒸気などで反射，散乱されて地表に届く，いわゆる，散乱短波放射とから成り立っている。このうち，散乱短波放射は，作物群落（個体群）の内部にまでよく到達し，また，施設構造の影を少なくする。こうしたことから，表面をエンボス加工した梨地フィルム，あるいは，樹脂中に特殊物質を添加した散光性被覆資材が用いられている。図19は，散光性フィルム下の柿の光合成速度を，露地，および，透明フィルムのそれと比較したものである[6]。散乱光下の光合成速度が優っているが，これが，樹冠内への光の到達が多いためか，あるいは，散乱・直達光それぞれの波長組成の差が関与するためか，今後の研究に待つところが大きい。

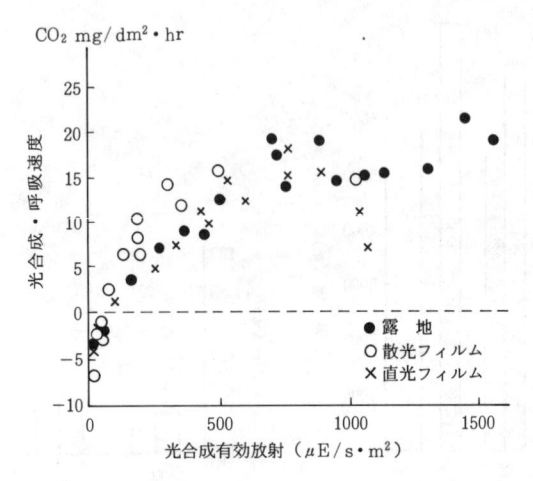

第10章　電磁波材料の施設園芸分野への応用

図19　露地および被覆材別のカキ（西村早生）の光合成速度（鴨田ら(1989)による）

以上，被覆資材の放射に関する特性とその効用とを，作物保護という観点から概説した。

他方，最近，産業・民生廃棄物の処理ということが，極めて重大な社会問題となっている。被覆資材に関しても，全く同様であり，各方面からその対策が講じられている。そのうちの一つとして光崩壊性フィルムがある。この種の資材は，すでに，昭和50年頃に上市され，マルチ用として，一部に利用されていた。しかし，崩壊までのライフが完全に制御できず，また，地上部は崩壊するが，地下部にあるフィルムは，そのまま残るという問題があった。

今後，廃棄物処理は，ますます重大問題となろう。この面での，放射の利用ということを，一段と検討する必要があることは，けだし，大命題である。

文　　献

1)　三原義秋編著，温室設計の基礎と実際，養賢堂（1980）
2)　鴨田福也他，日本農業気象学会東海支部会誌（27），p.11〜18（1973）
3)　稲田勝美編著，光と植物生育，養賢堂（1984）
4)　日本施設園芸協会，園芸用ガラス室，ハウス等の設置状況（1990）
5)　内藤文男，新訂，施設園芸ハンドブック，p.90〜108，日本施設園芸協会（1987）

6) ──── ・改訂施設園芸における被覆資材導入の手引（1991）
7) 伊藤公正編，プラスチックデータ ハンドブック， p.261〜790，工業調査会（1980）
8) 農林水産技術会議事務局，施設農業における光質利用の技術化に関する総合研究（1976）
9) 福岡園試，野菜試験成績概要，(1990)
10) 佐々木次雄，野菜茶業試験場盛岡支場研究年報（1987）
11) 立田栄三他，昆虫の神経生物学，培風館 （1979）
12) 陳・岡田ら，農業施設，**18**(1)：p.28-37（1987）
13) 籠橋悟他，日本農業気象学会東海支部会誌（27）， p.19〜28（1973）

2 野菜の地中加温に関する研究

福元康文*, 宍戸 弘**

2.1 はじめに

施設栽培での冬期低温期の夜間のハウス内の加温は,様々な方法を用いて行われている。しかし土壌については,地中加温による積極的な地温の保持はほとんど行われていない。高知県にあっても,冬期は施設を利用して,果菜類を中心とした野菜の促成栽培が盛んに行われているが,地上部気温の加温は積極的に行われているのに対し,地下部の土壌温度にはあまり関心が払われず,ビニールや各種資材によるマルチにより地温の保持が図られている[1]だけで,地下部を暖房加温しようとする試みはほとんど見られない。地上部を夜間高温にすると,光合成同化産物の転流が促進され,成長が助長され[2],収量が高まる[3]ことが知られているが,地温の影響については,主に幼植物体を用いて調査されたもの[2],[4]~[7]が多く,樹の成育や収量についてはトマトなど[3],[8],[9]ごく一部の作物[10]~[12]で研究された報告が見られるだけである。地上部と地下部の温度環境が,複雑かつ相互的に関与するため,成育・収量・品質についての統一された見解を得るに至っていない。地中加温による地温の上昇は,根の活力を高め養水分の吸収転流を高め,地上部気温の適温度域を下げ,燃料効率を高めると言われている。省エネルギーが強く望まれている今日,施設園芸の分野でも,効率的な暖房方法について,何らかの早急な対応が迫られている。

そこで冬期低温期に,セラミックス混入塩ビパイプを用い,温湯暖房処理による地中加温が,果菜類の中でも特に高温要求性の高いと言われているマスクメロンと,わりと中温でも成育が良好なスイカの成育・収量・品質に及ぼす影響について検討を加えた。

2.2 材料および方法

材料としてマスクメロンの'アールス東海・G35およびスイカの'天竜2号'を1988年1月28日に播種し,直径7.5cmの黒ポリポットでハウス内にて育苗後,2月19日にガラス温室内本圃に定植した。本圃は,2月16日全面にパーク堆肥0.3t／a,苦土石灰10kg／aを施肥後,CDU化成を用いて多肥区（N・P・K＝4kg／a）と少肥区（N・P・K＝2kg／a）に2分割し,さらにそれぞれを地中加温区と無加温区に分けた。さらに各処理区の半分に厚さ0.03mmの白ポリエチレンフィルムによるマルチングを行い,残りはマルチを行わず,図1のようにスイカとメロンそれぞれに8つの分割試験区を設けた。地中加温処理は直径1.3cmのセラミックス混入塩ビパイプ

---

* Yasufumi Fukumoto 　高知大学　農学部
** Hiromu Sisido 　㈱中国メンテナンス

（混入率15％）を畝の地下15cm，幅41cmに2条に配管し，管内に温湯を循環させて行った。地中加温用温湯暖房器は，省エネタイプで試作中のサンパワーW／S（写真1-a）を用いた。加温区は畝中央地下10cmの位置で3月25日まで30℃以上，それ以降実験終了時まで25℃以上となるようにした。地温の測定調節は，自記温度記録計を用い各処理区の畝中央地下10cmで行った。畝幅は170cmで株間を27.5cmとし，メロンは畝中央一条植えの交互誘引，スイカは同一条植えの2本仕立て無摘心栽培を行った。かん水は，各畝に2本のドリップ（エバフロー・D型）を，株を挟んで31.5cm幅に設置し，一回当

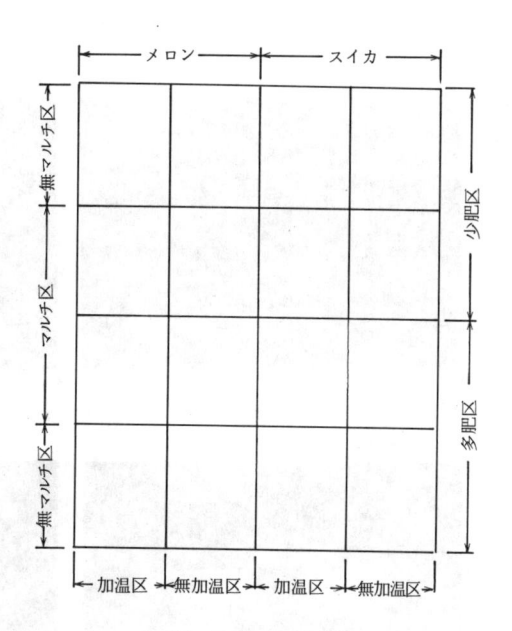

図1　処理区の分割方法

たりのかん水を5.5mmとし，土壌の乾燥と樹の成育状態に応じて一畝当たり35回を，成育に応じ適宜行った。消毒は必要に応じて行い，成育には万全を期した。供試固体数はメロン，スイカともに一処理区当たり17株を用い，共に3月11日から誘引を始めた。メロンは葉数23枚で摘心後，下葉4枚を除去した。また14節以上の側枝3本を着果枝として残し，その他の側枝は発生後速やかに除去した。交配後5～7日後，成育の良い幼果を着けた着果枝を残し，残りの2側枝は除き一株一果採りした。果実はテープで誘引後，ネット発生後新聞紙で袋掛けを行い，また，4月28日には Sodium α-Naphthylacetate 10ppm でホルモンの茎葉散布処理を行った。スイカは主枝と亜主枝以外の他の側枝全てを，発生後速やかに除去し，主枝の20節前後の雌花に人工交配を行い，一株一果採りとした。メロンの果実は開花後65日で収穫し，果重，ネットの発生状況，発酵果の発生，果径（縦径，横径），肉厚，裂果，可溶性固形物含量を測定した。スイカは開花後45日で収穫し，果重，果皮の硬度（中山式土壌硬度計），果径（縦径，横径）と果皮厚を測定し，黄帯，血入り，空洞等の品質についても調査を行った。また収穫終了時には根系分布についても調査を行った。環境については，ハウス内気温と各処理区の畝中央地下10cmと畝の位置と深さ別の地温の測定を，自記温度記録計で行い，また畝の土壌水分状態を調べるため，同じく畝中央地下10cmにテンションメーターを設置し，土壌水分吸引圧の測定を行った。日射については，戸外

第10章　電磁波材料の施設園芸分野への応用

写真1　加温システムと実験の様子

a．加温器（右）とコントローラ（左）　　b．加温パイプの埋設

c．スイカの初期成育　　　　　　　　　　d．メロンの根系分布

に設置した日射計より，戸外の旬毎の平均値で表した。なおガラス室の日射の平均透過量は約80％であった。

2.3　結　果
2.3.1　ハウス内環境

　栽培期間中の日射量とガラス温室内最高・最低気温の平均の旬毎変化は図2に，また各処理区の畝中央地下10cmの地温の日変化は，3月8日の快晴日を図3，3月25日の雨天日を図4，5月19日の曇天日を図5にそれぞれ示した。温室内気温は最高気温の平均値が30℃前後で，最低気温

2 野菜の地中加温に関する研究

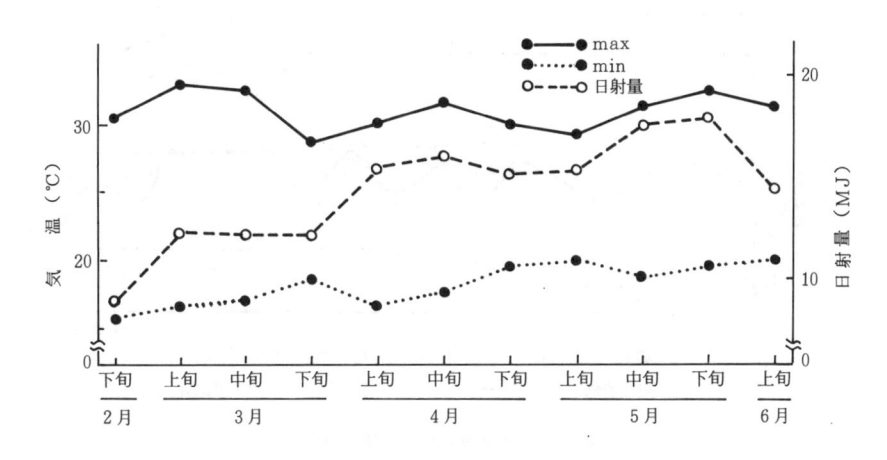

図2 栽培期間中のハウス内気温と日射量

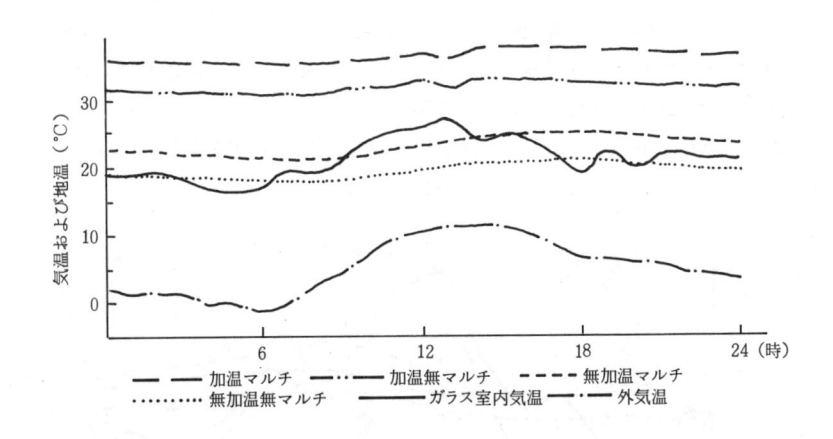

図3 気温と地温の日変化（3月8日）

は2月下旬が15.5℃以上に保たれ，以後日数の経過と共に徐々に上昇し6月下旬は20℃となった（図2）。一方地温は3月8日で見ると，変動はほとんどなく，加温処理により高まり，無マルチ区が31.5℃，マルチ区が33℃となった。またマルチ処理により 2.5℃高められ，無加温に比べそれぞれ約12℃と13℃高くなった（図3）。3月25日は無加温の無マルチ，マルチ区の各平均値が23℃，21℃だったのに比べ，加温処理でそれぞれ約11℃と12℃高くなった（図4）。また地温設定

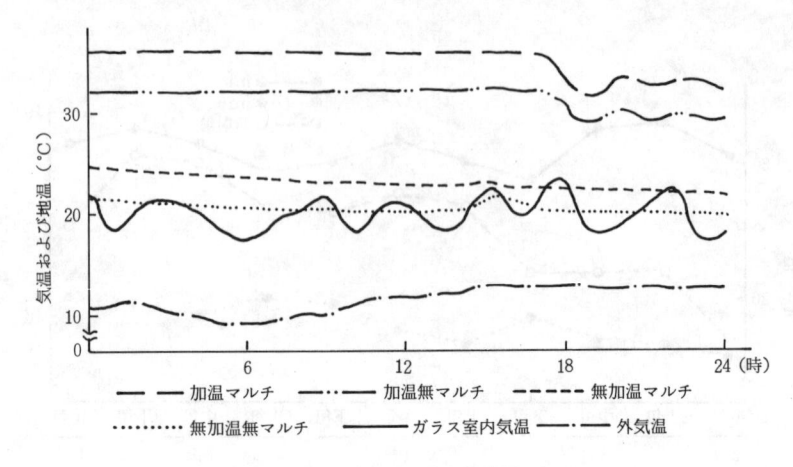

第10章　電磁波材料の施設園芸分野への応用

図4　気温と地温の日変化（3月25日）

値を低めた5月19日では，無マルチとマルチの差は約2〜3℃認められたが，加温処理の有無ではマルチ区，無マルチ区とも加温処理で約0.5℃高められただけであった（図5）。なお畝の位置別温度差について見ると，地下10cmの畝中央に比べパイプ直上では5℃以上の上昇が認められ，逆に畝肩側の最も低い位置では，約5℃の低下が認められた。

土壌水分の変化については，図6に示した。土壌の乾燥化は加温処理で促進され，マルチが無いと一層助長された。また無加温区でも同じ傾向が見られた。

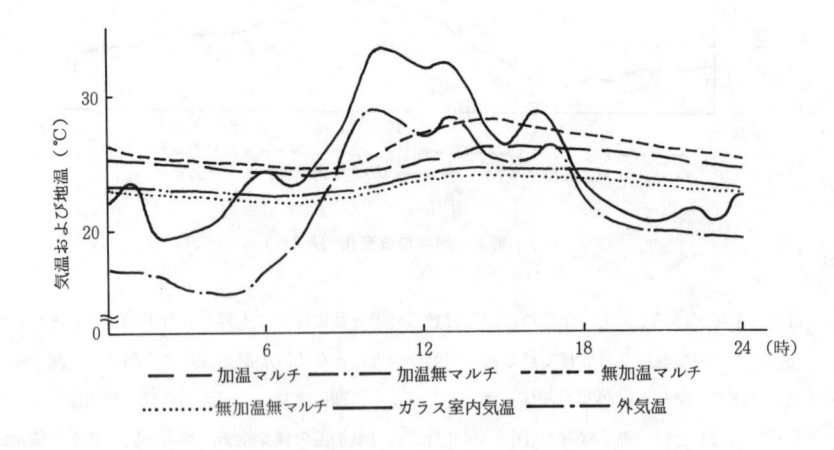

図5　気温と地温の日変化（5月19日）

2 野菜の地中加温に関する研究

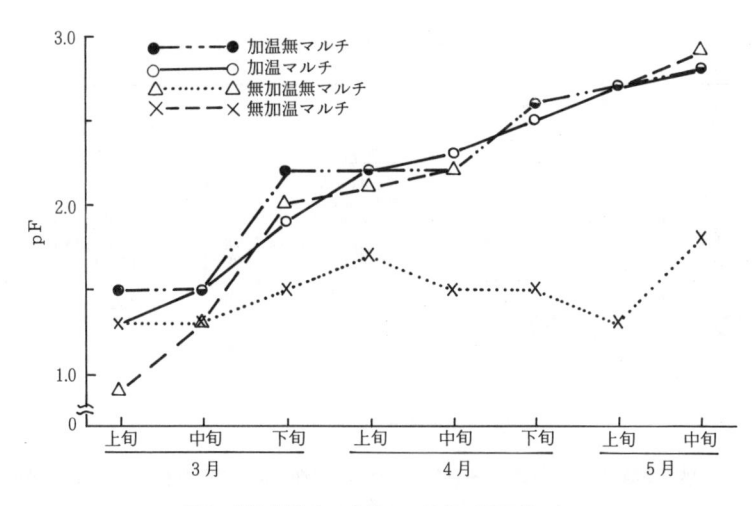

図6 栽培期間中の土壌のpF値（地下10cm）

※スイカ栽培畝

2.3.2 メロン

メロンについては，初期成育について表1に，開花速度，果実肥大，果形比・可溶性固形物含量と発酵果発生率について表2に示した。

3月8日における茎長は地中加温区で長く，また最大葉も大きくなり初期成育が促進された。これらの傾向は土壌へのマルチ処理により一層助長された。

播種後主枝の第14〜16節位側枝第一節の両性花が開花に至るまでの平均所要日数は，いずれの

表1 メロンの初期成育に及ぼす地中加温の影響

処理区		茎 長 cm	最　大　葉　cm	
			縦　長	横　長
加温	多肥マルチ	19.15±1.23^z b^y	13.60±0.35 a	19.35±0.47 a
	多肥無マルチ	14.75±1.17 c	12.89±0.26 a	17.53±0.64 b
	少肥マルチ	21.65±0.80 a	13.55±0.23 a	19.50±0.49 a
	少肥無マルチ	14.75±0.75 c	12.75±0.35 a	18.35±0.51 ab
	平均	17.58	13.20	18.68
無加温	多肥マルチ	14.90±0.60 c	12.95±0.25 a	19.15±0.21 a
	多肥無マルチ	11.10±0.82 d	11.30±0.42 b	15.10±0.52 c
	少肥マルチ	16.70±0.50 c	12.60±0.31 a	18.90±0.54 ab
	少肥無マルチ	9.85±0.67 d	10.95±0.50 b	15.70±0.50 c
	平均	13.14	11.95	17.21

調査日3月8日　　z：Mean±S.E.　　y：ダンカン多重検定法　P　0.05

285

表2 メロンの果実発育と品質に及ぼす地中加温の影響

処理区		雌花開花までの日数	果重 g	果形比 縦/横	糖度 %	発酵果発生率 %
加温	多肥マルチ	65.63±0.26 ^{z} c ^{y}	1594.1±41.08 c	1.07	13.48±0.23 ab	18.8
	多肥無マルチ	67.33±0.61 ab	1771.9±58.88 ab	1.06	13.86±0.12 a	12.5
	少肥マルチ	65.73±0.62 c	1644.1±51.21 c	1.06	13.27±0.27 ab	7.1
	少肥無マルチ	67.23±0.33 ab	1664.1±26.76 bc	1.08	13.45±0.18 ab	11.8
	平均	66.48	1668.6	1.07	13.51	12.6
無加温	多肥マルチ	65.81±0.14 c	1789.8±69.91 a	1.05	12.62±0.24 cd	25.0
	多肥無マルチ	67.81±0.55 a	1718.2±61.15 b	1.05	12.21±0.27 d	31.3
	少肥マルチ	66.40±0.25 bc	1776.1±55.54 ab	1.05	13.01±0.34 bc	13.3
	少肥無マルチ	68.19±0.30 a	1752.5±37.47 ab	1.04	12.48±0.46 cd	28.6
	平均	67.05	1759.2	1.05	12.58	24.6

z：Mean±S.E.　　y：ダンカン多重検定法　　P 0.05

処理区も加温処理よりわずかに早められたが，マルチ処理による影響の方が大きく促進効果が高かった。なお施肥量の違いによる影響に有意差は認められなかった。

果実の生長は加温処理で劣り無加温区の約95%となり，無加温区ではマルチ処理により肥大が促進されたが，加温区では逆に劣り加温マルチ区で最低となった。またいずれも縦/横比に見られる果形比の変化は認められず，施肥量の違いによる影響も認められなかった。

可溶性固形物含量をBrix示度で見ると，加温区が無加温区より約1%高くなった。マルチ処理の影響は加温区では見られなかったが，無加温区ではいくらか高められる傾向にあった。また肥料処理間に差異はなかった。

果実品質を著しく悪化させる発酵果の発生について見ると，加温処理によりその発生率の低下が認められ無加温区より10%以上少なくなった。また無加温区では無マルチ処理で多くなり，多肥で一層助長され同区の多肥無マルチ区は31.3%もの発生を見た。なお加温区でも同じく多肥処理区で多くなったが，マルチ処理の有無については一定の傾向が認められなかった。またネットの発生程度やその他の形質に，処理間ではっきりとした差異はなかった。

2.3.3 スイカ

スイカについては，成育初期の茎長を表3に，開花速度・果実発育・可溶性固形物含量と果皮硬度を表4に示した。

3月10日における茎長は土壌の加温により著しく促進され，またマルチによりその効果は一層助長された。

播種してから着果主枝の18節位より上の着果させる雌花の開花までの日数は，無加温区より加温区で有意に早く，加温区の両マルチ区で最も早かった。また無加温区でも同様に無マルチ区よりマルチ区で早くなった。

2 野菜の地中加温に関する研究

表3 スイカの初期成育に及ぼす地中加温の影響

処理区		茎長 cm
加温	多肥マルチ	64.40±2.06 [z] a [y]
	多肥無マルチ	52.05±2.19 b
	少肥マルチ	62.90±2.53 a
	少肥無マルチ	45.45±1.67 cd
	平均	56.20
無加温	多肥マルチ	49.95±1.12 bc
	多肥無マルチ	27.05±2.00 e
	少肥マルチ	43.50±1.58 d
	少肥無マルチ	26.45±2.14 e
	平均	36.74

調査日3月10日
[z]：Mean±S.E.　[y]：ダンカン多重検定法　$P\ 0.05$

表4 スイカの果実発育と品質に及ぼす地中加温の影響

処理区		雌花開花までの日数	果重 g	糖度 %	果皮硬度 kg/cm
加温	多肥マルチ	57.38±0.32 [z] e [y]	3675.1±114.2 a	10.15±0.13 a	10.22±0.64 ab
	多肥無マルチ	59.94±0.85 de	3410.7±124.2 ab	10.24±0.11 a	8.97±0.63 b
	少肥マルチ	57.38±0.29 e	3505.8±115.6 a	10.20±0.09 a	10.69±0.86 a
	少肥無マルチ	59.35±0.39 de	3003.1± 97.9 c	10.24±0.10 a	8.79±0.38 b
	平均	58.51	3398.7	10.21	9.67
無加温	多肥マルチ	61.53±1.24 cd	3670.0±255.4 a	9.95±0.15 b	8.97±0.60 b
	多肥無マルチ	64.77±2.37 ab	3141.6±124.5 bc	10.02±0.13 ab	8.72±0.61 b
	少肥マルチ	62.81±1.01 bc	3643.8±213.9 a	9.93±0.22 b	8.59±0.79 bc
	少肥無マルチ	65.65±1.10 a	3312.8±155.7 abc	10.01±0.14 ab	8.13±0.67 c
	平均	63.69	3442.1	9.98	8.60

[z]：Mean±S.E.　[y]：ダンカン多重検定法　$P\ 0.05$

　果重は加温処理と肥料処理間については，一定の傾向が認められなかったが，マルチ処理の効果は大きく，他の処理如何にかかわらず10％以上増加した。
　糖度は，無加温区より加温区で高くなる傾向が見られ，またマルチ区より無マルチ区でいくらか高くなる傾向がみられた。
　果皮の硬度は加温区で高くなり，また無マルチ区よりマルチ区で高くなる傾向を示したが，肥料処理の影響は明らかではなかった。果形比は果実肥大の良かった処理区がいくらか縦長の傾向に見られた。
　その他黄帯と空洞果発生には，処理間にはっきりとした差異はなかったが，果実肉質は無加温区で劣変する傾向があった。
　なお根系調査によると，メロン，スイカともに根の分布に，加温パイプの位置の違いによる偏

りは認められなかった（写真1-d）。

2.4 考　察

　本実験は2月中旬の厳寒気に行われ，メロンとスイカの成育適温に近いところまでハウス内気温を高めた中で（図2）の地中加温の影響を調査したものである。地中加温処理はメロンとスイカの初期成育を著しく促進し（表1，表3），着果枝の両性花や雌花の開花を早め収穫期が早くなったが，果実の生長にはいずれも促進効果はもたらさなかった（表2，表4）。また地中加温による初期成育と雌花開花の促進作用は，地中加温区にマルチをすることで，一層その作用は助長された。これはマルチ処理が畝の位置別温度分布の均一化を伴う地温保持に役立った[1]ことによるものと思われた。しかしながら果実肥大に及ぼす加温処理の影響は，スイカではほとんど認められず，メロンではむしろ抑制的に働いた。一方マルチ処理はその他の処理の如何にかかわらず，いずれも果実肥大に促進的に働いた。したがってここでのマルチ処理の影響は，地温保持による効果ではなくて，土壌水分の保持と均一化やあるいは土壌の団粒化に寄与したためと思われた（図6）。初期成育や雌花開花速度と果実肥大に見られた反応はやや異なっていたが，これはそれぞれにとっての成育ステージ別根圏の適温の差によるもので，開花時が果実肥大期より高めにあるためであり，またスイカがメロンよりもエイジ別根の成育適温が高めにあるためのように思われた。これらはBugbeeら[5]による水耕トマトの報告で，成育が初期からだんだん進むにつれて，根の成育適温が低下していったと述べられていることからもうなづけよう。果実品質について可溶性固形物含量はメロン，スイカともに加温処理で高められたが（表2，表4），これは加温処理による果実肥大抑制作用がもたらした結果と思われた。Ehretら[13]によると果実内可溶性固形物含量の増減は，その成熟前の乾物率つまりデンプン含量の差によって決まり，その値が高ければ増加すると述べられている。またメロンの品質に及ぼす影響が大きい発酵果の発生は，地中加温処理で低下したが，その発生要因として上げられている水やCa等の無機養分の根からの吸収が，順調になされた結果であろう。また多肥区でその発生が助長されたが，これはNやKの多施与から来る，Caの吸収抑制作用によるものではないかと思われた。

　以上のように，地中加温は収穫期を早め，また果実の品質面で良い結果が得られたが，果実肥大生長には必ずしも良い結果をもたらさなかった。これは地上部と地下部の温度バランスが適当でなかったためで，今回の温度設定が地上部を好気温域に近づけたために，厳寒季とは言っても地温のある程度の上昇が起こり，樹の成育は促進されたがそれが果実発育には寄与せず，樹と果実の成育バランスを狂わし，地中加温の果実肥大効果が表れにくくなったものと思われた。また地温の設定値が高かったとも思われるが，これは畝の位置による温度格差が大きいことを考慮したためで，今後はむしろ地上部は極端に下げた状態での地中加温の検討が望まれよう。ひいては

それが省エネルギーにつながるものと思われる。

2.5 摘 要

メロンとスイカを供試し，冬季における温湯循環式による，地中加温処理の影響について調査した。

1) 加温処理により地温は高められ，畝中央地下10cmでは，無加温区と10℃以上の差異が認められた。またマルチングによりさらに2～3℃上昇した。しかしながら加温区は畝の位置別温度差も大きく，畝中央部に比べ最も高い位置と低い位置はそれぞれ約5℃の差異が認められた。

2) メロンは地中加温で初期成育が促進され，着果節位の両性花の開花も早められたが，果実発育は抑制され果形が小型化した。しかし加温処理により可溶性固形物含量は増加し甘くなった。また加温処理やマルチ処理のない低地温下では，発酵果の発生が多かった。

3) スイカは地中加温により，初期成育が著しく促進され，また明らかに18節位より上の雌花の開花が早められた。しかしメロンと同様に果実発育は抑えられ，同区のマルチ処理ではさらに甚だしくなった。一方果実内可溶性固形物含量は加温区で高くなった。

4) 以上より，冬期に成育適温近くまで加温した気温条件下での地中加温処理では，初期成育が促進され，雌花の開花速度が早まり収穫期を速め，また甘さを増しかつ発酵果の発生を抑える等，収穫期の促進化と果実品質面では効果が期待できたが，果実発育が抑制される傾向にあったので，今後さらに地温と気温のさまざまな組み合わせによる検討が必要と思われた。

文 献

1) Decoteau D.R., M.J.Kasperbauer and P.G.Hunt, *J.Amer.Soc.Hort.Sci.*, **114** (2), 216-219 (1989)
2) Maletta M. and H.W.Janes, *J.Hort.Sci.*, **62** (1), 49-54 (1987)
3) Gosselin A. and M.J.Trudel, *J.Amer.Soc.Hort.Sci.*, **108** (6), 901-905 (1983)
4) Phatak, S.C., S.H.Wittwer and F.G.Teubner, *Proc.Amer.Soc.Hort.Sci.*, **88**, 527-531 (1966)
5) Bugbee B. and J.W.White, *J.Amer.Soc.Hort.Sci.*, **109** (1), 121-125 (1984)
6) Gosselin A. and M.J.Trudel, *J.Amer.Soc.Hort.Sic.*, **108** (6), 905-909 (1983)
7) Duke S.H., L.E.Schrader, C.A.Henson, J.C.Servaites, R.D.Vogelzang and J.W.Pendleton, *Plant Physiol.*, **63**, 956-962 (1979)
8) Trudel M.J. and A.Gosselin, *HortScience*, **17** (6), 928-929 (1982)

9) Khayat E., D. Ravad and N. Zieslin, *Scientia Hort.*, **27**, 9-13 (1985)
10) Gosselin A. and M. J. Trudel, *J. Amer. Soc. Hort. Sci.*, **111** (2), 220-224 (1986)
11) Brown W. W. and D. P. Ormrod, *J. Amer. Soc. Hort. Sci.*, **105** (1), 57-59 (1980)
12) Barr W. and H. Pellet, *J. Amer. Soc. Hort. Sci.*, **97**, 632-635 (1972)
13) Ehret D. L. and L. C. Ho, *J. Hort. Sci.*, **61** (3), 361-367 (1986)

電磁波材料技術とその応用 (B597)

1992年5月29日　初版第1刷発行
2000年12月8日　普及版第1刷発行

監　修　大森豊明
発行者　島　健太郎
発行所　株式会社　シーエムシー
　　　　東京都千代田区内神田1－4－2（コジマビル）
　　　　電話03（3293）2061

〔印　刷　桂印刷有限会社〕
定価は表紙に表示してあります。
落丁・乱丁本はお取替えいたします。

©T.Ohmori, 2000

ISBN4-88231-100-3 C3043

☆本書の無断転載・複写複製（コピー）による配布は、著者および出版社の権利の侵害になりますので，小社あて事前に承諾を求めてください。

CMC Books 普及版シリーズのご案内

クロミック材料の開発
監修／市村 國宏
ISBN4-88231-094-5　　　　B591
A5判・301頁　本体 3,000 円＋税（〒380 円）
初版 1989 年 6 月　普及版 2000 年 11 月

構成および内容：〈材料編〉フォトクロミック材料／エレクトロクロミック材料／サーモクロミック材料／ピエゾクロミック金属錯体〈応用編〉エレクトロクロミックディスプレイ／液晶表示とクロミック材料／フォトクロミックメモリメディア／調光フィルム 他
◆執筆者：市村國宏／入江正浩／川西祐司 他 25 名

コンポジット材料の製造と応用
ISBN4-88231-093-7　　　　B590
A5判・278頁　本体 3,300 円＋税（〒380 円）
初版 1990 年 5 月　普及版 2000 年 10 月

構成および内容：〈コンポジットの現状と展望〉〈コンポジットの製造〉微粒子の複合化／マトリックスと強化材の接着／汎用繊維強化プラスチック（FRP）の製造と成形〈コンポジットの応用〉／プラスチック複合材料の自動車への応用／鉄道関係／航空・宇宙関係 他
◆執筆者：浅井治海／小石眞純／中尾富士夫 他 21 名

機能性エマルジョンの基礎と応用
監修／本山 卓彦
ISBN4-88231-092-9　　　　B589
A5判・198頁　本体 2,400 円＋税（〒380 円）
初版 1993 年 11 月　普及版 2000 年 10 月

構成および内容：〈業界動向〉国内のエマルジョン工業の動向／海外の技術動向／環境問題とエマルジョン／エマルジョンの試験方法と規格〈新材料開発の動向〉最近の大粒径エマルジョンの製法と用途／超微粒子ポリマーラテックス〈分野別の最近応用動向〉塗料分野／接着剤分野 他
◆執筆者：本山卓彦／葛西壽一／滝沢稔 他 11 名

無機高分子の基礎と応用
監修／梶原 鳴雪
ISBN4-88231-091-0　　　　B588
A5判・272頁　本体 3,200 円＋税（〒380 円）
初版 1993 年 10 月　普及版 2000 年 11 月

構成および内容：〈基礎編〉前駆体オリゴマー、ポリマーから酸素ポリマーの合成／ポリマーから非酸化物ポリマーの合成／無機－有機ハイブリッドポリマーの合成／無機高分子化合物とバイオリアクター〈応用編〉無機高分子繊維およびフィルム／接着剤／光・電子材料 他
◆執筆者：木村良晴／乙咩重男／阿部芳首 他 14 名

食品加工の新技術
監修／木村 進・亀和田光男
ISBN4-88231-090-2　　　　B587
A5判・288頁　本体 3,200 円＋税（〒380 円）
初版 1990 年 6 月　普及版 2000 年 11 月

構成および内容：'90 年代における食品加工技術の課題と展望／バイオテクノロジーの応用とその展望／21 世紀に向けてのバイオリアクター関連技術と装置／食品における乾燥技術の動向／マイクロカプセル製造および利用技術／微粉砕技術／高圧による食品の物性と微生物の制御 他
◆執筆者：木村進／貝沼圭二／播磨幹夫 他 20 名

高分子の光安定化技術
著者／大澤 善次郎
ISBN4-88231-089-9　　　　B586
A5判・303頁　本体 3,800 円＋税（〒380 円）
初版 1986 年 12 月　普及版 2000 年 10 月

構成および内容：序／劣化概論／光化学の基礎／高分子の光劣化／光劣化の試験方法／光劣化の評価方法／高分子の光安定化／劣化防止概説／各論－ポリオレフィン、ポリ塩化ビニル、ポリスチレン、ポリウレタン他／光劣化の応用／光崩壊性高分子／高分子の光機能化／耐放射線高分子 他

ホットメルト接着剤の実際技術
ISBN4-88231-088-0　　　　B585
A5判・259頁　本体 3,200 円＋税（〒380 円）
初版 1991 年 8 月　普及版 2000 年 8 月

構成および内容：〈ホットメルト接着剤の市場動向〉〈HMA 材料〉EVA系ホットメルト接着剤／ポリオレフィン系／ポリエステル系／機能性ホットメルト接着剤〉〈ホットメルト接着剤の応用〉〈ホットメルトアプリケーター〉〈海外におけるHMA の開発動向〉他
◆執筆者：永田宏二／宮本禮次／佐藤勝亮 他 19 名

バイオ検査薬の開発
監修／山本 重夫
ISBN4-88231-085-6　　　　B583
A5判・217頁　本体 3,000 円＋税（〒380 円）
初版 1992 年 4 月　普及版 2000 年 9 月

構成および内容：〈総論〉臨床検査薬の技術／臨床検査機器の技術〈検査薬と検査機器〉バイオ検査薬用の素材／測定系の最近の進歩／検出系と機器
◆執筆者：片山善章／星野忠／河野均也／縄荘和子／藤巻道男／小栗豊子／猪狩淳／渡辺文夫／磯部和正／中井利昭／高橋豊三／中島憲一郎／長谷川明／舟橋真一 他 9 名

CMC Books 普及版シリーズのご案内

紙薬品と紙用機能材料の開発
監修／稲垣　寛
ISBN4-88231-086-4　　　　　　　B582
A5判・274頁　本体3,400円＋税（〒380円）
初版1988年12月　普及版2000年9月

◆構成および内容：〈紙用機能材料と薬品の進歩〉紙用材料と薬品の分類／機能材料と薬品の性能と用途〈抄紙用薬品〉パルプ化から抄紙工程までの添加薬品／パルプ段階での添加薬品〈紙の2次加工薬品〉加工紙の現状と加工薬品／加工用薬品〈加工技術の進歩〉他
◆執筆者：稲垣寛／尾鍋史彦／西尾信之／平岡誠　他20名

機能性ガラスの応用
ISBN4-88231-084-8　　　　　　　B581
A5判・251頁　本体2,800円＋税（〒380円）
初版1990年2月　普及版2000年8月

◆構成および内容：〈光学的機能ガラスの応用〉光集積回路とニューガラス／光ファイバー〈電気・電子的機能ガラスの応用〉電気用ガラス／ホーロー回路基盤〈熱的・機械的機能ガラスの応用〉〈化学的・生体機能ガラスの応用〉〈用途開発展開中のガラス〉他
◆執筆者：作花済夫／栖原敏明／髙橋志郎　他26名

超精密洗浄技術の開発
監修／角田　光雄
ISBN4-88231-083-X　　　　　　　B580
A5判・247頁　本体3,200円＋税（〒380円）
初版1992年3月　普及版2000年8月

◆構成および内容：〈精密洗浄の技術動向〉精密洗浄技術／洗浄メカニズム／洗浄評価技術〈超精密洗浄技術〉ウェハ洗浄技術／洗浄用薬品〈CFC-113と1,1,1-トリクロロエタンの規制動向と規制対応状況〉国際法による規制スケジュール／各国国内法による規制スケジュール　他
◆執筆者：角田光雄／斉木篤／山本芳彦／大部一夫他10名

機能性フィラーの開発技術
ISBN4-88231-082-1　　　　　　　B579
A5判・324頁　本体3,800円＋税（〒380円）
初版1990年1月　普及版2000年7月

◆構成および内容：序／機能性フィラーの分類と役割／フィラーの機能制御／力学的機能／電気・磁気的機能／熱的機能／光・色機能／その他機能／表面処理と複合化／複合材料の成形・加工技術／機能性フィラーへの期待と将来展望
◆執筆者：村上謙吉／由井浩／小石真純／山田英夫他24名

高分子材料の長寿命化と環境対策
監修／大澤　善次郎
ISBN4-88231-081-3　　　　　　　B578
A5判・318頁　本体3,800円＋税（〒380円）
初版1990年5月　普及版2000年7月

◆構成および内容：プラスチックの劣化と安定性／ゴムの劣化と安定化／繊維の構造と劣化、安定化／紙・パルプの劣化と安定化／写真材料の劣化と安定化／塗膜の劣化と安定化／染料の退色／エンジニアリングプラスチックの劣化と安定化／複合材料の劣化と安定化　他
◆執筆者：大澤善次郎／河本圭司／酒井英紀　他16名

吸油性材料の開発
ISBN4-88231-080-5　　　　　　　B577
A5判・178頁　本体2,700円＋税（〒380円）
初版1991年5月　普及版2000年7月

◆構成および内容：〈吸油（非水溶液）の原理とその構造〉ポリマーの架橋構造／一次架橋構造とその物性に関する最近の研究〈吸油性材料の開発〉無機系／天然系吸油性材料／有機系吸油性材料〈吸油性材料の応用と製品〉吸油性材料／不織布系吸油性材料／固化型　油吸着材　他
◆執筆者：村上謙吉／佐藤悌治／岡部潔　他8名

消泡剤の応用
監修／佐々木　恒孝
ISBN4-88231-079-1　　　　　　　B576
A5判・218頁　本体2,900円＋税（〒380円）
初版1991年5月　普及版2000年7月

◆構成および内容：泡・その発生・安定化・破壊／消泡理論の最近の展開／シリコーン消泡剤／バイオプロセスへの応用／食品製造への応用／パルプ製造工程への応用／抄紙工程への応用／繊維加工への応用／塗料、インキへの応用／高分子ラテックスへの応用　他
◆執筆者：佐々木恒孝／髙橋葉子／角田淳　他14名

粘着製品の応用技術
ISBN4-88231-078-3　　　　　　　B575
A5判・253頁　本体3,000円＋税（〒380円）
初版1989年1月　普及版2000年7月

◆構成および内容：〈材料開発の動向〉粘着製品の材料／粘着剤／下塗剤〈塗布技術の最近の進歩〉水系エマルジョンの特徴およびその塗工装置／最近の製品製造システムとその概説〈粘着製品の応用〉電気・電子関連用粘着製品／自動車用粘着製品／医療用粘着製品　他
◆執筆者：福沢敬司／西田幸平／宮崎正常　他16名

CMC Books 普及版シリーズのご案内

複合糖質の化学
監修／小倉 治夫
ISBN4-88231-077-5　　　　　　B574
A5判・275頁　本体3,100円＋税（〒380円）
初版1989年6月　普及版2000年8月

◆構成および内容：KDOの化学とその応用／含硫シアル酸アナログの化学と応用／シアル酸誘導体の生物活性とその応用／ガングリオシドの化学と応用／セレブロシドの化学と応用／糖脂質糖鎖の多様性／糖タンパク質鎖の癌性変化／シクリトール類の化学と応用　他
◆執筆者：山川民夫／阿知波一雄／池田潔　他15名

プラスチックリサイクル技術
ISBN4-88231-076-7　　　　　　B573
A5判・250頁　本体3,000円＋税（〒380円）
初版1992年1月　普及版2000年7月

◆構成および内容：廃棄プラスチックとリサイクル促進／わが国のプラスチックリサイクルの現状／リサイクル技術と回収システムの開発／資源・環境保全製品の設計／産業別プラスチックリサイクル開発の現状／樹脂別形態別リサイクリング技術／企業・業界の研究開発動向他
◆執筆者：本多淳祐／遠藤秀夫／柳澤孝成／石倉豊他14名

分解性プラスチックの開発
監修／土肥 義治
ISBN4-88231-075-9　　　　　　B572
A5判・276頁　本体3,500円＋税（〒380円）
初版1990年9月　普及版2000年6月

◆構成および内容：〈廃棄プラスチックによる環境汚染と規制の動向〉〈廃棄プラスチック処理の現状と課題〉〈分解性プラスチックスの開発技術〉生分解性プラスチックス／光分解性プラスチックス〈分解性の評価技術〉〈研究開発動向〉〈分解性プラスチックの代替可能性と実用化展望〉他
◆執筆者：土肥義治／山中唯義／久保直紀／柳澤孝成他9名

ポリマーブレンドの開発
編集／浅井 治海
ISBN4-88231-074-0　　　　　　B571
A5判・242頁　本体3,000円＋税（〒380円）
初版1988年6月　普及版2000年7月

◆構成および内容：〈ポリマーブレンドの構造〉物理的方法／化学的方法〈ポリマーブレンドの性質と応用〉汎用ポリマーどうしのポリマーブレンド／エンジニアリングプラスチックどうしのポリマーブレンド〈各工業におけるポリマーブレンド〉ゴム工業におけるポリマーブレンド　他
◆執筆者：浅井治海／大久保政芳／井上公雄　他25名

自動車用高分子材料の開発
監修／大庭 敏之
ISBN4-88231-073-2　　　　　　B570
A5判・274頁　本体3,400円＋税（〒380円）
初版1989年12月　普及版2000年7月

◆構成および内容：〈外板、塗装材料〉自動車用SMCの技術動向と課題、RIM材料〈内装材料〉シート表皮材料、シートパッド〈構造用樹脂〉繊維強化先進複合材料、GFRP板ばね〈エラストマー材料〉防振ゴム、自動車用ホース〈塗装・接着材料〉鋼板用塗料、樹脂用塗料、構造用接着剤他
◆執筆者：大庭敏之／黒川滋樹／村田佳生／中村胖他23名

不織布の製造と応用
編集／中村 義男
ISBN4-88231-072-4　　　　　　B569
A5判・253頁　本体3,200円＋税（〒380円）
初版1989年6月　普及版2000年4月

◆構成および内容：〈原料編〉有機系・無機系・金属系繊維、バインダー、添加剤〈製法編〉エアレイパルプ法、湿式法、スパンレース法、メルトブロー法、スパンボンド法、フラッシュ紡糸法〈応用編〉衣料、生活、医療、自動車、土木・建築、ろ過関連、電気・電磁気関連、人工皮革他
◆執筆者：北村孝雄／萩原勝男／久保栄一／大垣豊他15名

オリゴマーの合成と応用
ISBN4-88231-071-6　　　　　　B568
A5判・222頁　本体2,800円＋税（〒380円）
初版1990年8月　普及版2000年6月

◆構成および内容：〈オリゴマーの最新合成法〉〈オリゴマー応用技術の新展開〉ポリエステルオリゴマーの可塑剤／接着剤・シーリング材／粘着剤／化粧品／医薬品／歯科用材料／凝集・沈降剤／コピー用トナーバインダー他
◆執筆者：大河原信／塩谷啓一／廣瀬拓治／大橋徹也／大月裕／大見賀広芳／土岐宏俊／松原次男／富田健一他7名

DNAプローブの開発技術
著者／高橋 豊三
ISBN4-88231-070-8　　　　　　B567
A5判・398頁　本体4,600円＋税（〒380円）
初版1990年4月　普及版2000年5月

◆構成および内容：〈核酸ハイブリダイゼーション技術の応用〉研究分野、遺伝病診断、感染症、法医学、がん研究・診断他への応用〈試料DNAの調製〉濃縮・精製の効率化他〈プローブの作成と分離〉〈プローブの標識〉放射性、非放射性標識他〈新しいハイブリダイゼーションのストラテジー〉〈診断用DNAプローブと臨床微生物検査〉他

CMC Books 普及版シリーズのご案内

ハイブリッド回路用厚膜材料の開発
著者／英 一太
ISBN4-88231-069-4　　　　　B566
A5判・274頁　本体3,400円＋税（〒380円）
初版1988年5月　普及版2000年5月

◆構成および内容：〈サーメット系厚膜回路用材料〉〈厚膜回路におけるエレクトロマイグレーション〉〈厚膜ペーストのスクリーン印刷技術〉〈ハイブリッドマイクロ回路の設計と信頼性〉〈ポリマー厚膜材料のプリント回路への応用〉〈導電性接着剤、塗料への応用〉ダイアタッチ用接着剤／導電性エポキシ樹脂接着剤によるSMT他

植物細胞培養と有用物質
監修／駒嶺 穆
ISBN4-88231-068-6　　　　　B565
A5判・243頁　本体2,800円＋税（〒380円）
初版1990年3月　普及版2000年5月

◆構成および内容：有用物質生産のための大量培養－遺伝子操作による物質生産／トランスジェニック植物による物質生産／ストレスを利用した二次代謝物質の生産／各種有用物質の生産－抗腫瘍物質／ビンカアルカロイド／ベルベリン／ビオチン／シコニン／アルブチン／チクル／色素他
◆執筆者：高山眞策／作田正明／西荒介／岡崎光雄他21名

高機能繊維の開発
監修／渡辺 正元
ISBN4-88231-066-X　　　　　B563
A5判・244頁　本体3,200円＋税（〒380円）
初版1988年8月　普及版2000年4月

◆構成および内容：〈高強度・高耐熱〉ポリアセタール〈無機系〉アルミナ／耐熱セラミック〈導電性・制電性〉芳香族系／有機系〈バイオ繊維〉医療用繊維／人工皮膚／生体筋と人工筋〈吸水・撥水・防汚繊維〉フッ素加工〈高風合繊維〉超高収縮・高密度素材／超極細繊維他
◆執筆者：酒井紘／小松民邦／大田康雄／飯塚登志他24名

導電性樹脂の実際技術
監修／赤松 清
ISBN4-88231-065-1　　　　　B562
A5判・206頁　本体2,400円＋税（〒380円）
初版1988年3月　普及版2000年4月

◆構成および内容：染色加工技術による導電性の付与／透明導電膜／導電性プラスチック／導電性塗料／導電性ゴム／面発熱体／低比重高導電プラスチック／繊維の帯電防止／エレクトロニクスにおける遮蔽技術／プラスチックハウジングの電磁遮蔽／微生物と導電性／他
◆執筆者：奥田昌宏／南忠男／三谷雄二／斉藤信夫他8名

形状記憶ポリマーの材料開発
監修／入江 正浩
ISBN4-88231-064-3　　　　　B561
A5判・207頁　本体2,800円＋税（〒380円）
初版1989年10月　普及版2000年3月

◆構成および内容：〈材料開発編〉ポリイソプレイン系／スチレン・ブタジエン共重合体／光・電気誘起形状記憶ポリマー／セラミックスの形状記憶現象〈応用編〉血管外科的分野への応用／歯科用材料／電子配線の被覆／自己制御型ヒーター／特許・実用新案他
◆執筆者：石井正雄／唐牛正夫／上野桂二／宮崎修一他

光機能性高分子の開発
監修／市村 國宏
ISBN4-88231-063-5　　　　　B560
A5判・324頁　本体3,400円＋税（〒380円）
初版1988年2月　普及版2000年3月

◆構成および内容：光機能性包接錯体／高耐久性有機フォトロミック材料／有機DRAW記録体／フォトクロミックメモリ／PHB材料／ダイレクト製版材料／CEL材料／光化学治療用光増感剤／生体触媒の光固定化他
◆執筆者：松田実／清水茂樹／小関健一／城田靖彦／松井文雄／安藤栄司／岸典典之／米沢輝彦他17名

DNAプローブの応用技術
著者／高橋 豊三
ISBN4-88231-062-7　　　　　B559
A5判・407頁　本体4,600円＋税（〒380円）
初版1988年2月　普及版2000年3月

◆構成および内容：〈感染症の診断〉細菌感染症／ウイルス感染症／寄生虫感染症〈ヒトの遺伝子診断〉出生前の診断／遺伝病の治療〈ガン診断の可能性〉リンパ系新生物のDNA再編成〈諸技術〉フローサイトメトリーの利用／酵素的増幅法を利用した特異的塩基配列の遺伝子解析〈合成オリゴヌクレオチド〉他

多孔性セラミックスの開発
監修／服部 信・山中 昭司
ISBN4-88231-059-7　　　　　B556
A5判・322頁　本体3,400円＋税（〒380円）
初版1991年9月　普及版2000年3月

◆構成および内容：多孔性セラミックスの基礎／素材の合成（ハニカム・ゲル・ミクロポーラス・多孔質ガラス）／機能（耐火物・断熱材・センサ・触媒）／新しい多孔体の開発（バルーン・マイクロサーム他）
◆執筆者：直野博光／後藤誠史／牧島亮男／作花済夫／荒井弘通／中原佳子／守屋善郎／細野秀雄他31名

CMC Books 普及版シリーズのご案内

エレクトロニクス用機能メッキ技術
著者／英 一太
ISBN4-88231-058-9
A5判・242頁　本体2,800円＋税（〒380円）　B555
初版1989年5月　普及版2000年2月

◆構成および内容：連続ストリップメッキラインと選択メッキ技術／高スローイングパワーはんだメッキ／酸性硫酸銅浴の有機添加剤のコント／無電解金メッキ〈応用〉プリント配線板／コネクター／電子部品および材料／電磁波シールド／磁気記録材料／使用済み無電解メッキ浴の廃水・排水処理他

機能性化粧品の開発
監修／髙橋 雅夫
ISBN4-88231-057-0
A5判・342頁　本体3,800円＋税（〒380円）　B554
初版1990年8月　普及版2000年2月

◆構成および内容：Ⅱアイテム別機能の評価・測定／Ⅲ機能性化粧品の効果を高める研究／Ⅳ生体の新しい評価と技術／Ⅴ新しい原料，微生物代謝産物，角質細胞間脂質，ナイロンパウダー，シリコーン誘導体他
◆執筆者：尾沢達也／髙野勝弘／大郷保治／福田英憲／赤堀敏之／萬秀憲／梅田達也／吉田酵他35名

フッ素系生理活性物質の開発と応用
監修／石川 延男
ISBN4-88231-054-6
A5判・191頁　本体2,600円＋税（〒380円）　B552
初版1990年7月　普及版1999年12月

◆構成および内容：〈合成〉ビルディングブロック／フッ素化／〈フッ素系医薬〉合成抗菌薬，降圧薬／高脂血症薬／中枢神経系用薬／〈フッ素系農薬〉除草剤／殺虫剤／殺菌剤／他
◆執筆者：田口武夫／梅本照雄／米田徳彦／熊井清作／沢田英夫／中山雅陽／大髙博／塚本悟郎／芳賀隆弘

マイクロマシンと材料技術
監修／林 輝
ISBN4-88231-053-8
A5判・228頁　本体2,800円＋税（〒380円）　B551
初版1991年3月　普及版1999年12月

◆構成および内容：マイクロ圧力センサー／細胞およびDNAのマニュピュレーション／Si-Si接合技術と応用製品／セラミックアクチュエーター／ph変化形アクチュエーター／STM・応用加工他
◆執筆者：佐藤洋一／生田幸士／杉山進／鷲津正夫／中村哲郎／髙橋貞行／川崎修／大西一正他16名

UV・EB硬化技術の展開
監修／田畑 米穂　編集／ラドテック研究会
ISBN4-88231-052-X
A5判・335頁　本体3,400円＋税（〒380円）　B549
初版1989年9月　普及版1999年12月

◆構成および内容：〈材料開発の動向〉／〈硬化装置の最近の進歩〉紫外線硬化装置／電子硬化装置／エキシマレーザー照射装置〈最近の応用開発の動向〉自動車部品／電気・電子部品／光学／印刷／建材／歯科材料他
◆執筆者：大井吉晴／実松徹司／柴田讓治／中村茂／大庭敏夫／西久保忠臣／滝本靖之／伊達宏和他22名

特殊機能インキの実際技術
ISBN4-88231-051-1
A5判・194頁　本体2,300円＋税（〒380円）　B548
初版1990年8月　普及版1999年11月

◆構成および内容：ジェットインキ／静電トナー／転写インキ／表示機能性インキ／装飾機能インキ／熱転写／導電性／磁性／蛍光・蓄光／減感／フォトクロミック／スクラッチ／ポリマー厚膜材料他
◆執筆者：木下晃男／岩田靖久／小林邦昌／寺山道男／相原次郎／笠置一彦／小浜信行／髙尾道生他13名

プリンター材料の開発
監修／髙橋 恭介・入江 正浩
ISBN4-88231-050-3
A5判・257頁　本体3,000円＋税（〒380円）　B547
初版1995年8月　普及版1999年11月

◆構成および内容：〈プリンター編〉感熱転写／バブルジェット／ピエゾインクジェット／ソリッドインクジェット／静電プリンター・プロッター／マグネトグラフィ〈記録材料・ケミカルス編〉他
◆執筆者：坂本康治／大西勝／橋本憲一郎／碓井稔／福田隆／小鍛治徳雄／中沢亨／杉崎裕他11名

機能性脂質の開発
監修／佐藤 清隆・山根 恒夫
　　　岩橋 槇夫・森 弘之
ISBN4-88231-049-X　B546
A5判・357頁　本体3,600円＋税（〒380円）
初版1992年3月　普及版1999年11月

◆構成および内容：工業的バイオテクノロジーによる機能性油脂の生産／微生物反応・酵素反応／脂肪酸と高級アルコール／混酸型油脂／機能性食用油／改質油／リポソーム用リン脂質／界面活性剤／記録材料／分子認識場としての脂質膜／バイオセンサ構成素子他
◆執筆者：菅野道廣／原健次／山口道広他30名

CMC Books 普及版シリーズのご案内

電気粘性(ER)流体の開発
監修／小山　清人
ISBN4-88231-048-1
A5判・288頁　本体3,200円＋税（〒380円）　B545
初版1994年7月　普及版1999年11月

◆構成および内容：〈材料編〉含水系粒子分散型／非含水系粒子分散型／均一系／EMR流体〈応用編〉ERアクティブダンパーと振動抑制／エンジンマウント／空気圧アクチュエーター／インクジェット他
◆執筆者：滝本淳一／土井正男／大坪義文／浅子佳延／伊ケ崎文和／志賀亨／赤塚孝寿／石野裕一他17名

有機ケイ素ポリマーの開発
監修／櫻井　英樹
ISBN4-88231-045-7　B543
A5判・262頁　本体2,800円＋税（〒380円）
初版1989年11月　普及版1999年10月

◆構成および内容：ポリシランの物性と機能／ポリゲルマンの現状と展望／工業的製造と応用／光関連材料への応用／セラミックス原料への応用／導電材料への応用／その他の含ケイ素ポリマーの開発動向他
◆執筆者：熊田誠／坂本健吉／吉良満夫／松本信雄／加部義夫／持田邦夫／大中恒坤／直井嘉義他8名

有機磁性材料の基礎
監修／岩村　秀
ISBN4-88231-043-0
A5判・169頁　本体2,100円＋税（〒380円）　B541
初版1991年10月　普及版1999年10月

◆構成および内容：高スピン有機分子からのアプローチ／分子性フェリ磁性体の設計／有機ラジカル／高分子ラジカル／金属錯体／グラファイト化途上炭素材料／分子性・有機磁性体の応用展望他
◆執筆者：富田哲志／熊谷正志／米原祥友／梅原英樹／飯島誠一郎／溝上惠彬／工位武治

高純度シリカの製造と応用
監修／加賀美　敏郎・林　瑛
ISBN4-88231-042-2
A5判・313頁　本体3,600円＋税（〒380円）　B540
初版1991年3月　普及版1999年9月

◆構成および内容：〈総論〉形態と物性・機能／現状と展望／〈応用〉水晶／シリカガラス／シリカゾル／シリカゲル／微粉末シリカ／IC封止用シリカフィラー／多孔質シリカ他
◆執筆者：川副博司／永井邦彦／石井正／田中映治／森本幸裕／京藤倫久／滝田正俊／中村哲之他16名

最新二次電池材料の技術
監修／小久見　善八
ISBN4-88231-041-4　B539
A5版・248頁　本体3,600円＋税（〒380円）
初版1997年3月　普及版1999年9月

◆構成および内容：〈リチウム二次電池〉正極・負極材料／セパレーター材料／電解質／〈ニッケル・金属水素化物電池〉正極と電解液／〈電気二重層キャパシタ〉EDLCの基本構成と動作原理／二次電池の安全性／他
◆執筆者：菅野了次／脇原將孝／逢坂哲彌／稲葉稔／豊口吉徳／丹治博司／森田昌行／井上秀一他12名

機能性ゼオライトの合成と応用
監修／辰巳　敬
ISBN4-88231-040-6　B538
A5判・283頁　本体3,200円＋税（〒380円）
初版1995年12月　普及版1999年6月

◆構成および内容：合成の新動向／メソポーラスモレキュラーシーブ／ゼオライト膜／接触分解触媒／芳香族化触媒／環境触媒／フロン吸着／建材への応用／抗菌性ゼオライト他
◆執筆者：板橋慶治／松方正彦／増田立男／木下二郎／関沢和彦／小川政英／水野光一他

ポリウレタン応用技術
ISBN4-88231-037-6　B536
A5判・259頁　本体2,800円＋税（〒380円）
初版1993年11月　普及版1999年6月

◆構成および内容：〈原料編〉イソシアネート／ポリオール／副資材／〈加工技術編〉フォーム／エラストマー／RIM／スパンデックス／〈応用編〉自動車／電子・電気／OA機器／電気絶縁／建築・土木／接着剤／衣料／他
◆執筆者：高柳弘／岡部憲昭／奥園修一他

ポリマーコンパウンドの技術展開
ISBN4-88231-036-8　B535
A5判・250頁　本体2,800円＋税（〒380円）
初版1993年5月　普及版1999年5月

◆構成および内容：市場と技術トレンド／汎用ポリマーのコンパウンド（金属繊維充填、耐衝撃性樹脂、耐燃焼性、イオン交換膜、多成分系ポリマーアロイ）／エンプラのコンパウンド／熱硬化性樹脂のコンパウンド／エラストマーのコンパウンド／他
◆執筆者：浅井治海／菊池巧／小林俊昭／中條澄他23名

CMC Books 普及版シリーズのご案内

プラスチックの相溶化剤と開発技術
―分類・評価・リサイクル―
編集／秋山 三郎
ISBN4-88231-035-X　　　　　B534
A5判・192頁　本体2,600円＋税（〒380円）
初版1992年12月　普及版1999年5月

◆構成および内容：優れたポリマーアロイを作る鍵である相溶化剤の「技術的課題と展望」「開発と実際展開」「評価技術」「リサイクル」「市場」「海外動向」等を詳述。
◆執筆者：浅井治海／上田明／川上雄資／山下晋三／大村博／山本隆／大前忠行／山口登／森田英夫／相部博史／矢崎文彦／雪岡聡／他

水溶性高分子の開発技術
ISBN4-88231-034-1　　　　　B533
A5判・376頁　本体3,800円＋税（〒380円）
初版1996年3月　普及版1999年5月

◆構成および内容：医薬品／トイレタリー工業／食品工業における水溶性ポリマー／塗料工業／水溶性接着剤／印刷インキ用水性樹脂／用廃水処理用水溶性高分子／飼料工業／水溶性フィルム工業／土木工業／建材建築工業／他
◆執筆者：堀内照夫他15名

機能性高分子ゲルの開発技術
監修／長田 義仁・王 林
ISBN4-88231-031-7　　　　　B531
A5判・324頁　本体3,500円＋税（〒380円）
初版1995年10月　普及版1999年3月

◆構成および内容：ゲル研究―最近の動向／高分子ゲルの製造と構造／高分子ゲルの基本特性と機能／機能性高分子ゲルの応用展開／特許からみた高分子ゲルの研究開発の現状と今後の動向
◆執筆者：田中穣／長田義仁／小川悦代／原一広他

熱可塑性エラストマーの開発技術
編著／浅井 治海
ISBN4-88231-033-3　　　　　B532
B5判・170頁　本体2,400円＋税（〒380円）
初版1992年6月　普及版1999年3月

◆構成および内容：経済性、リサイクル性などを生かして高付加価値製品を生みだすことや既存の加硫ゴム製品の熱可塑性ポリマー製品との代替が成長の鍵となっているTPEの市場／メーカー動向／なぜ成長が期待されるのか／技術開発動向／用途展開／海外動向／他

シリコーンの応用展開
編集／黛 哲也
ISBN4-88231-026-0　　　　　B527
A5判・288頁　本体3,000円＋税（〒380円）
初版1991年11月　普及版1998年11月

◆構成および内容：概要／電気・電子／輸送機／土木、建築／化学／化粧品／医療／紙・繊維／食品／成形技術／レジャー用品関連／美術工芸へのシリコーン応用技術を詳述。
◆執筆者：田中正喜／福田健／吉田武男／藤木弘直／反町正美／福永憲朋／飯塚徹／他

コンクリート混和剤の開発技術
ISBN4-88231-027-9　　　　　B526
A5判・308頁　本体3,400円＋税（〒380円）
初版1995年9月　普及版1998年9月

◆構成および内容：序論／コンクリート用混和剤各論／AE剤／減水剤・AE減水剤／流動化剤／高性能AE減水剤／分離低減剤／起泡剤・発泡剤他／コンクリート用混和剤各論／膨張材他／コンクリート関連ケミカルスを詳述。◆執筆者：友澤史紀／他21名

機能性界面活性剤の開発技術
著者／堀内 照夫ほか
ISBN4-88231-024-4　　　　　B525
A5判・384頁　本体3,800円＋税（〒380円）
初版1994年12月　普及版1998年7月

◆構成および内容：新しい機能性界面活性剤の開発と応用／界面活性剤の利用技術／界面活性剤との相互作用／界面活性剤の応用展開／医薬品／農薬／食品／化粧品／トイレタリー／合成ゴム・合成樹脂／繊維加工／脱墨剤／高性能AE減水剤／防錆剤／塗料他を詳述

高分子添加剤の開発技術
監修／大勝 靖一
ISBN4-88231-023-6　　　　　B524
A5判・331頁　本体3,600円＋税（〒380円）
初版1992年5月　普及版1998年6月

◆構成および内容：HALS・紫外線吸収剤／フェノール系酸化防止剤／リン・イオウ系酸化防止剤／熱安定剤／感光性樹脂の添加剤／紫外線硬化型重合開始剤／シランカップリング剤／チタネート系カップリング剤による表面改質／エポキシ樹脂硬化剤／他

CMC Books 普及版シリーズのご案内

フッ素系材料の開発
編集／山辺　正顕，松尾　仁
ISBN4-88231-018-X　　　　　　　　　B518
A5判・236頁　本体2,800円＋税（〒380円）
初版1994年1月　普及版1997年9月

◆構成および内容：フロン対応／機能材料としての展開／フッ素ゴム／フッ素塗料／機能性膜／光学電子材料／表面改質材／撥水撥油剤／不活性媒体・オイル／医薬・中間体／農薬・中間体／展望について，フッ素化学の先端企業，旭硝子の研究者が分担執筆。

※書籍のご購入は，最寄りの書店へご注文下さい。
　また，㈱シーエムシーのホームページ（http://www.cmcbooks.co.jp/）にて直接お申し込みができます。